普通高等教育土木工程专业新形态教材

工程地质

（第2版）

宋高嵩　杨　正　主　编
林　莉　卢书楠　孙义强　副主编

清华大学出版社
北京

内 容 简 介

本书共分为7章,主要描述工程地质和水文地质的基本知识、岩土的工程特性、地质作用与地质构造、工程地质灾害防治、工程地质分析以及各类地质问题对工程影响的防治、评价和对策。

本书可作为普通高等学校土木工程专业的工程地质教科书,并适合作为港口与海岸工程、机场工程、农田水利工程、道路与桥梁渡河工程以及桥隧等专业的教学用书,也是相关专业师生的参考工具。

版权所有,侵权必究。举报: 010-62782989, beiqinquan@tup.tsinghua.edu.cn。

图书在版编目(CIP)数据

工程地质/宋高嵩,杨正主编. —2版. —北京: 清华大学出版社,2023.9(2025.1重印)
普通高等教育土木工程专业新形态教材
ISBN 978-7-302-62833-0

Ⅰ.①工… Ⅱ.①宋…②杨… Ⅲ.①工程地质—高等学校—教材 Ⅳ.①P642

中国国家版本馆 CIP 数据核字(2023)第 035240 号

责任编辑: 秦 娜 王 华
封面设计: 陈国熙
责任校对: 赵丽敏
责任印制: 沈 露

出版发行: 清华大学出版社
网　　址: https://www.tup.com.cn, https://www.wqxuetang.com
地　　址: 北京清华大学学研大厦 A 座　　邮　编: 100084
社 总 机: 010-83470000　　邮　购: 010-62786544
投稿与读者服务: 010-62776969, c-service@tup.tsinghua.edu.cn
质量反馈: 010-62772015, zhiliang@tup.tsinghua.edu.cn
印 装 者: 三河市龙大印装有限公司
经　　销: 全国新华书店
开　　本: 185mm×260mm　　印　张: 13.75　　字　数: 334 千字
版　　次: 2016 年 1 月第 1 版　 2023 年 9 月第 2 版　　印　次: 2025 年 1 月第 2 次印刷
定　　价: 45.00 元

产品编号: 099622-01

前 言（第2版）
PREFACE

本书是普通高等学校土木工程专业的工程地质课程教材，也可作为港口与海岸工程、农田水利工程、机场工程、道路与桥梁渡河工程以及桥隧等专业的教学用书。由于土木工程的工程地质涉及范围相当广，包括建（构）筑物的地基、选址选线、边坡与边岸、地下工程的围岩介质与环境，以及各类工程的岩土工程等，皆与工程地质条件密切相关，加之我国国土辽阔，地质条件复杂，岩土的性质各异，使得工程地质这门工程技术基础课显得更为实用。

本书主要介绍工程地质基础理论与知识、土与岩石的工程性质、地质作用与地质构造、水文地质作用及防治、工程地质分析、工程地质灾害及其对各类工程的影响和整治等理论与技术，并着重考虑了基础工程、地下工程、建筑工程、港口、道路交通与市政建设等建设工程需要，强调地质与工程的结合以及定性与定量的综合分析。本书在注重学科本身的系统性的同时，还力求充分反映近年国内外工程地质理论和实践的发展水平。

本书由哈尔滨理工大学宋高嵩、杨正担任主编，林莉、卢书楠、孙义强担任副主编，编写人员具体分工如下：第1章、第7章由林莉编写，第2章、第3章由宋高嵩编写，第4章及工程地质技能训练项目由杨正编写，第5章由卢书楠编写，第6章由孙义强编写。

本书的特色在于增加了思想政治教育的内容，旨在培养学生正确的人生价值观和爱国意识。另外，加强了地质基础、地质条件对工程的影响以及处理对策的理论和知识，注意启发学生独立思考和培养动手能力。在编写本书过程中得到许多同行教师的关心与支持，他们提出了许多宝贵的意见和建议，在此表示衷心的谢意。限于水平，本书难免有欠妥和错误之处，恳请读者不吝指正。

编 者

2022年8月

前 言（第1版）
PREFACE

  本书主要用作普通高等学校土木工程专业工程地质课程的教材，也可作为港口与海岸及桥隧、道路等专业的教材。由于土木工程的工程地质涉及范围很广，建（构）筑物的地基、选址选线、边坡与边岸、地下工程的围岩介质与环境，以及各类工程的岩土工程等，皆与工程地质条件密切相关，加之中国国土辽阔、地质条件复杂、岩土的性质各异，工程地质这门工程技术基础课显得更为实用。与土木工程相关的工程地质勘察行业也被称为岩土工程勘察，强调岩土与工程的密切关系。可见，工程地质在设计与施工中占有相当重要的地位。本书主要介绍地质基础理论与知识、岩土的工程性质、工程地质勘察、不良地质现象及其对各类工程的影响和整治等理论和技术，并着重考虑基础工程、地下工程、建筑工程、港口、道路交通与市政建设等建设工程需要，强调地质与工程的结合以及定性与定量的综合分析。在注意学科本身的系统性时，还力求充分反映近年国内外工程地质理论和实践的发展水平。

  编者在本书中着重介绍了地质基础、地质条件对工程的影响，以及处理对策的理论和知识，注意启发学生独立思考和动手的能力。本书由哈尔滨理工大学宋高嵩、杨正担任主编，盖晓连、王洪枢、李晶担任副主编。编写人员具体分工如下：第1章、第2章由宋高嵩编写；第3章、第4章及实训项目由杨正编写；第5章由盖晓连编写；第6章由王洪枢编写；第7章由李晶编写；孙义强、周健、李长安等研究生负责插图绘制工作。在编写过程中，得到许多教师及相关从业者的关心与支持，他们提出了许多宝贵的意见和建议，在此表示衷心的谢意。限于编者水平，书中难免有欠妥和错误之处，恳请读者批评、指正。

编 者
2015 年 8 月

目 录
CONTENTS

第1章 绪论 ··· 1
   1.1 工程地质学的含义 ·· 1
   1.2 工程地质学的研究内容 ·· 1
   1.3 工程地质条件 ··· 2
   1.4 工程地质问题 ··· 5
   1.5 本课程的学习要求 ·· 6
   本章学习要点 ··· 7
   习题 ·· 7

第2章 土的工程特征 ·· 8
   2.1 土的形成 ··· 8
   2.2 土的组成 ·· 11
   2.3 土的技术性质指标 ··· 16
   2.4 土的分类 ·· 27
   2.5 特殊土的特性 ·· 34
   本章学习要点 ·· 45
   习题 ··· 46

第3章 岩石的工程特性 ·· 47
   3.1 地质作用 ·· 47
   3.2 矿物 ·· 53
   3.3 岩石 ·· 57
   3.4 岩石的地质特性 ··· 72
   本章学习要点 ·· 85
   习题 ··· 85

第4章 水文地质作用 ·· 86
   4.1 地下水的地质作用 ··· 86
   4.2 河流的地质作用 ··· 97
   本章学习要点 ·· 105

习题 106

第 5 章　地质构造与地质图 107

　　5.1　地质年代 107

　　5.2　地质构造运动 112

　　5.3　褶皱构造 114

　　5.4　断裂构造 119

　　5.5　地质图 127

　　本章学习要点 132

　　习题 132

第 6 章　工程地质灾害与防治 133

　　6.1　风化作用 133

　　6.2　滑坡与崩塌 139

　　6.3　泥石流 147

　　6.4　岩溶与土洞 150

　　6.5　地震 156

　　本章学习要点 168

　　习题 169

第 7 章　工程地质分析 170

　　7.1　工程地质原位测试 170

　　7.2　工程地质现场监测 184

　　7.3　工程地质勘探 186

　　7.4　工程地质勘察 191

　　本章学习要点 200

　　习题 201

工程地质技能训练项目 202

　　实训项目一　土的分类 202

　　实训项目二　土的密度测定 203

　　实训项目三　土的含水量测定 204

　　实训项目四　矿物的认识与鉴定 205

　　实训项目五　岩石的认识与鉴定 206

　　实训项目六　滑坡形成的原因及边坡治理措施 207

　　实训项目七　特殊土地基 208

　　实训项目八　阅读地质图 208

参考文献 211

第1章

绪论

1.1 工程地质学的含义

地质学是一门关于地球的科学。它的研究对象主要包括固体地球上的以下几方面。

(1) 研究组成地球的物质,主要研究矿物学、岩石学、地球化学等分支科学。

(2) 阐明地壳及地球的构造特征,即研究岩石或岩石组合的空间分布。这方面的分支学科有构造地质学、区域地质学、地球物理学等。

(3) 研究地球的历史以及栖居在地质时期的生物及其演变。研究涉及古生物学、地史学、岩相古地理学等。

(4) 地质学的研究方法与手段,如放射性核素地质学、数学地质学及遥感地质学等。

(5) 研究应用地质学以解决资源探寻、环境地质分析和工程防灾问题。

地质学对人类社会担负着重大使命,主要有两个方面的内容:一是以地质学理论和方法指导人们寻找各种矿产资源,这是矿床学、煤田地质学、石油地质学、铀矿地质学等研究的主要内容;二是运用地质学理论和方法研究地质环境,查明地质灾害的规律和防治对策,以确保工程建设安全、经济和正常运行。

广义地讲,工程地质学(geotechnical engineering)是研究地质环境及其保护和利用的科学,狭义地讲,工程地质学是研究人类工程活动与地质环境相互关系的一门科学。

1.2 工程地质学的研究内容

工程地质学在工程建设和国防建设中应用非常广泛,由于它在工程建设中占有重要地位,从而早在20世纪30年代就获得迅速发展成为一门独立的学科。我国工程地质学的发展始于新中国成立初期。经过60多年的努力,现在不仅能适应国内建设的需要,而且开始走向世界,建立了具有我国特色的学科体系。

纵观各种规模、各种类型的工程,其工程地质研究的基本任务可以归纳为三方面:第一,区域稳定性研究与评价,是指由内力地质作用引起的断裂活动,地震对工程建设地区安全性的影响;第二,地基稳定性研究与评价,是指地基的牢固、坚实性;第三,环境影响评价,是指人类工程活动对环境造成的影响。具体来说工程地质学就是依据工程地质条件帮助工程选址(选线)和场地评价。

工程地质学的具体任务是：

（1）评价工程地质条件，阐明地上和地下建筑工程兴建和运行的有利和不利因素，选定建筑场地和适宜的建筑型式，保证规划、设计、施工、使用、维修顺利进行。

（2）从地质条件与工程建筑相互作用的角度出发，论证和预测有关地质问题发生的可能性、发生的规模和发展趋势。

（3）提出防治地质灾难或利用工程地质条件的措施、加固岩土体和治理地下水的方案。

（4）研究岩体、土体分类和分区及区域性特点。

（5）研究人类工程活动与地质环境之间的相互作用和影响。

运用工程地质学在工程规划、设计以及解决各类工程与建筑物的具体问题时，必须开展详细的工程地质勘察工作。工程地质勘察的目的是为了取得有关建筑场地工程地质条件的基本资料和进行工程地质论证。

工程地质的研究对象是复杂的地质体，所以其研究方法应是地质分析法与力学分析法、工程类比法与试验法的紧密结合。即通常所说的定性分析与定量分析相结合的综合研究方法。要查明建筑区工程地质条件的形成和发展，以及它在工程建筑物作用下的发展变化，首先必须以地质学和自然历史的观点分析研究建筑周围其他自然因素和条件，了解在历史过程中对地质条件的影响和制约程度，这样才有可能认识它形成的原因和预测其发展变化趋势。这就是地质分析法，它是工程地质学的基本研究方法，也是进一步定量分析评价的基础。对工程建筑物的设计和运用的要求来说，光有定性的论证是不够的，还要求对一些工程地质问题进行定量预测和评价。在阐明主要工程地质问题形成机制的基础上，建立模型进行计算和预测，例如地基稳定性分析、地面沉降量计算、地震液化可能性计算等。当地质条件十分复杂时，还可以根据条件类似地区已有资料对研究区的问题进行定量预测，这就是采用类比法进行评价。采用定量分析方法论证地质问题时需要采用试验测试方法，即通过室内或野外现场试验，取得所需要的岩土的物理性质、水理性质、力学性质数据。长期观测地质现象的发展速度也是常用的试验方法。综合应用上述定性分析与定量分析方法，才能取得可靠的结论，对可能发生的工程地质问题制定出合理的防治对策。

总之，工程地质学包括工程岩土学、工程地质分析和工程地质勘察三个基本部分，它们都已形成不同的分支学科。

工程地质学研究的内容有：

（1）工程岩土学是研究土石的工程地质性质及其形成和在自然或人为因素影响下的变化情况。

（2）工程地质分析是研究工程活动中存在的主要工程地质问题，分析这些问题产生的条件、力学机理和发展演变规律，以便正确评价和采取有效措施确保工程活动不受影响。

（3）工程地质勘察是探讨和研究地质调查的手段与方法，以便探究影响工程活动的地质因素。

1.3 工程地质条件

为了保证工程地基稳定可靠，要求必须全面地研究地基及其周围地质环境的有关工程条件，以及当建筑物建成后某些地质条件可能诱发的工程地质问题。

工程地质条件是与人类活动有关的各种地质要素的综合,主要包括以下六大方面。

1. 地形地貌

地形地貌对建筑场地和线路的选择有直接影响。

(1) 地形是地表起伏和地物的总称,地表起伏的大势一般称为地势。我国地形剖面图如图1.1所示。大陆及海底的地势特征分别见表1.1及表1.2。

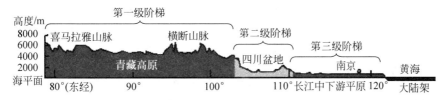

图1.1 中国地形剖面图(沿北纬32°)

表1.1 大陆的地势特征

地 形		地 势 特 征
山地	低山	海拔500～1000m
	中山	海拔1000～3500m
	高山	海拔大于3500m
平原		一般海拔小于600m,地形起伏小于50m
高原		海拔高于600m,表面较平坦或有一定起伏的广阔地区
裂谷或大陆裂谷系		大陆上有一些宏伟的线状低地
丘陵		一般海拔在500m以下,相对高差50～200m
盆地		四周是高原或山地,中间地平的地区叫盆地
洼地		高程在海平面以下的盆地

注:山地是指海拔高于500m,地形起伏大于200m的地区。

表1.2 海底的地势特征

地 形		地 势 特 征
海岭		海底山脉泛称海岭,地震海岭称为洋脊或洋中脊
海槽		海底的长条形洼地
海沟		海底的长条形洼地中较深且边坡较陡的地区
大洋盆地		约占海底面积的45%,一般深4000～5000m
岛屿		微型的大陆,火山岛
海山		大洋中比较孤立的水下山丘
大陆边缘	大陆架	平均坡度仅0°07′,平均宽度50～70km
	大陆坡	平均坡度4.3°,平均宽度28km
	大陆基(麓)	大陆坡与大洋盆地的过渡地带

(2) 地貌是地球表面的各种面貌,是不同的地质条件造就的,是各种内外力作用后的结果。地貌根据成因分类有喀斯特地貌、丹霞地貌、冰川地貌、雅丹地貌等,如图1.2所示。

2. 地层岩性

地层岩性是最基本的工程地质因素,包括它们的成因、时代、岩性、产状、成岩作用特点、

图 1.2 几种常见的地貌
(a) 丹霞地貌；(b) 喀斯特地貌；(c) 冰川地貌

变质程度、风化特征、软弱夹层和接触带以及物理力学性质等。岩性优劣关系到工程的安全经济。

3. 地质构造

地质构造也是工程地质工作研究的基本对象，包括褶皱、断层、节理构造的分布和特征。地质构造，特别是形成时代近、规模大的优势断裂，对地震等灾害具有控制作用，因而对建筑物的安全稳定、沉降变形等具有重要意义。几种典型的地质构造如图 1.3 所示。

图 1.3 地质构造
(a) 裂隙；(b) 断层

按照成因，裂隙又可分为构造裂隙和非构造裂隙；断层根据两侧岩块的位移方向又可分为正断层和逆断层。

4. 水文地质条件

水文地质条件是重要的工程地质因素，包括地下水的成因、埋藏、分布、动态和化学成分等，这些因素直接影响岩土的稳定性。

5. 不良地质作用

不良地质作用是现代地表地质作用的反映。它与建筑区地形、气候、岩性、构造、地下水和地表水作用密切相关。不良地质现象主要包括滑坡、崩塌、岩溶、泥石流、风沙移动、河流冲刷与沉积等，这对评价建筑物的稳定性和预测工程地质条件的意义重大。几种常见的不良地质作用如图 1.4 所示。

图 1.4 几种常见的不良地质作用

(a) 滑坡；(b) 崩塌；(c) 泥石流；(d) 地陷；(e) 河流侵蚀；(f) 荒漠化

6. 天然建筑材料

天然建筑材料应就地取材，因地制宜。

1.4 工程地质问题

自然的工程地质条件在工程建筑和运行期间会产生新的变化，这种构成威胁和影响工程建筑安全的地质问题称为工程地质问题。由于工程地质条件复杂多变，不同类型的工程对工程地质条件的要求又不尽相同，所以工程地质问题是多种多样的。就土木工程而言，主要的工程地质问题包括地基稳定性、斜坡稳定性、洞室围岩稳定性以及区域稳定性，现分述如下。

（1）地基稳定性问题：地基稳定性问题是工业与民用建筑工程常遇到的主要工程地质问题，它包括强度和变形两个方面。此外岩溶、土洞等不良地质作用和现象也会影响地基稳定，例如上海"莲花河畔景苑"在建楼房整体倒塌，如图 1.5 所示。铁路、公路等工程建筑则会遇到路基稳定性问题。

图 1.5 上海"莲花河畔景苑"在建楼房整体倒塌

（2）斜坡稳定性问题：自然界的天然斜坡是经受长期地表地质作用达到相对协调平衡的产物，人类工程活动尤其是道路工程需开挖和填筑人工边坡（路堑、路堤、堤坝、基坑等），斜坡稳定对防止地质灾害发生及保证地基稳定十分重要。斜坡地层岩性、地质构造特征是影响其稳定性的物质基础，风化作用、地应力、地震、地表水和地下水等对斜坡软弱结构面的作用往往会破坏斜坡稳定，而地形地貌和气候条件是影响其稳定性的重要因素。图1.6为铁路岩崩滑坡事故的图片。

图1.6　崩塌的巨石

（3）洞室围岩稳定性问题：地下洞室被包围于岩土体介质（围岩）中，在洞室开挖和建设过程中破坏了地下岩体原始平衡条件，使地质出现一系列不稳定现象，如围岩塌方（图1.7）、地下水涌水等。在工程建设规划和选址时一般要进行区域稳定性评价，研究地质体在地质历史中受力状况和变形过程，做好山体稳定性评价，研究岩体结构特征，预测岩体变形破坏规律，进行岩体稳定性评价以及考虑建筑物和岩体围岩稳定所必需的工作。

图1.7　2011年4月20日甘肃兰新铁路隧道塌方

（4）区域稳定性问题：地震、震陷和液化以及活断层对工程稳定性具有决定性影响。自1976年唐山大地震后，区域稳定性越来越引起土木工程界的注意。对于大型水电工程、地下工程以及建筑群密布的城市地区，区域稳定性问题应该是需要首先论证的议程。

1.5　本课程的学习要求

组成建筑物地基的岩土层以及建筑物周围的地质环境绝大部分是自然的产物，也有少部分是人类活动所造成的，例如地基可能有杂填土，或地质环境恶化可能是人为开挖或水的排灌不合理而造成斜坡，发生滑坡等地质现象。但是，一旦建筑场地确定，建筑设计者只能按照该场地的地质条件和地质环境进行设计。为此，在建筑场址选址时，必须事先将该地的工程地质条件勘察清楚，充分研究分析，才能确定场址位置。选取较优的地质条件是建筑场地好的方案。当场址确定后，设计者必须按该地质条件和地质环境来设计，这时如发现地质问题就只能进行整治处理。可见，工程地质工作是很重要的，没有足够考虑工程地质条件而进行设计，是盲目的设计，会导致建设费用增高、工程量增大、施工期限拖长，而在个别情况下,建筑物将发生变形或破坏,甚至被废弃使用。

在我国的技术分工中,工程地质勘察不是由土木工程设计人员进行,而是由工程地质技术人员进行的。所以土木工程人员应当对于工程地质勘察的任务、内容和方法有足够的知识。只有具备了工程地质方面的基础知识才能够正确地提出勘察任务和要求,才能正确地利用工程地质勘察的成果,较完整地考虑建筑中的地质条件和地质环境的因素,保证设计和施工人员合理进行设计与施工。

工程地质的内容是相当广泛的。本书着重讲述在土木工程中所涉及的最基本的工程地质问题理论和知识,其内容有:岩石和地质构造、土的工程特征、地下水、不良地质现象的工程地质问题、工程地质原位测试、工程地质勘察以及工程地质试验等。

对土木工程专业的学生在学习本课程时的要求如下:

(1) 系统地掌握工程地质的基本理论和知识,能正确运用勘察数据和资料进行设计与施工。

(2) 能根据工程地质的勘察成果,运用已学过的工程地质理论和知识,进行一般的工程地质问题分析,对不良地质现象采取处理措施。

(3) 了解工程地质勘察的基本内容、方法和过程,各个工程地质数据的来源、作用以及应用条件,对一些中小型工程能够进行一般的工程地质勘察。

(4) 把学到的工程地质学知识与专业知识和其他课程知识密切联系起来,解决工程实际中的工程地质问题。

本章学习要点

(1) 工程地质是研究地质学应用问题的重要分支学科,土木工程防灾是工程地质的根本任务。

(2) 地基岩土的性状是保证地基稳定的基本条件。而建筑场地的地形性质、地下水、物理性质作用等地质环境因素往往对地基稳定性产生重要影响。

(3) 工程地质勘察是工程地质的重要研究方法和技术手段,其目的是为了查明场地基本工程地质条件并进行工程地质论证。

不忘初心:习近平总书记强调:"爱国,是人世间最深层、最持久的情感,是一个人立德之源,立功之本。"李四光等老一辈地质学家留下矢志报国、一心向党的动人故事,激励我们始终把服务国家的战略需求作为立身之基。

牢记使命:践行"绿水青山,就是金山银山"理念,探索人与自然和谐共生。

习题

1. 工程地质学的含义是什么?
2. 工程地质学的研究内容有哪些?
3. 什么是工程地质条件和工程地质问题?它们具体包括哪些内容?
4. 工程地质学的学习要求有哪些?

第2章 土的工程特征

在自然界,土的形成过程是十分复杂的,地壳表层的岩石在阳光、大气、水和生物等因素的作用下发生风化,从而崩解、破碎,再经流水、风、冰川等动力搬运作用,在各种自然环境下沉积,形成土体。因此通常说土是岩石风化的产物。严格来说,土是指第四纪以来岩石经风化、剥蚀、搬运、堆积作用形成的多相、分散、多孔的松散堆积物。

不同类型的土,工程性质相差很大,在工程建设中也应该采取不同的处理方法,尤其是一些特殊土,在进行工程建设时会产生特殊的工程地质问题,需进行适当的处理。因此,很有必要对土的工程性状进行深入的了解。

土的工程特征主要包括土的工程分类、第四纪土的地质成因及特征、土的物质组成、结构与构造、三相比例指标、无黏性土的性质、黏性土的物理特征、土的力学性质以及特殊土的工程评价等。

2.1 土的形成

1. 土的生成

土是由岩石经物理化学风化、剥蚀、搬运、沉积,形成固体矿物、流体水和气体的一种集合体(图 2.1)。

不同的风化作用形成不同性质的土,风化作用有下列三种:

1) 物理风化

岩石经受风、霜、雨、雪的侵蚀,温度、湿度的变化,发生不均匀膨胀与收缩,产生裂隙,崩解为碎块。这种风化作用只改变颗粒的大小与性状,不改变原来的矿物成分,称为物理风化。

由物理风化生成的土为粗粒土,如块碎石、砾石和砂土等,这种土总称为无黏性土。

2) 化学风化

岩石的碎屑与水、氧气和二氧化碳等物质接触时,逐渐发生化学变化,原来组成矿物的成分发生了改变,产生一种新的成分——次生矿物。这类风化称为化学风化。

经化学风化生成的土为细粒土,具有黏结力,如黏土与粉质黏土,总称黏性土。

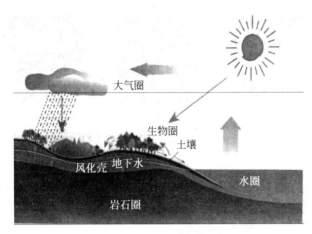

图 2.1 土的生成过程示意图

3）生物风化

由于动物、植物和人类活动对岩体的破坏称为生物风化，例如，长在岩石缝隙中的树，因树根伸展使岩石缝隙扩展开裂。而人们开采矿山、石材，修铁路、打隧道，劈山修公路等活动形成的土，其矿物成分没有变化，属于生物风化。

2．土的结构

土的结构是指土颗粒之间的相互排列和联结形式，分为单粒结构和集合体结构。

1）单粒结构特征

单粒结构（single grained structure），也称散粒结构，是碎石（卵石）、砾石类土和砂土等无黏性土的基本结构形式，如图 2.2(a)所示。

2）集合体结构特征

集合体结构（assembly structure），也称团聚结构或絮凝结构。对集合体结构，根据其颗粒组成、连结特点及性状的差异性，可分为蜂窝状结构和絮状结构两种类型。

当土颗粒较细（粒径在 0.02mm 以下）时，在水中单个下沉，碰到已沉积的土粒，因土粒间的分子引力大于土粒自重，则下沉的土粒被吸引不再下沉。依次一粒粒被吸引，形成具有很大孔隙的蜂窝状结构，如图 2.2(b)所示。

絮状结构主要是由更小黏粒连结形成的，是上述蜂窝状的若干聚粒之间，以面边或边边连结组合而成的孔隙更疏松、体积更大的结构，亦称为聚粒絮凝结构或二级蜂窝结构，如图 2.2(c)所示。

以上三种结构中，以密实的单粒结构工程性质最好，蜂窝状结构与絮状结构如被扰动破坏，则其强度低、压缩性高，不可用作天然地基。

3．土的构造

在一定土体中，土的构造是结构相对均一的土层单元体的形态和组合特征，是指整个土层（土体）构成上的不均匀性特征的总和。常见土的构造有下列几种。

（1）层状构造，是指土层由不同的颜色或不同粒径的土组成层理，一层一层互相平行，

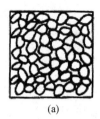 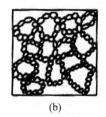 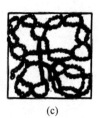

(a) (b) (c)

图 2.2 土的结构

(a) 单粒结构；(b) 蜂窝状结构；(c) 絮状结构

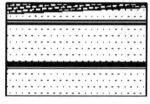

图 2.3 土的层状构造

平原地区的层理通常呈水平方向。这种层状构造反映不同年代不同搬运条件形成的土层，为细粒土的一个重要特征，如图 2.3 所示。

(2) 分散构造，是指土层中的土粒分布均匀，性质相近，如砂与卵石为层的分散构造。

(3) 结核状构造，是指在细粒土中混有粗颗粒或各种结核，如含礓石的粉质黏土、含砾石的冰碛黏土等，均属结核状构造。

(4) 裂隙状构造，是指土体中有很多不连续的小裂隙，某些硬塑或坚硬状态的黏土为此种构造。

通常分散构造的土工程性质最好。结核状构造土的工程性质好坏取决于细粒土部分。裂隙状构造中，因裂隙的强度低、渗透性大，故其工程性质差。

4. 土的特性

土与其他连续介质的建筑材料相比，具有下列三个显著的工程特性。

1) 压缩性高

反映材料压缩性高低的指标——弹性模量 E（土中称为变形模量），随着材料性质的不同而有极大的差别，如表 2.1 所示。

表 2.1 不同材料的弹性模量 E

材料	钢材	C20 混凝土	卵石	饱和细砂
E/MPa	$E_1=2.1\times10^5$	$E_2=2.6\times10^4$	$E_3=40\sim50$	$E_4=8\sim16$
比较		$E_1\geqslant 4200E_3, E_2>1600E_4$		

当应力数值相同、材料厚度一样时，卵石的压缩性为钢材压缩性的数千倍；饱和细砂的压缩性为 C20 混凝土压缩性的数千倍，这足以说明土的压缩性极高。处于软塑或流塑状态的黏性土往往比饱和细砂的压缩性还要高很多。

2) 强度低

土的强度特指抗剪强度，而非抗压强度或抗拉强度。

无黏性土的强度来源于土粒表面的滑动摩擦和颗粒间的咬合摩擦；黏性土的强度除摩擦力外，还有黏聚力。无论摩擦力还是黏聚力，均远远小于建筑材料本身的强度，因此，土的强度比其他建筑材料（如钢材、混凝土等）低得多。

3）透水性大

土的透水性就是指水在土孔隙中渗透流动的性能。由于土体中固体矿物颗粒之间有许多透水的孔隙,因此其透水性比木材、混凝土都大,尤其是粗颗粒的卵石或砂土,其透水性更大。

上述土的三个工程特性(压缩性高、强度低、透水性大)与建筑工程设计和施工关系密切,需高度重视。由于各类土的生成条件不同,它们的工程特性往往相差悬殊,下面分别加以说明。

(1) 搬运、沉积条件的影响:通常经流水搬运沉积的土优于风力搬运沉积的土。例如陕北榆林市靖边县一带,地表普遍存在一层粉细砂,是由内蒙古毛乌素沙漠经风力搬运、沉积下来的风积层。这种粉细砂松散,工程性质差,形成的风积层很疏松,不可作为天然地基。当地西北大风搬运量惊人,整个榆林市曾被砂淹没,三次南迁。

(2) 沉积年代的影响:通常土的沉积年代越长,工程性质越好。例如,第四纪晚更新世 Q_3 及其以前沉积的黏性土称为老黏性土,这种土密度大、强度高、压缩性低,是一种良好的天然地基。而沉积年代短的新近沉积黏性土,如在湖、塘、沟、谷、河漫滩及三角洲的新近沉积土以及 5 年以内的人工填土,强度低、压缩性高,工程性质不佳。

(3) 沉积的自然地理环境的影响:在同一时期、不同地区地层形成的沉积环境及水动力条件差别很大,沉积物来源也不尽相同,因此导致不同地区同一历史时期沉积同一深度土层,物理力学性质完全不同,进而其工程性质也存在较大的差异。

2.2 土的组成

土的三相组成是指土由固体矿物颗粒(固相)、水(液相)和气体(气相)三部分组成,如图 2.4 所示。那么位于同一地点的土体,其三相组成的比例是否固定不变呢?随着环境的变化,土的三相比例组成也将随之发生变化。例如,天气的晴雨、季节变化、温度高低以及地下水的升降等,都会引起土体三相之间的比例产生变化。而土体三相比例的变化,又会引起其状态及工程性质的差异,例如:

固体+气体(液体=0)为干土,此时黏土呈坚硬状态;

固体+液体+气体为湿土,此时黏土多为可塑状态;

固体+液体(气体=0)为饱和土,此时松散的粉细砂或粉土遇强烈地震,可能发生液化,使工程结构受到破坏;黏土地基受建筑荷载作用发生沉降,有时需几十年才能达到稳定。

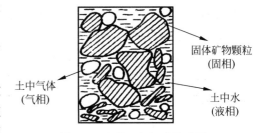

图 2.4 土的三相组成示意图

由此可见,研究土的各项工程性质,需从最基本的组成土的三相(即固相、气相和液相)本身开始研究。

1. 土的固体颗粒

土的固体颗粒是土的三相组成中的主体,是决定土的工程性质的主要成分。

1) 土粒的矿物成分

土粒中的矿物成分分为三类：原生矿物、次生矿物和有机质。

(1) 原生矿物是岩石经物理风化破碎但成分没有发生变化的矿物碎屑。常见的原生矿物有石英、长石、云母、角闪石、辉石、橄榄石、石榴石等。

(2) 次生矿物是母岩岩屑经化学风化，改变原来的化学成分，成为一种很细小的新矿物，主要为黏土矿物。黏土矿物可分为下列三种。

① 蒙脱石：两结构单元之间没有氢键，相互的联结弱，水分子可以进入两晶胞之间。因此，蒙脱石的亲水性最大，具有剧烈的吸水膨胀、失水收缩的特性。蒙脱石电镜下的照片如图 2.5(a) 所示。

② 伊利石：又称水云母，部分 Si-O 四面体中的 Si 为 Al、Fe 所取代，损失的原子价由阳离子钾补偿。因此，晶格层组之间具有结合力，亲水性低于蒙脱石。伊利石电镜下的照片如图 2.5(b) 所示。

③ 高岭石：晶胞之间有氢键，相互联结力较强，晶胞之间的距离不易改变，水分子不能进入。因此，高岭石的亲水性最小。高岭石电镜下照片如图 2.5(c) 所示。

图 2.5　电镜下的黏土矿物
(a) 蒙脱石；(b) 伊利石；(c) 高岭石

(3) 在自然界的一般土中，特别是淤泥质土中，通常含有一定数量的有机质，当其在黏性土中的含量达到或超过 5%（在砂土中的含量达到或超过 3%）时，就开始对土的工程性质产生显著的影响。

2) 土颗粒的大小及形状

自然界中土颗粒的大小相差悬殊，例如，巨粒土漂石粒径 $d>200$mm，细粒土粒径 $d<0.005$mm，两者粒径相差超过 4 万倍。颗粒大小不同的土，它们的工程性质也各异。为便于研究，把土的粒径按性质相近的原则分为 6 个粒组，如表 2.2 所示。

表 2.2　土粒粒组的划分

粒组名称		粒径范围 d/mm	一般特征
漂石或块石颗粒		$d>200$	透水性很大；无黏性；无毛细作用
卵石或碎石颗粒		$20<d\leq200$	
圆砾或角砾颗粒	粗	$10<d\leq20$	透水性大；无黏性；毛细水上升高度不超过粒径大小
	中	$5<d\leq10$	
	细	$2<d\leq5$	

续表

粒 组 名 称		粒径范围 d/mm	一 般 特 征
砂粒	粗 中 细 极细	$0.5<d\leqslant 2$ $0.25<d\leqslant 0.5$ $0.1<d\leqslant 0.25$ $0.075<d\leqslant 0.1$	易透水；无黏性，无塑性，干燥时松散；毛细水上升高度不大（一般小于 1m）
粉粒	粗 细	$0.01<d\leqslant 0.075$ $0.005<d\leqslant 0.01$	透水性弱；湿时稍有黏性（毛细力联结），干燥时松散，饱和时易流动；无塑性和遇水膨胀性；毛细水上升高度大；湿土振动时有水析现象（液化）
黏粒		$d<0.005$	几乎不透水；湿时有黏性和可塑性，遇水膨胀大，干时收缩显著；毛细水上升高度大，但速度缓慢

注：1. 漂石、卵石和圆砾颗粒均呈一定的磨圆形状（圆形或亚圆形）；块石、碎石和角砾颗粒都带有棱角。
2. 粉粒也称粉土粒，粉粒的粒径上限 0.075mm，相当于 200 号标准筛的孔径。
3. 黏粒也称黏土粒，黏粒的粒径上限也以采用 0.002mm 为准。

至于颗粒的形状，有的土颗粒带棱角，表面粗糙，不易滑动，因而其抗剪强度比表面圆滑的高。

3）土的粒径级配

自然界的土都是由大小不同的土粒组成。土粒的粒径由粗到细逐渐变化时，土的性质会相应地发生变化。土粒的大小称为粒度（granularity），通常以粒径表示。工程中通常以土中各个粒组的相对含量（指土样各粒组的质量占土粒总质量的百分数）来表示土的组成情况，称为土的粒度成分（granularity ingredient）或颗粒级配（grain grading）。

土的粒度成分或颗粒级配是通过土的颗粒分析试验测定的，常用的测定方法有筛分法（sieve analysis method）和沉降分析法（settlement analysis method）。

(1) 筛分法试验是将风干、分散的代表性土样通过一套自上而下孔径由大到小的标准筛（筛子孔径分别为 20mm、10mm、5mm、2.0mm、1.0mm、0.5mm、0.25mm、0.075mm），称出留在各个筛子上的干土重，即可求得各个粒组的相对含量。通过计算可得到小于某一筛孔直径土粒的累积质量及累计百分含量。此方法适用于粒径大于 0.075mm 的巨粒组和粗粒组。

(2) 沉降分析法的理论基础是土粒在水（或均匀悬液）中的沉降原理。当土样分散于水中后，土粒下沉时的速度与土粒形状、粒径、（质量）密度以及水的黏滞度（viscosity）有关。此方法适用于粒径小于 0.075mm 的细粒组。

根据粒度成分分析试验结果，常采用粒径累计曲线（grain size accumulation curve）表示土的颗粒级配。该法是比较全面和通用的一种图解法，其特点为可简单获得定量指标，特别适用于几种土级配好与差的相对比较。粒径累计曲线法的横坐标为粒径，由于土粒粒径的值域很宽，因此采用对数坐标表示；纵坐标为小于（或大于）某粒径的土粒质量（累计百分数）含量，见图 2.6。由粒径累计曲线坡度可以大致判断土粒均匀程度或级配是否良好。如曲线较陡，表示粒径大小相差不多，土粒较均匀，级配不良；反之，曲线平缓，则表示粒径大小相差悬殊，土粒不均匀，级配良好。

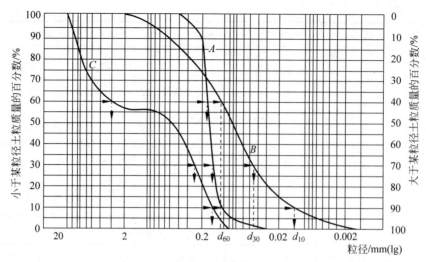

图 2.6　粒径累计曲线

例如,某工程的土样总质量为 1000g,经筛析后,知全部试样通过筛孔为 20mm 的筛,因此在横坐标为 10mm 处,其纵坐标为 100%,作为一试验点。依照此法,即可得到该土样的粒径级配曲线。

在粒径级配曲线上,纵坐标为 10% 所对应的粒径 d_{10} 称为有效粒径,纵坐标为 30% 所对应的粒径 d_{30} 称为中值粒径,纵坐标为 60% 所对应的粒径 d_{60} 称为限制粒径。d_{60} 与 d_{10} 的比值称为不均匀系数 C_u(uniformity coefficient),即

$$C_u = \frac{d_{60}}{d_{10}} \tag{2.1}$$

不均匀系数 C_u 反映大小不同粒组的分布情况,即土粒大小或粒度的均匀程度。C_u 越大,表示粒度的分布范围越大,土粒越不均匀,其级配越良好。在一般情况下,工程上把 $C_u < 5$ 的土看作均粒土,属级配不良,见图 2.7(b);$C_u > 10$ 的土,属级配良好,见图 2.7(a)。对于级配连续的土,采用单一指标 C_u,即可达到比较满意的判别结果。但缺乏中间粒径(d_{60} 与 d_{10} 之间的某粒组)的土,即级配不连续,累计曲线呈现台阶状,见图 2.7(c)。此时,仅采用单一指标 C_u 难以判定土的级配好与差。

曲率系数 C_c 作为第二指标与 C_u 共同判断土的级配,则更加合理。其值按式(2.2)计算:

$$C_c = \frac{d_{30}^2}{d_{10} \cdot d_{60}} \tag{2.2}$$

一般认为,砾类土或砂类土同时满足 $C_u \geqslant 5$ 和 $C_c = 1 \sim 3$ 两个条件时,为级配良好;级配不同时满足 C_u 和 C_c 两个要求时,则为级配不良。

2. 土中的水

水是人类日常生活中不可缺少的物质,通常把水分为自来水、井水、河水与海水等。

土的孔隙中有水,水分子 H_2O 为极性分子,由带正电荷的氢离子 H^+ 和带负电荷的氧离子 O^{2-} 组成。黏土粒表面带负电荷,在土粒周围形成电场,吸引水分子带正电荷的氢离

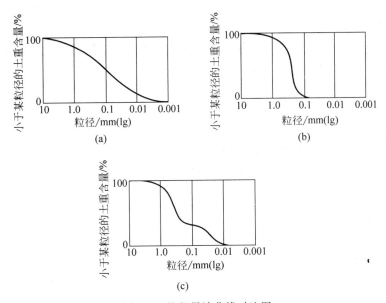

图 2.7 粒径累计曲线对比图
(a) 良好级配土；(b) 不良级配土；(c) 不连续级配土(缺乏中间尺寸土粒)

子一端，使其定向排列，形成结合水膜，如图 2.8 所示。土中的水可分为结合水、自由水、气态水和固态水。

1) 结合水

结合水分为强结合水和弱结合水。

(1) 强结合水又称吸着水，由黏土表面电分子力牢固吸引的水分子紧靠土粒表面，厚度只有几个水分子厚，小于 $0.003\mu m$。这种强结合水的性质与普通水不同，它的性质接近固体，不传递静水压力，100℃不蒸发，密度 $\rho_w = 1.2 \sim 2.4 g/cm^3$，并具有很大的黏滞性、弹性和抗剪强度。当黏土只含强结合水时呈坚硬状态。

(2) 弱结合水又称薄膜水，这种水在强结合水外侧，也是由黏土表面的电分子引力吸

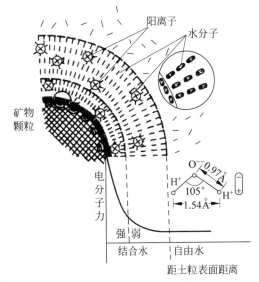

图 2.8 黏土矿物和水分子的相互作用

引的水分子，其厚度小于 $0.5\mu m (1\mu m = 0.001 mm)$，密度 $\rho_w = 1.0 \sim 1.7 g/cm^3$。弱结合水也不传递静水压力，呈黏滞体状态，此部分水对黏性土的影响最大。

2) 自由水

自由水离土粒较远，在土粒表面的电场作用以外的水分子自由散乱地排列。自由水包括重力水和毛细水两种：

(1) 重力水位于地下水位以下，具有浮力的作用，可从总水头较高处向总水头较低处流动。

(2) 毛细水位于地下水位以上，受毛细作用而上升，粉土中孔隙小，毛细水上升高。

3）气态水

气态水以水气状态存在，从气压高的地方向气压低的地方移动。水气可在土粒表面凝聚转化为其他各种类型的水。气态水的迁移和聚集使土中水和气体的分布状况发生变化，可使土的性质发生改变。

4）固态水

当温度降至0℃以下时，土中的水主要是重力水冻结成固态水（冰）。固态水在土中起暂时的胶结作用，能提高土的力学强度，降低透水性。但温度升高固态水解冻后，变为液态水，土的强度急剧降低，压缩性增大，土的工程性质显著恶化。特别是土冻结成冰时体积增大，解冻融化为水时，土的结构变疏松，使土的性质更差。

3. 土中气体

土的固体颗粒之间的孔隙中，没有被水充填的部分都是气体。土中气体分为自由气体和封闭气泡两种。

自由气体是与大气相连通的气体，通常在土层受力压缩时即逸出，故对建筑工程无影响。

封闭气泡与大气隔绝，存在黏性土中，当土层受荷载作用时，封闭气泡缩小，卸荷时又膨胀，使土体具有弹性，这时将其称为"橡皮土"，使土体的压实变得困难。当土中封闭气泡很多时，土的渗透性将降低。

2.3 土的技术性质指标

土的技术性质指标反映土的工程性质的特征，具有很重要的实用价值。地基承载力数值的大小，与地基基础的设计和施工紧密相关。例如：地基粉土的孔隙比 $e=0.8$，含水量 $w=10\%$，则地基承载力特征值可达200kPa，通常多层房屋可用天然地基；若孔隙比 $e=1.6$，含水量 $w=70\%$，则地基承载力特征值很低，小于50kPa，为软弱地基，多层房屋无法采用天然地基，要考虑人工加固地基或采用桩基础。由此可见，孔隙比 e 和含水量 w 的数值大小，会影响建筑地基基础方案的制定，进而影响施工方法、工期、造价等。

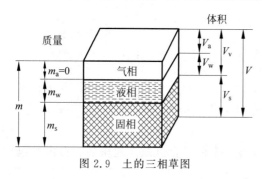

图2.9 土的三相草图

前面已经定性地说明：土中三相之间相互比例不同，土的工程性质也不同。现在需要定量研究三相之间的比例关系，即土的物理性质指标的物理意义和数值大小。

为了便于阐述和标记，把自然界中土的三相混合分布的情况分别集中起来：固相集中于下部，液相集中于中部，气相集中于上部，并按适当的比例画出草图，左边标出各相的质量，右边标明各相的体积，如图2.9所示。图2.9中符号的意义如下：

m_a——土中气体的质量，忽略不计，等于0；

m_w——土中水的质量；

m_s——土粒的质量；

m——土的总质量，$m=m_s+m_w$；

V_s、V_w、V_a——分别为土粒、土中水、土中气的体积；

V_v——土中孔隙体积，$V_v=V_w+V_v$；

V——土的总体积，$V=V_s+V_w+V_a$。

1. 土的基本性质指标

土的密度和重度、土粒相对密度及土的含水量(率)为土的基本物理性质指标，均由实验室直接测定。

1) 土的密度 ρ 和土的重度 γ

物理意义：ρ 为单位体积土的质量，g/cm^3；γ 为单位体积土所受的重力，即 $\gamma=\rho g=9.8\rho\approx 10\rho$，$kN/m^3$。

表达式：

$$\rho=\frac{土的总质量}{土的总体积}=\frac{m}{V} \tag{2.3}$$

常见值：$\rho=1.6\sim 2.2 g/cm^3$，$\gamma=16\sim 22 kN/m^3$。

测定方法：土的重度一般用环刀法测定，用一个圆环刀(刀刃向下)放在削平的原状土样面上，徐徐削去环刀外围的土，边削边压，使保持天然状态的土样压满环刀容积内，称得环刀内土样质量，求得它与环刀容积之比，即天然重度。

2) 土粒相对密度 $d_s(G_s)$

物理意义：土中固体颗粒的密度与同体积 4℃ 纯水密度的比值。

表达式：

$$d_s=\frac{固体颗粒的密度}{纯水 4℃ 时的密度}=\frac{\frac{m_s}{V_s}}{\rho_w(4℃)} \tag{2.4}$$

常见值：砂土 $d_s=2.65\sim 2.69$；粉土 $d_s=2.70\sim 2.71$；黏性土 $d_s=2.72\sim 2.75$。

土粒相对密度 d_s 的数值大小取决于土的矿物成分。

测定方法：土粒相对密度可在实验室内用比重瓶法测定。因同类土的相对密度值相差不大，仅小数点后第 2 位不同，若当地已进行大量土粒相对密度试验，有时也可按经验数值选用。

3) 土的含水量(率) ω

物理意义：土的含水量(率)表示土中含水的数量，为土体中水的质量与固体颗粒质量的比值，用百分数表示。

表达式：

$$\omega=\frac{水的质量}{固体颗粒质量}\times 100\%=\frac{m_w}{m_s}\times 100\% \tag{2.5}$$

常见值：砂土 $\omega=0\sim 40\%$；黏性土 $\omega=20\%\sim 60\%$。

当 $\omega=0$ 时，黏性土呈坚硬状态。

测定方法：土的含水量一般用烘干法测定。先称小块原状土样的湿土质量，然后置于烘干箱内维持105℃烘至恒重，再称干土质量，湿、干土质量之差与干土质量的比值就是土的含水量。

2. 土的松密程度的技术指标

1) 土的孔隙比 e

物理意义：土的孔隙比是土中孔隙体积与固体颗粒体积之比。

表达式：

$$e = \frac{孔隙体积}{固体颗粒体积} = \frac{V_v}{V_s} \tag{2.6}$$

常见值：砂土 $e=0.5\sim1.0$；黏性土和粉土 $e=0.5\sim1.2$。

确定方法：根据 ρ、d_s 与 ω 实测值计算而得，在建筑工程中应用很广。

2) 土的孔隙度（率）n

物理意义：土的孔隙度（率）是土中孔隙所占体积与总体积之比，以百分数表示。

表达式：

$$n = \frac{孔隙体积}{土体总体积} = \frac{V_v}{V} \times 100\% \tag{2.7}$$

常见值：$n=25\%\sim60\%$。

确定方法：根据 ρ、d_s 与 ω 实测值计算而得。

3) 土的饱和度 S_r

物理意义：土的饱和度表示水在孔隙中充满的程度，即土中水体积与土中孔隙体积之比，以百分数计。

表达式：

$$S_r = \frac{水的体积}{孔隙体积} = \frac{V_w}{V_v} \times 100\% \tag{2.8}$$

常见值：$S_r=0\sim100\%$。

确定方法：根据 ρ、d_s 与 ω 实测值计算而得。

工程应用：砂土与粉土以饱和度作为湿度划分的标准，分为三种状态：稍湿（$0 \leqslant S_r \leqslant 50\%$）；很湿（$50\% < S_r \leqslant 80\%$）与饱和（$80\% < S_r \leqslant 100\%$）。

3. 特殊条件下土的密度和重度技术指标

1) 土的干密度 ρ_d 和土的干重度 γ_d

物理意义：土的干密度为单位土体体积干土的质量 g/cm³。土的干重度为单位土体体积干土所受的重力，即 $\gamma_d = \rho_d g = 9.8\rho_d \approx 10\rho_d$ kN/m³。

表达式：

$$\rho_d = \frac{固体颗粒质量}{土的总体积} = \frac{m_s}{V} \tag{2.9}$$

常见值：$\rho_d=1.3\sim2.0$ g/cm³；$\gamma_d=13\sim20$ kN/m³。

工程应用：土的干密度通常用作填方工程，包括土坝、路基和人工压实地基，是土体压实质量控制的标准。

土的干密度 ρ_d（或干重度 γ_d）越大，表明土体压的越密实，即工程质量越好。根据工程的重要程度和当地土的性质，可设计规定一个合理的 ρ_d（或 γ_d）数值。例如，灰土地基压实的质量标准要求灰土的最小干密度为：粉土灰土 $\rho_d=1.55\text{g/cm}^3$，粉质黏土灰土 $\rho_d=1.50\text{g/cm}^3$，黏土灰土 $\rho_d=1.45\text{g/cm}^3$。

2) 土的饱和密度 ρ_{sat} 和土的饱和重度 γ_{sat}

物理意义：土的饱和密度为孔隙中全部充满水时，单位土体体积的质量。土的饱和重度为孔隙中全部充满水时，单位土体体积所受的重力，即 $\gamma_{sat}=\rho_{sat}g=9.8\rho_{sat}\approx 10\rho_{sat}\text{kN/m}^3$。

表达式：

$$\rho_{sat}=\frac{\text{孔隙全部充满水的总质量}}{\text{土体总体积}}=\frac{m_s+m_w+V_a\rho_w}{V} \tag{2.10}$$

常见值：$\rho_{sat}=1.8\sim 2.3\text{g/cm}^3$；$\gamma_{sat}=18\sim 23\text{kN/m}^3$。

3) 土的有效重度（浮重度）γ'

物理意义：土的有效重度为地下水位以下，单位土体体积中土粒的重量扣除浮力后，即单位土体体积中土粒的有效重量。

表达式：

$$\gamma'=\gamma_{sat}-\gamma_w \tag{2.11}$$

式(2.11)中，γ_w 为水的重度，可取 10kN/m^3。

常见值：$\gamma'=8\sim 13\text{kN/m}^3$。

综上所述，土的物理性质指标有土的密度 ρ、土粒相对密度 $d_s(G_s)$、土的含水量 ω、土的孔隙比 e、土的孔隙率 n、土的饱和度 S_r、土的干密度 ρ_d 和土的饱和密度 ρ_{sat}，一共 8 个物理性指标，它们并非各自独立，互不相关。其中 ρ、$d_s(G_s)$ 和 ω 由实验室测定后得到，其余 5 个物理性指标可以通过三相草图换算求得。

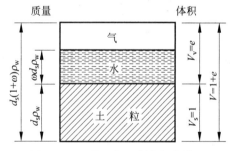

图 2.10 土的三相比例指标换算图

可采用三相比例指标换算图（图 2.10）进行各指标间相互关系的推导，设 $\rho_{w1}=\rho_w$，并令 $V_s=1$，则 $V_v=e$，$V=1+e$，$m_s=V_s d_s\rho_w=d_s\rho_w$，$m_w=\omega m_s=\omega d_s\rho_w$，$m=d_s(1+\omega)\rho_w$。推导如下：

$$\rho=\frac{m}{V}=\frac{d_s(1+\omega)\rho_w}{1+e}$$

$$\rho_d=\frac{m_s}{V}=\frac{d_s\rho_w}{1+e}=\frac{\rho}{1+\omega}$$

由上式得

$$e=\frac{d_s\rho_w}{\rho_d}-1=\frac{d_s(1+\omega)\rho_w}{\rho}-1$$

$$\rho_{sat} = \frac{m_s + V_v \rho_w}{V} = \frac{(d_s + e)\rho_w}{1+e}$$

$$n = \frac{V_v}{V} = \frac{e}{1+e}$$

$$S_r = \frac{V_w}{V_v} = \frac{m_w}{V_v \rho_w}$$

常见土的三相比例指标换算公式列于表 2.3 中。

表 2.3 土的物理性质指标常用换算公式及常见值

名称	符号	三相比例表达式	常用换算公式	常见的数值范围
土粒相对密度	d_s	$d_s = \dfrac{m_s}{V_s \rho_w}$	$d_s = \dfrac{S_r e}{\omega}$	黏性土：2.72～2.75 粉土：2.70～2.71 砂土：2.65～2.69
含水量(率)	ω	$\omega = \dfrac{m_w}{m_s} \times 100\%$	$\omega = \dfrac{S_r e}{d_s}$；$\omega = \left(\dfrac{\gamma}{\gamma_d} - 1\right)$	黏性土：20%～60% 砂土：0～40%
重度	γ	$\gamma = \rho g = \dfrac{m}{V} g$	$\gamma = \gamma_d (1+\omega)$；$\gamma = \dfrac{d_s(1+\omega)}{1+e}\gamma_w$	16～22kN/m³
干重度	γ_d	$\gamma_d = \rho_d g = \dfrac{m_s}{V} g$	$\gamma_d = \dfrac{\gamma}{1+\omega}$；$\gamma_d = \dfrac{d_s}{1+e}\gamma_w$	13～20kN/m³
饱和重度	γ_{sat}	$\gamma_{sat} = \rho_{sat} g = \dfrac{m_s + m_w + V_a \rho_w}{V} g$	$\gamma_{sat} = \dfrac{d_s + e}{1+e}\gamma_w$	18～23kN/m³
有效重度（浮重度）	γ'	$\gamma' = \rho' g = \dfrac{m_s - V_s \rho_w}{V} g$	$\gamma' = \gamma_{sat} - \gamma_w$；$\gamma' = \dfrac{d_s - 1}{1+e}\gamma_w$	8～13kN/m³
孔隙比	e	$e = \dfrac{V_v}{V_s}$	$e = \dfrac{\omega d_s}{S_r}$；$e = \dfrac{d_s(1+\omega)\rho_w}{\rho} - 1$	黏性土和粉土：0.5～1.2 砂土：0.5～1.0
孔隙度(率)	n	$n = \dfrac{V_v}{V} \times 100\%$	$n = \dfrac{e}{1+e}$；$n = 1 - \dfrac{\rho_d}{d_s \rho_w}$	黏性土和粉土：30%～60% 砂土：25%～45%
饱和度	S_r	$S_r = \dfrac{V_w}{V_v} \times 100\%$	$S_r = \dfrac{\omega d_s}{e}$；$S_r = \dfrac{\omega \gamma_d}{n}$	$0 \leqslant S_r \leqslant 50\%$ 稍湿 $50\% < S_r \leqslant 80\%$ 很湿 $80\% < S_r \leqslant 100\%$ 饱和

注：水的重度 $\gamma_w = \rho_w g = 1\text{t/m}^3 \times 9.81\text{m/s}^2 = 9.81 \times 10^3 (\text{kg} \cdot \text{m})/(\text{s}^2 \cdot \text{m}^3) = 9.81 \times 10^3 \text{N/m}^3 \approx 10 \text{kV/m}^3$

【例 2.1】 在某住宅地基勘察中，已知一个钻孔原状土试样结果为：土的密度 $\rho = 1.80\text{g/cm}^3$，土粒相对密度 $d_s = 2.70$，土的含水量 $\omega = 18.0\%$，求其余 5 个指标。

【解】 （1）绘制三相计算草图，如图 2.11 所示。

令 $V = 1\text{cm}^3$

已知 $\rho = \dfrac{m}{V} = 1.80\text{g/cm}^3$，故 $m = 1.80\text{g}$

已知 $\omega = \dfrac{m_w}{m_s} = 0.18$，故 $m_w = 0.18 m_s$

又知 $m_w + m_s = 1.80\text{g}$

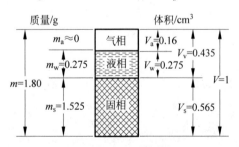

图 2.11 三相计算草图

故 $m_s = \dfrac{1.80}{1.18} g \approx 1.525 g$

故 $m_w = m - m_s = (1.80 - 1.525) g = 0.275 g$

因此 $V_w = 0.275 cm^3$

已知 $d_s = \dfrac{m_s}{V_s} = 2.70$

故 $V_s = \dfrac{m_s}{2.70} = \dfrac{1.525}{2.70} cm^3 \approx 0.565 cm^3$

孔隙体积 $V_v = V - V_s = (1 - 0.565) cm^3 = 0.435 cm^3$

气相体积 $V_a = V_v - V_w = (0.435 - 0.275) cm^3 = 0.16 cm^3$

至此，三相草图中 8 个未知量全部计算出数值。

(2) 根据所求物理性质指标的表达式可得：

孔隙比 $\qquad\qquad e = \dfrac{V_v}{V_s} = \dfrac{0.435}{0.565} \approx 0.77$

孔隙率 $\qquad\qquad n = \dfrac{V_v}{V} \times 100\% = 0.435 \times 100\% = 43.5\%$

饱和度 $\qquad\qquad S_r = \dfrac{V_w}{V_v} \times 100\% = \dfrac{0.275}{0.435} \times 100\% \approx 63.2\%$

干密度 $\qquad\qquad \rho_d = \dfrac{m_s}{V} = 1.525 g/cm^3$，干重度 $\gamma_d = 15.25 kN/m^3$

饱和密度 $\qquad \rho_{sat} = \dfrac{m_w + m_s + V_a \rho_w}{V} = (1.80 + 0.16) g/cm^3 = 1.96 g/cm^3$

饱和重度 $\qquad\qquad \gamma_{sat} = 19.6 kN/m^3$

有效重度 $\qquad\qquad \gamma' = \gamma_{sat} - \gamma_w = (19.6 - 10) kN/m^3 = 9.6 kN/m^3$

上述三相计算中，若设 $V_s = 1 cm^3$，与 $V = 1 cm^3$ 计算可得相同的结果。

应当指出：三相计算是工程技术人员的一个基本功，要求熟练掌握。根据各物理指标的定义，利用三相草图，可以很方便地计算所需的物理指标。

4. 无黏性土的密实度技术指标

无黏性土一般指碎石土和砂土，粉土属于砂土和黏性土的过度类型，但是其物质组成、结构及物理力学性质主要接近砂土（特别是粉质砂土），故列入无黏性土的工程特征问题一并讨论。

无黏性土的紧密状态是判定其工程性质的重要指标，它综合反映了无黏性土颗粒的岩石和矿物组成、粒度组成（级配）、颗粒形状和排列等对工程性质的影响。工程中把以下指标作为划分密实度的标准。

1) 砂土密实度按天然孔隙比 e 划分

《岩土工程勘察规范》(2009 年版)(GB 50021—2001)、《公路桥涵地基与基础设计规范》(JTG 3363—2019)中粉土密实度采用天然孔隙比 e 进行分类。如表 2.4 所示。

表 2.4　粉土密实度分类

土类	密实度		
	密　实	中　密	稍　密
粉土	$e<0.75$	$0.75 \leqslant e \leqslant 0.90$	$e>0.90$

我国 1974 年颁布的《工业与民用建筑地基基础设计规范》中曾规定以孔隙比 e 作为砂土密实度的划分标准，目前该规范已废止，新规范中已取消该划分标准。用天然孔隙比 e 一个参数判别砂土的密实度，应用方便，但无法反映土的粒径级配的因素。例如，两种级配不同的砂，一种为颗粒均匀的密砂，其孔隙比为 e'_1；另一种级配良好的松砂，孔隙比为 e'_2，结果 $e'_1 > e'_2$，即密砂的孔隙比反而大于松砂的孔隙比。

2) 按相对密实度 D_r 划分砂土密实度

为了克服上述用一个指标 e 对不同级配的砂土难以准确判别的缺陷，用天然孔隙比 e 与同一种砂的最松状态孔隙比 e_{max} 和最密实状态孔隙比 e_{min} 进行对比，看 e 靠近 e_{max} 还是靠近 e_{min}，以此来判别它的密实度，相对密实度的表达式如下：

$$D_r = \frac{e_{max} - e}{e_{max} - e_{min}} \tag{2.12}$$

当 $D_r = 0$，表示砂土处于最松散状态；当 $D_r = 1$，表示砂土处于最密实状态。砂类土密实度按相对密实度 D_r 的划分标准，参见表 2.5。

表 2.5　按相对密实度 D_r 划分砂土密实度

密实度	密　实	中　密	松　散
D_r	$D_r > 2/3$	$2/3 \geqslant D_r > 1/3$	$D_r \leqslant 1/3$

根据三相比例指标间的换算，e、e_{max} 和 e_{min} 分别对应有 ρ_d、ρ_{dmin} 和 ρ_{dmax}，由此得

$$D_r = \frac{\rho_{dmax}(\rho_d - \rho_{dmin})}{\rho_d(\rho_{dmax} - \rho_{dmin})} \tag{2.13}$$

从理论上讲，相对密实度的理论比较完整，也是国际上通用的划分砂类土密实度的方法。但测定 e_{max}（或 ρ_{dmin}）和 e_{min}（或 ρ_{dmax}）的试验方法存在原状砂土试样的采取问题，最大、最小孔隙比测定的人为因素很大，对同一种砂土的试验结果往往离散性很大。

3) 砂土密实度按标准贯入击数 N 划分

为了避免采取原状砂样的困难，在现行国家标准《建筑地基基础设计规范》（GB 50007—2011）和《公路桥涵地基与基础设计规范》（JTG 3363—2019）中，均采用按原位标准贯入试验锤击数 N（简称标贯击数 N）划分砂土密实度，分别见表 2.6 和表 2.7。

表 2.6　按标贯击数 N 划分砂土密实度

密实度	密　实	中　密	稍　密	松　散
标贯击数 N	$N > 30$	$30 \geqslant N > 15$	$15 \geqslant N > 10$	$N \leqslant 10$

注：标贯击数 N 系实测平均值。

表 2.7　按实测平均 N 划分砂土密实度

密实度	密　实	中　密	稍　密	松　散
标贯击数 N	30～50	19～29	5～18	<5

注：标贯击数 N 系实测平均值。

4）碎石土密实度按重型动力触探击数划分

在《建筑地基基础设计规范》(GB 50007—2011)中，碎石土的密实度可按重型（圆锥）动力触探试验锤击数 $N_{63.5}$ 划分，见表 2.8。

表 2.8　按重型动力触探击数 N 划分碎石土密实度

密实度	密　实	中　密	稍　密	松　散
$N_{63.5}$	$N_{63.5}>20$	$20 \geqslant N_{63.5}>10$	$10 \geqslant N_{63.5}>5$	$N_{63.5} \leqslant 5$

注：本表适用于平均粒径不大于 50mm 且最大粒径不大于 100mm 的卵石、碎石、圆砾、角砾，对于漂石、块石及粒径大于 200mm 的颗粒含量较多的碎石土，可按表 2.10 确定。

在《建筑地基基础设计规范》(GB 50007—2011)中，碎石土密实度的野外鉴别：对于大颗粒含量较多的碎石土，其密实度很难做室内试验或原位触探试验，可按表 2.9 的野外鉴别方法来划分。

表 2.9　碎石土密实度野外鉴别方法（GB 50007—2002）

密实度	骨架颗粒含量和排列	可　挖　性	可　钻　性
密实	骨架颗粒含量大于总质量的 70%，呈交错排列，连续接触	锹、镐挖掘困难，用撬棍方能松动，井壁一般较稳定	钻进极困难，冲击钻探时，钻杆、吊锤跳动剧烈，孔壁较稳定
中密	骨架颗粒含量等于总质量的 60%～70%，呈交错排列，大部分接触	锹、镐可挖掘，井壁有掉块现象，从井壁取出大颗粒处，能保持颗粒凹面形状	钻进较困难，冲击钻探时，钻杆、吊锤跳动不剧烈，孔壁有坍塌现象
稍密	骨架颗粒含量等于总质量的 55%～60%，排列混乱，大部分不接触	锹可以挖掘，井壁易坍塌，从井壁取出大颗粒后，填充物砂土立即坍落	钻进较容易，冲击钻探时，钻杆稍有跳动，孔壁易坍塌
松散	骨架颗粒含量小于总质量的 55%，排列十分混乱，绝大部分不接触	锹易挖掘，井壁极易坍塌	钻进较容易，冲击钻探时，钻杆无跳动，孔壁极易坍塌

注：1. 骨架颗粒系指与《建筑地基基础设计规范》(GB 50007—2011)中碎石土分类名称相对应粒径的颗粒。
　　2. 碎石土密实度的划分，应按表列各项要求综合确定。

5. 黏性土的状态技术指标

黏性土的物理状态指标是否与砂土相似？是否也用孔隙比 e、相对密实度 D_r 和标准贯入试验锤击数 N 作为标准测定其密实度？

回答这两个问题，需要从黏性土和砂土的颗粒大小、土粒与土中水相互作用进行分析。砂土颗粒粗，砂粒粒径 $d=0.075\sim2.0$mm，为单粒结构，土粒与土中水的相互作用不明显。

因此,砂土可用 e、D_r 和 N 反映其密实度,以确定砂土的工程性质。

黏性土的颗粒很细,黏粒粒径 $d<0.005$ mm,细土粒周围形成电场,电分子力吸引水分子定向排列,形成黏结水膜。土粒与土中水的相互作用很显著,关系极密切。例如,同一种黏性土,当它的含水量小时,土呈半固体坚硬状态;当含水量适当增加,土粒间距离加大,土呈现可塑状态;如含水量继续增加,土中出现较多的自由水时,黏性土便变成流动状态,如图 2.12 所示。

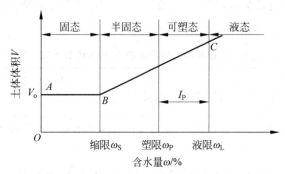

图 2.12　黏性土的物理状态与含水量的关系

I_P:塑性指数

黏性土随着含水量不断增加,土的状态变化为固态—半固态—可塑状态—液体状态,相应的承载力也逐渐降低。由此可见,黏性土最主要的物理特征并非 e、D_r,而是土的软硬程度或土对外力引起变形或破坏的抵抗能力,即稠度。

黏性土的稠度反映土粒之间的连结强度随含水量变化的性质,其中,各不同状态之间的分界含水量具有重要的意义。

1) 液限 ω_L(%)

物理意义:土由可塑状态到流动状态的界限含水量称为液限,或称塑性上限或流限,用符号 ω_L 表示。

测定方法:我国采用锥式液限仪来测定黏性土的液限 ω_L,如图 2.13(a)所示。将调成均匀的浓糊状试样装满盛土杯(盛土杯置于底座上),刮平杯口表面,将质量为 76 g 的圆锥体轻放在试样表面,使其在自重作用下沉入试样,若圆锥体经 5 s 时恰好沉入 10 mm 深度,这时杯内土样的含水量就是液限 ω_L 值。

为了避免放锥时的人为晃动影响,可采用电磁放锥的方法,可以提高测试精度,实践证明其效果较好。

美国、日本等国家使用碟式液限仪来测定黏性土的液限。它是将调成浓糊状的试样装在碟内,刮平表面,做成约 8 mm 深的土饼,用开槽器在土中成槽,槽底宽度为 2 mm,如图 2.13(b)所示,然后将碟子抬高 10 mm,使碟自由下落,连续下落 25 次后,如土槽合拢长度为 13 mm,这时试样的含水量就是液限。

20 世纪 50 年代以来,我国一直以 76 g 圆锥仪下沉深度 10 mm 作为液限标准,这与碟式仪测得的液限值不一致。国内外研究成果分析表明,取 76 g 圆锥仪下沉深度 17 mm 时的含水量与碟式仪测得的液限值相当。《公路土工试验规程》(JTG 3430—2020)规定采用 100 g 圆锥仪下沉深度 20 mm 与碟式仪测定的液限值相当。

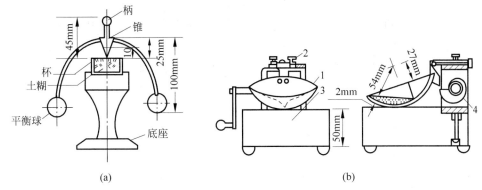

1—铜碟；2—支架；3—底架；4—锅形轴。

图 2.13　锥式液限仪、碟式液限仪

(a)锥式液限仪；(b)碟式液限仪

2) 塑限 ω_P (%)

物理意义：土由可塑状态转为半固态的界限含水量称为塑限，用符号 ω_P 表示。

测定方法：黏性土的塑限 ω_P 采用"搓条法"测定。即用双手将天然湿度的土样搓成小圆球(球径小于 10mm)，置于毛玻璃板，再用手掌慢慢搓滚成小土条，若土条搓到直径为 3mm 时恰好开始断裂，这时断裂土条的含水量就是塑限 ω_P 值。搓条法受人为因素的影响较大，因而成果不稳定。利用锥式液限仪联合测定液限、塑限，实践证明可以取代搓条法。

联合测定法可以减少反复测试液限、塑限的时间。制备三份不同稠度的试样，试样的含水量分别为接近液限、塑限和两者的中间状态。用 76g 的圆锥式液限仪分别测定三个试样的圆锥下沉深度和相应的含水量，然后以含水量为横坐标，圆锥下沉深度为纵坐标，绘于双对数坐标纸，将测得的三点连成直线，如图 2.14 所示。

由含水量与圆锥下沉深度关系曲线查出下沉 10mm 对应的含水量为 ω_L；查得下沉深度为 2mm 所对应的含水量为 ω_P；取值至整数。

3) 缩限 ω_S (%)

物理意义：土由半固态不断蒸发水分，则体积逐渐缩小，直到体积不再收缩时，对应土的界限含水量叫缩限(SL-shrinkage limit)，用符号 ω_S 表示。

测定方法：黏性土的缩限 ω_S 一般采用"收缩皿法"测定，即用收缩皿(或环刀)盛满含水量为液限的试样，烘干后测定收缩体积和干土质量，从而求得土的干缩含水量，并与试验前试样的含水量相减即得缩限 ω_S 值。

4) 塑性指数 I_P

物理意义：液限与塑限的差值，去掉百分数符号，称塑性指数，用符号 I_P 表示。

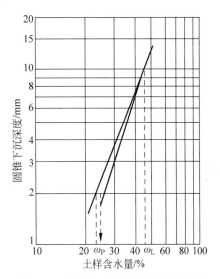

图 2.14　圆锥体土深度与含水量关系

$$I_P = (\omega_L - \omega_P) \times 100 \tag{2.14}$$

应当指出：ω_L 与 ω_P 都是分界含水量，以百分数表示。而 I_P 只取其数值，去掉百分数符号。例如某一土样 $\omega_L = 32.6\%$，$\omega_P = 15.4\%$，则 $I_P = 17.2$，而非 17.2%。为防止初学者发生计算错误，作者有意在公式（2.14）等号右边 $\times 100$，即将%消去。

塑性指数指细颗粒土体处于可塑状态下含水量的变化范围。一种土的 ω_L 与 ω_P 之间的范围大，即 I_P 大，表明该土体能吸附结合水多，但仍处于可塑状态，即该土黏粒含量高或矿物成分吸水能力强。

工程应用：在一定程度上，塑性指数综合反映了影响黏性土特征的各种重要因素，因此，当土的生成条件相似时，塑性指数相近的黏性土一般表现出相似的物理力学性质。所以常用塑性指数作为黏性土分类的标准。

5）液性指数 I_L

物理意义：土的液性指数是指黏性土的天然含水量和塑限的差值与塑性指数之比，用符号 I_L 表示。

$$I_L = \frac{\omega - \omega_P}{\omega_L - \omega_P} = \frac{\omega - \omega_P}{I_P} \tag{2.15}$$

液性指数又称相对稠度，是将土的天然含水量 ω 与 ω_L 及 ω_P 相比较，以表明 ω 是靠近 ω_L 还是靠近 ω_P，反映土的软硬状态不同。

必须指出，黏性土界限含水量指标 ω_L 与 ω_P 都是采用重塑土测定的，它们仅反映黏土颗粒与水的相互作用，并不能完全反映具有结构性的黏性土体与水的关系，以及作用后表现出的物理状态。因此，保持天然结构的原状土，在其含水量达到液限以后，并不处于流动状态，而处于流塑状态。

工程应用：黏性土根据液性指数值划分软硬状态，其划分标准见表 2.10 或表 2.11。

表 2.10 黏性土的状态（GB 50007—2011）

状 态	坚 硬	硬 塑	可 塑	软 塑	流 塑
液性指数	$I_L \leq 0$	$0 < I_L \leq 0.25$	$0.25 < I_L \leq 0.75$	$0.75 < I_L \leq 1.0$	$I_L > 1.0$

表 2.11 黏性土的状态按液性指数的划分（JTG 3363—2019）

分 级	坚硬、半坚硬状态	可 塑 状 态		流塑状态
		硬 塑	软 塑	
液性指数	$I_L < 0$	$0 \leq I_L < 0.5$	$0.5 \leq I_L < 1.0$	$I_L \geq 1.0$

6）活动度 A

物理意义：黏性土的塑性指数与土中黏粒（粒径小于 0.002mm 的颗粒）含量百分数的比值，称为活动度，用符号 A 表示。

$$A = \frac{I_P}{m} \tag{2.16}$$

式中，m——粒径小于 0.002mm 的颗粒含量百分数。

活动度反映黏性土中所含矿物的活动性。根据活动度的大小，黏性土可分为三类：

不活动黏性土 $\quad A < 0.75$

正常黏性土 $\quad 0.75 \leqslant A \leqslant 1.25$

活动黏性土 $\quad A > 1.25$

7) 灵敏度 S_t

物理意义:黏性土的原状土无侧限抗压强度与原土结构完全破坏的重塑土(保持含水量和密度不变)的无侧限抗压强度的比值,称为灵敏度 S_t,即

$$S_t = \frac{q_u}{q'_u} \tag{2.17}$$

式中,q_u——原状试样的无侧限抗压强度,kPa;

q'_u——重塑试样的无侧限抗压强度,kPa。

灵敏度反映黏性土结构性(structure character)的强弱。根据灵敏度的数值大小黏性土可分为三类:

高灵敏土 $\quad S_t > 4$

中灵敏土 $\quad 2 < S_t \leqslant 4$

低灵敏土 $\quad 1 < S_t \leqslant 2$

工程应用:土的灵敏度越高,其结构性越强,受扰动后土的强度降低就越多。所以在基础施工中应注意保护基坑或基槽,尽量减少对坑底土的结构扰动。

8) 触变性

物理意义:饱和黏性土的结构受到扰动,导致强度降低,但当扰动停止后,土的强度又随时间而逐渐部分恢复。黏性土的这种抗剪强度随时间恢复的胶体化学性质称为土的触变性(thixotropy)。

工程应用:在黏性土中打桩时,往往利用振动的方法,破坏桩侧土和桩尖土的结构,以降低打桩的阻力,但在打桩完成后,土的强度可随时间部分恢复,使桩的承载力逐渐增加,这就是利用了土的触变性机理。

2.4 土的分类

1. 土的工程分类

从上面关于土的物理性质的阐述中已知,土的颗粒大小不同,例如砂土和黏性土,它们的工程性质也不同。自然界的土往往是各种不同大小粒组的混合物。在建筑工程的勘察、设计与施工中,需要对组成地基土的混合物进行分析、计算与评价。因此,对地基土进行科学的分类与定名是十分必要的。土的工程分类的目的在于以下几点。

(1) 根据土类,可以大致判断土的基本工程特性,并可结合其他因素判断地基土的承载力、抗渗流与抗冲刷稳定性,在振动作用下的可液化性以及作为建筑材料的适宜性等;

(2) 根据土类,可以合理确定不同土的研究内容与方法;

(3) 当土的性质不能满足工程要求时,也需根据土类(结合工程特点)确定相应的改良与处理方法。

因此，综合性土的工程分类应遵循以下原则。

（1）工程特性差异性的原则。分类应综合考虑土的各种主要工程特性（强度与变形特性等），用影响土的工程特性的主要因素作为分类的依据，从而使所划分的不同土类之间，在其各主要的工程特性方面有一定的质的或显著的量的差别，这是对土进行工程分类的前提条件。

（2）以成因、地质年代为基础的原则。因为土是自然历史的产物，土的工程性质受土的成因（包括形成环境）与形成年代控制。在一定的形成条件下，经过某些变化过程的土，必然有与之相适应的物质成分和结构以及一定的空间分布规律和土层组合，因而决定了土的工程特性；形成年代不同，则土的固结状态和结构强度有显著的差异。

（3）分类指标便于测定的原则。采用的分类指标要既能综合反映土的基本工程特性，又要测定方法简便。

土的工程分类体系，目前国内外主要有两种。

（1）建筑工程系统的分类体系——侧重于把土作为建筑地基和环境，故以原状土为基本对象。因此，对土的分类除考虑土的组成外，也很注重土的天然结构性，即土的粒间连结性质和强度，例如我国国家标准《建筑地基基础设计规范》（GB 50007—2011）和《岩土工程勘察规范》（GB 50021—2001）的分类。

（2）材料系统的分类体系——侧重于把土作为建筑材料，用于路堤、土坝和填土地基等工程，故以扰动土为基本对象，对土的分类以土的组成为主，不考虑土的天然结构性。

目前国内主要按照《建筑地基基础设计规范》和《岩土工程勘察规范》对土进行工程分类。

该分类体系源于苏联天然地基设计规范，结合我国土质条件和50多年实践经验，经改进补充而成。其主要特点表现为，在考虑划分标准时，注重土的天然结构连结的性质和强度，始终与土的主要工程特性——变形和强度特征紧密联系。因此，首先考虑了按堆积年代和地质成因的划分，同时将某些特殊形成条件和特殊工程性质的区域性特殊土与普通土区别开来。在以上基础上，总体再按颗粒级配或塑性指数分为碎石土、砂土、粉土和黏性土四大类，并结合堆积年代、成因和某种特殊性质综合定名。

这种分类方法简单明确，科学性和实用性强，多年来已被我国各工程界所熟悉和广泛应用。其划分原则与标准分述如下。

（1）土按堆积年代可划分为以下三类。

老堆积土：第四纪晚更新世 Q_3 及其以前堆积的土层，一般呈超固结状态，具有较高的结构强度。

一般堆积土：第四纪全新世（文化期以前 Q_4）堆积的土层。

新近堆积土：文化期以来新近堆积的土层 Q_4，一般呈欠压密状态，结构强度较低。

（2）土根据地质成因可分为残积土、坡积土、洪积土、冲积土、湖积土、海积土、冰碛土及冰水沉积土和风积土。

（3）土根据有机质含量可按表2.12分为无机土、有机质土、泥炭质土和泥炭。

（4）具有一定分布区域或在工程意义上具有特殊成分、状态和结构特征的土称为特殊性土，按规范可分为湿陷性土、红黏土、软土（包括淤泥和淤泥质土）、混合土、填土、多年冻土、膨胀土、盐渍土、污染土。其中在我国分布较广的特殊性土的工程特性见2.5节。

表 2.12 土按有机质含量分类

分类名称	有机质含量 W_u/%	现场鉴别特征	说 明
无机土	$W_u<5\%$	—	—
有机质土	$5\%\leqslant W_u\leqslant 10\%$	灰、黑色,有光泽,味臭,除腐殖质外尚含少量未完全分解的动植物体,浸水后水面出现气泡,干燥后体积收缩	如现场能鉴别有机质或有地区经验时,可不做有机质含量测定; 当 $\omega>\omega_L$,$1.0\leqslant e<1.5$ 时称淤泥质土; 当 $\omega>\omega_L$,$e\geqslant 1.5$ 时称淤泥
泥炭质土	$10\%<W_u\leqslant 60\%$	深灰或黑色,有腥臭味,能看到未完全分解的植物结构,浸水体胀,易崩解,有植物残渣浮于水中,干缩现象明显	根据地区特点和需要可按 W_u 细分为: 弱泥炭质土($10\%<W_u\leqslant 25\%$) 中泥炭质土($25\%<W_u\leqslant 40\%$) 强泥炭质土($40\%<W_u\leqslant 60\%$)
泥 炭	$W_u>60\%$	除有泥炭质土特征外,结构松散,土质很轻,暗无光泽,干缩现象极为明显	—

注:有机质含量 W_u 按灼失量试验确定。

(5)土按颗粒级配和塑性指数分为碎石土、砂土、粉土和黏性土。

碎石土:粒径大于 2mm 的颗粒含量超过全质量 50% 的土。根据颗粒级配和颗粒形状分为漂石、块石、卵石、碎石、圆砾和角砾(表 2.13)。

表 2.13 碎石土分类

土的名称	颗粒形状	颗粒级配
漂石	圆形及亚圆形为主	粒径大于 200mm 的颗粒超过全质量的 50%
块石	棱角形为主	
卵石	圆形及亚圆形为主	粒径大于 20mm 的颗粒超过全质量的 50%
碎石	棱角形为主	
圆砾	圆形及亚圆形为主	粒径大于 2mm 的颗粒超过全质量的 50%
角砾	棱角形为主	

注:定名时,应根据颗粒级配由大到小以最先符合的确定。

砂土:粒径大于 2mm 的颗粒含量不超过全质量 50%,且粒径大于 0.075mm 的颗粒含量超过全质量 50% 的土。根据颗粒级配分为砾砂、粗砂、中砂、细砂和粉砂(表 2.14)。

表 2.14 砂土分类(GB 50007—2011)

土的名称	颗粒级配
砾砂	粒径大于 2mm 的颗粒含量占全质量的 25%~50%
粗砂	粒径大于 0.5mm 的颗粒超过全质量的 50%
中砂	粒径大于 0.25mm 的颗粒超过全质量的 50%

续表

土的名称	颗粒级配
细砂	粒径大于0.075mm的颗粒含量超过全质量的85%
粉砂	粒径大于0.075mm的颗粒含量超过全质量的50%

注：1. 定名时应根据颗粒级配由大到小以最先符合的确定。
  2. 当砂土中小于0.075mm的土的塑性指数大于10时，应冠以"含黏性土"定名，如含黏性土粗砂等。

粉土：粒径大于0.075mm的颗粒不超过全质量的50%，且塑性指数小于或等于10的土。根据颗粒级配（黏粒含量）分为砂质粉土和黏质粉土（表2.15）。

表2.15 粉土分类

土的名称	颗粒级配
砂质粉土	粒径小于0.005mm的颗粒含量不超过全质量的10%
黏质粉土	粒径小于0.005mm的颗粒含量超过全质量的10%

黏性土：塑性指数大于10的土。根据塑性指数 I_P 分为粉质黏土和黏土（表2.16）。

表2.16 黏性土分类（GB 50007—2011）

土的名称	塑性指数	土的名称	塑性指数
粉质黏土	$10<I_P\leqslant17$	黏土	$I_P>17$

注：塑性指数由相应76g圆锥体沉入土样中深度为10mm时测定的液限计算而得。

2．土的成因分类

根据土的地质成因，土可分为残积土、坡积土、洪积土、冲积土、湖积土、海积土、冰碛土及冰水沉积土和风积土。不同成因类型的土都有不同的沉积环境；并有一定的土层空间分布规律和一定的土类组合、物质组成及结构特征。但同一成因类型的土，在沉积形成后，可能遭到不同的自然地质条件和人为因素的影响，因而具有不同的工程特性。

1）残积土（Q^{el}）

（1）成因：岩石风化后，部分被流动的水和空气剥蚀而带走，搬运到他处。剩下的未被搬运的土残留在原地，成为残积土。其土层剖面图如图2.15所示。

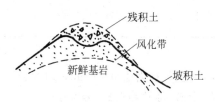

图2.15 残积土层剖面

（2）特点：残积土发育于基岩风化带。但残积土与基岩之间没有明显的界线，通常经过一个基岩风化层（带）而过渡到新鲜基岩，土的成分和结构呈过渡变化。

（3）工程地质特征：山区的残积土因原始地形变化大，且岩层风化程度不一，所以土层厚度、组成成分、结构以致其物理力学性质在很小范围内变化极大，均匀性很差，加之其孔隙度很大，作为建筑物地基容易引起不均匀沉降；在山坡的残积土分布地段，常有因修筑建筑物而产生沿下部基岩表面或某软弱面的滑动等不稳定问题。

2）坡积土（Q^{dl}）

（1）成因：由片流对山坡松散层产生的破坏作用称为片流的剥蚀作用。片流是一种在斜坡上的面状流水,流速慢,水层薄,所以它的剥蚀作用弱且具有面状发展的特点,故又称洗刷作用。

片流的流量和流速均较小,只能搬运少量的、细小的碎屑颗粒。由片流在坡坳、坡麓地带形成的碎屑堆积物叫坡积土,如图 2.16 所示。

(2) 特点:坡积土随斜坡自上而下逐渐变缓,呈现由粗而细的分选作用。但由于雨水、雪水搬运能力不大,故无明显区别,大小颗粒混杂,层理不明显。坡积土的矿物成分与下卧基岩没有直接过渡关系,这是它与残积土的主要区别。

(3) 工程地质特征:坡积土常常很疏松,承载力低、压缩性高(尤其是新近堆积的坡积土);坡积土厚度

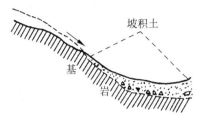

图 2.16 坡积土层剖面

变化很大,作为建筑地基会存在不均匀沉降的问题;新近沉积的疏松坡积土的边坡常处于临界稳定状态,不合理削坡将导致滑坡。

3) 洪积土(Q^{Pl})

(1) 成因:洪流的沉积作用很强大,特别是在干旱和半干旱地区,洪流是主要的地质营力。当洪流携带大量碎屑物质抵达冲沟口时,水流突然分散,碎屑物质便沉积下来,由洪流形成的沉积物叫洪积土。洪积土在冲沟口所形成的扇状堆积体叫洪积扇,如图 2.17 所示。

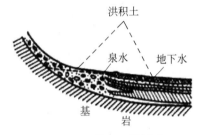

图 2.17 洪积土层剖面

(2) 特点:

① 洪积土分布有明显的地域性,其物质成分较单一,不同冲沟中的洪积土岩性差别较大;

② 洪积土分选性差,常有砾石、砂、黏土混积在一起;

③ 洪积土的磨圆度较低,一般介于次圆状和次棱角状之间;

④ 洪积土的层理不发育,类型单一;

⑤ 在剖面上,砾石、砂、黏土的透镜体相互交叠,呈现出多元结构。

(3) 洪积土的成分、结构和构造:洪积土以碎屑为主,但洪积扇的不同部位组成会有差异。

① 洪流出沟谷口后,由于流速骤减,被搬运的粗碎屑物质(如卵石、砾石、粗砂等)首先大量堆积下来,离山渐远,沉积的颗粒随之变细,其分布范围也逐渐扩大;

② 随离沟口由近到远,沉积物颗粒大小呈分选现象;

③ 搬运距离短,颗粒的磨圆度不佳;

④ 由于山洪的周期性和差异性,洪积土常呈现不规则的交替层理构造,并具有夹层、尖灭或透镜体等产状。

(4) 洪积土的工程地质性质。

① 靠近山地的洪积土的颗粒较粗,地下水位埋藏较深,土的承载力一般较高,为良好的天然地基;

② 离山较远地段为较细的洪积土,其成分均匀、厚度较大,土质较为密实,通常也是良

好的工程地基;

③ 在上述两部分的过渡地带,常常由于地下水溢出地表造成宽广的沼泽地带,因此土质软弱而承载力较低。

(5) 洪积土与坡积土的区别:坡积土与洪积土经常共存,应注意二者的区别。

① 由于坡积土来自附近山坡,所以坡积土一般比洪积土成分更单纯,另外坡积土中砾石含量少,洪积土中砾石丰富;

② 片流动力弱而不稳定,故坡积土的分选性比洪积土差;

③ 坡积土比洪积土的磨圆度低,砾石的棱角较明显;

④ 坡积土略显层状,不具洪积土的分带现象;

⑤ 坡积土多分布于坡麓,构成坡积裙地形,而洪积土分布于沟口,形成洪积扇地貌。

4) 冲积土(Q^{al})

(1) 成因:冲积土是由河流的流水作用将碎屑物质搬运到河谷中坡降平缓的地段堆积而成的,它发育于河谷内及山区外的冲积平原中,如图 2.18 所示。

(2) 分类及特征:根据河流冲积土的形成条件,可分为河床相、河漫滩相、牛轭湖相及河口三角洲相。

河床相冲积土主要分布在河床地带,其次是阶地上。河床相冲积土在山区河流或河流上游,大多是粗大的石块、砾石和粗砂;中下游或平原地区沉积土逐渐变细。冲积土由于经过流水的长途搬运,相互磨蚀,所以颗粒磨圆度较好,没有巨大的漂砾,这与洪积土的砾石层有明显差别。山区河床冲积土厚度不大,一般不超过10m,但也有近百米的,而平原地区河床冲积土则厚度很大,一般超过几十米,可达数百米,甚至可达千米。

图 2.18 冲积土

河漫滩相冲积土是在洪水期河水漫溢河床两侧,携带碎屑物质堆积而成的,土粒较细,可以是粉土、粉质黏土或黏土,并常夹有淤泥或泥炭等软弱土层,覆盖于河床相冲积土之上,形成常见的上细下粗的冲积土的"二元结构"。

牛轭湖相冲积土是在废河道形成的牛轭湖中沉积成的松软土,颗粒很细,常含大量有机质,有时形成泥炭。

在河流入海或入湖口,所搬运的大量细小颗粒沉积下来,形成面积宽广而厚度极大的三角洲沉积物,这类沉积物通常含有淤泥质土或淤泥层,这就是河口三角洲相冲积土。

(3) 工程地质特征:河流冲积土随形成条件的不同,而有不同的工程地质特性。古河床相冲积土的压缩性低,强度较高,是工业与民用建筑的良好地基,而现代河床冲积物的密实度较差,透水性强,若作为水工建筑物的地基将引起坝下渗透。饱水的砂土还可能由于振动而引起液化。河漫滩相冲积土覆盖于河床相冲积土之上形成的具有双层结构的冲击土体常被作为建筑物的地基,但应注意其中的软弱土层夹层。牛轭湖相冲积土是压缩性很高且承载力很低的软弱土,不宜作为建筑物的天然地基。三角洲相冲积土常常是饱和的软黏土,承载力低,压缩性高,若作为建筑物地基,应慎重对待。但在三角洲相冲积土的最上层,由于经过长期的压实和干燥,形成所谓硬壳层,承载力较下面的土层高,一般可用作低层或多层建筑物的地基。

5) 湖泊沉积土(Q^l)

(1) 成因及分类:湖泊沉积土可分为湖边沉积土和湖心沉积土。湖边沉积土是湖浪冲蚀湖岸形成的碎屑物质在湖边沉积而形成的;湖心沉积土是由河流和湖流挟带的细小悬浮颗粒到达湖心后沉积形成的。湖泊沉积土如图 2.19 所示。

(2) 工程地质特征:湖边沉积土中近岸带沉积的多是粗颗粒的卵石、圆砾和砂土,远岸带沉积的则是细颗粒的砂土和黏性土。湖边沉积土具有明显的斜层理构造,近岸带土的承载力高,远岸带土则差些。湖心沉积土主要是黏土和淤泥,常夹有细砂、粉砂薄层,土的压缩性高,强度很低。

若湖泊逐渐淤塞,则可演变为沼泽,沼泽沉积土称为沼泽土,主要由半腐烂的植物残体和泥炭组成,泥炭的含水量极高,承载力极低,一般不宜做天然地基。

图 2.19　湖泊沉积土

6) 海洋沉积土(Q^m)

按海水深度及海底地形,海洋可分为滨海带、浅海区、陆坡区和深海区,相应的四种海相沉积土性质也各不相同。滨海沉积土主要由卵石、圆砾和砂等组成,具有基本水平或缓倾的层理构造,其承载力较高,但透水性较大。浅海沉积土主要由细粒砂土、黏性土、淤泥和生物化学沉积土(硅质和石灰质)组成,有层理构造,较滨海沉积土疏松,含水量高、压缩量大而强度低。陆坡和深海沉积土主要是有机质软泥,成分不一。海洋沉积土在海底表层沉积的砂砾层很不稳定,随着海浪不断移动变化,选择海洋平台等构筑物地基时,应慎重对待。海洋沉积土如图 2.20 所示。

图 2.20　海洋沉积土

7) 冰碛土和冰水沉积土(Q^{gl})

冰碛土和冰水沉积土分别由冰川和冰川融化的冰下水进行搬运堆积而成,如图 2.21 所示。其颗粒以巨大块石、碎石、砂、粉土及黏性土混合组成,一般分叠性差,无层理,但冰水沉积土常具有斜层理,颗粒呈棱角状,巨大块石上常有冰川擦痕。

8) 风积土(Q^{eol})

风积土是指在干旱的气候条件下,岩石的风化碎屑物被风吹扬,搬运一段距离后,在有利的条件下堆积起来的一类土,如图 2.22 所示。风积土颗粒主要由粉粒或砂粒组成,土质均匀,质纯,孔隙大,结构松散。最常见的是风成砂及风成黄土,风成黄土具有强湿陷性的特点。

图 2.21 冰碛土与冰水沉积土

图 2.22 风积土

2.5 特殊土的特性

我国幅员辽阔,地质条件复杂,分布土类繁多,工程性质各异。有些土类由于地理环境、气候条件、地质成因、物质成分及次生变化等原因而具有与一般土类显著不同的特殊工程性质,当其作为建筑场地、地基及建筑环境时,如果不注意这些特点,并不采取相应的治理措施,就会造成工程事故。人们把这些在特定地理环境或人为条件下形成的具有特殊工程性质的土称为特殊土。各种天然或人为形成的特殊土的分布,都有一定的规律,表现一定的区域性。

在我国,具有一定分布区域和特殊工程意义的特殊土包括:

(1) 沿海及内陆地区各种成因的软土;

(2) 主要分布于西北、华北等干旱、半干旱气候区的黄土;

(3) 西南亚热带湿热气候区的红黏土;

(4) 主要分布于南方和中南地区的膨胀土;

(5) 高纬度、高海拔地区的多年冻土及盐渍土、人工填土和污染土等。

本节主要阐述我国软土、黄土、红黏土、膨胀土及人工填土的分布、特征及其工程性质问题。

1. 软土

1) 软土及其特征

软土一般是指天然含水量大、压缩性高、承载力和抗剪强度很低的呈软塑—流塑状态的黏性土。软土是一类土的总称,还可以细分为软黏性土、淤泥质土、淤泥、泥炭质土和泥炭等,性质大体与上述概念相近的土都可以归为软土。

软土主要是在静水或缓慢流水环境中沉积,并经生物化学作用形成的以细颗粒为主的第四纪饱和软黏性沉积物。它富含有机质,天然含水量 ω 大于液限 ω_L,天然孔隙比 e 大于或等于 1.0。其中:

当 $e \geqslant 1.5$ 时,称淤泥;

当 $1.5 > e \geqslant 1.0$ 时,称淤泥质土,它是淤泥与一般黏性土的过渡类型;

当土中有机质含量为 5%～10% 时,称有机质土;

当有机质含量大于 10% 且不小于 60% 时,称为泥炭质土;大于 60% 时,称为泥炭。泥炭是未充分分解的植物遗体堆积而成的一种高有机质土,呈深褐至黑色。其含水量极高,压缩性很大且不均匀,往往以夹层或透镜体构造存在于一般黏性土或淤泥质土层中,对工程极为不利。我国各地区的软土一般有下列特征。

(1) 软土的颜色多为灰绿、灰黑色,手摸有滑腻感,能染指,有机质含量高,有腥味。

(2) 软土的粒度成分主要为黏粒及粉粒,黏粒含量高达60%~70%。

(3) 软土的矿物成分,除粉粒中的石英、长石、云母外,黏粒中的黏土矿物主要是伊利石,其次是高岭石。

(4) 软土具有典型的海绵状或蜂窝状结构,这是造成软土孔隙比大、含水量高、透水性小、压缩性大、强度低的主要原因之一。

(5) 软土常具有层理构造,软土和薄层的粉砂、泥炭层等相互交替沉积,或呈透镜体相间形成性质复杂的土体。

2) 软土的成因及分布

我国沿海地区、平原地带、内陆湖盆和洼地、河流两岸地区及山前谷地,都有各种软土分布。沿海、平原地带软土多位于大河下游入海三角洲或冲积平原处,如长江、珠江三角洲地带,塘沽、温州、闽江口平原等地带;内陆湖盆、洼地则以洞庭湖、洪泽湖、太湖、滇池等地为有代表性的软土发育地区;山间盆地及河流中下游两岸漫滩、阶地、废弃河道等处也常有软土分布,沼泽地带则分布着富含有机质的软土和泥炭。

我国范围内的软土成因主要有下列几种。

(1) 沿海沉积型:软土分布广,厚度大,土质疏松软弱,按沉积部位大致可分为四种成因类型,如表2.17所示。

表2.17 沿海沉积型软土

名 称	特 征	主要分布区域
泻湖相沉积	颗粒微细、孔隙比大、强度低、分布范围广、常形成海滨平原	浙江温州、宁波等地
溺谷相沉积	结构疏松、孔隙比大、强度很低、分布窄带状	福州市闽江口地区
滨海相沉积	有机质较少、结构疏松、透水性强	塘沽新港及连云港等地
三角洲相沉积	分选程度较差、多交错斜层理或不规则透镜体夹层	长江三角洲、珠江三角洲等地区

(2) 内陆湖盆沉积型:软土分布零星,厚度较小,性质变化大,主要有三类,如表2.18所示。

表2.18 内陆湖盆沉积型软土

名 称	特 征	主要分布区域
湖相沉积	颗粒微细均匀、富含有机质、层较厚(一般为10~20m,个别超过20m)、不夹或很少夹砂层、常有厚度不等的泥炭夹层或透镜体	洞庭湖、洪泽湖、太湖、滇池等地区
河流漫滩相沉积	淤泥类常夹于上层亚砂土、亚黏土之中,呈袋状或透镜体,产状厚度变化大,一般厚度小于10m,下层常为砂层	长江、松花江中下游河谷附近
牛轭湖相沉积	分布较窄,且常有泥炭夹层,一般呈透镜体埋藏于一般冲积层之下	—

(3) 河滩沉积型：一般呈带状分布于河流中、下游漫滩及阶地。这些地带常是漫滩宽阔、河岔较多，河曲发育，常有牛轭湖存在。软土的特点是岩层沉积交错复杂，透镜体较多，软土厚度一般小于10m。我国一些大中河流的中、下游多有分布。

(4) 沼泽沉积型：沼泽软土颜色深，多为黄褐色、褐色至黑色，主要成分为泥炭，并含有一定数量的机械沉积物和化学沉积物。

(5) 山前谷地沉积型：有一类"山地型"软土，其分布、厚度及性质等变化均很大。它主要由当地泥灰岩、页岩、泥岩风化产物和地表有机物质，由水流搬运沉积于原始地形低洼处，经长期水泡软化及微生物作用而成。成因类型以坡洪积、湖积和冲积为主，主要分布于冲沟、谷地、河流阶地和各种洼地里，分布面积不大，厚度相差悬殊。通常冲积相土层很薄，土质较好；湖积相土层中常有较厚的泥炭层，土质比平原湖积相还差；坡洪积最常见，性质介于前二者之间。

3) 软土的物理力学性质

由于软土的生成环境及上述粒度、矿物组成和结构特征，结构性显著且处于形成初期，故具有以下的工程特性，如表2.19所示。

表2.19 软土的工程特性及对工程性质的影响

软土的特点	对工程性质的影响
高含水量	软土的天然含水量一般为50%~70%，山区软土有时高达200%，其饱和度一般大于95%。软土的高含水量特征是决定其压缩性和抗剪强度的重要因素
高孔隙性	天然孔隙比为1~2，最大达3~4。软土的高孔隙性特征是决定其压缩性和抗剪强度的重要因素
渗透性低	软土的渗透系数一般为$i\times10^{-4}$~$i\times10^{-8}$cm/s，通常水平方向的渗透系数较垂直方向要大得多。由于该类土渗透系数小，含水量大且呈饱和状态，使得土体的固结过程非常缓慢，其强度增长的过程也非常缓慢
压缩性高	软土的压缩系数$a_{0.1-0.2}$一般为0.7~1.5MPa^{-1}，最大达4.5MPa^{-1}，因此软土均属于高压缩性土。随着土的液限和天然含水量的增大，其压缩系数也进一步增大。由于该类土具有高含水量、低渗透性及高压缩性等特性，因此，具有变形大而不均匀、变形稳定历时长的特点
抗剪强度低	软土的抗剪强度小且与加荷速度及排水固结条件密切相关。如不排水三轴快剪得出其内摩擦角为零，其黏聚力一般均小于20kPa；直剪快剪内摩擦角一般为2°~5°，黏聚力为10~15kPa；而固结快剪的内摩擦角可达8°~12°，黏聚力为20kPa左右。因此，要提高软土地基的强度，必须控制施工和使用时的加荷速度
触变性	由于软土具有较为显著的结构性，故触变性是它的一个突出的性质。我国东南沿海地区的三角洲相及滨海—泻湖相软土的灵敏度一般为4~10，个别达13~15
蠕变性	软土的蠕变性也是比较明显的。表现在长期恒定应力作用下，软土将产生缓慢的剪切变形，并导致抗剪强度的衰减；在固结沉降完成之后，软土还可能继续产生可观的次固结沉降

2. 黄土

1) 黄土的特征及分布

黄土是第四纪干旱和半干旱气候条件下形成的一种特殊土，是一种特殊的陆相疏松堆积物。表 2.20 列出了黄土和黄土状土的各项特征。

表 2.20 黄土和黄土状土的特征

特征		黄 土	黄 土 状 土
外部特征	颜 色	淡黄色为主，还有灰黄色、褐黄色	黄色、浅棕黄色或暗灰褐黄色
	结构构造	无层理，有肉眼可见的大孔隙及生物根茎遗迹形成的管状孔隙，常被钙质和泥填充，质地均一	有层理构造，有粗粒（砂粒或细砾）形成的夹层或透镜体，黏土组成微薄层理，可见大孔较少，质地不均一
	产 状	垂直节理发育，常呈现大于 70°的边坡	有垂直节理，但延伸较小，垂直陡壁不稳定，常成缓坡
物质成分	粒度成分	粉土粒为主（粒径 0.075～0.005mm），含量一般大于 60%，大于 0.25mm 的颗粒几乎没有。粉粒中粒径 0.075～0.01mm 的粗粉粒占 50%以上，颗粒较粗	粉土粒含量一般大于 60%，但其中粗粉粒小于 50%；含少量大于 0.25mm 或小于 0.005mm 的颗粒，有时可达 20%以上；颗粒较细
	矿物成分	粗粒矿物以石英、长石、云母为主，含量大于 60%；黏土矿物有蒙脱石、伊利石、高岭石等；矿物成分复杂	粗粒矿物以石英、长石、云母为主，含量小于 50%；黏土矿物含量较高，仍以蒙脱石、伊利石、高岭石为主
	化学成分	以 SiO_2 为主，其次为 Al_2O_3、Fe_2O_3，富含 $CaCO_3$，少量 $MgCO_3$ 及易溶盐类（如 NaCl 等），常见钙质结核	以 SiO_2 为主，其次为 Al_2O_3、Fe_2O_3，富含 $CaCO_3$、$MgCO_3$，少量易溶盐类（如 NaCl 等），时代老的含碳酸盐多，时代新的含碳酸盐少
物理性质	孔隙度	高，一般大于 50%	较低，一般小于 40%
	干密度	较低，一般为 1.4g/cm³ 或更低	较高，一般为 1.4g/cm³ 以上
	渗透系数	一般为 0.6～0.8m/d，有时可达 1m/d	透水性小，有时可视为不透水层
	塑性指数	10～12	一般大于 12
	湿陷性	显著	不显著，或无湿陷性
成岩作用程度		一般固结较差，时代老的黄土较坚固，称石质黄土	松散沉积物，或有局部固结
成因		多为风成，少量水成	多为水成

黄土在世界上分布很广，欧洲、北美、中亚均有分布，黄土在我国特别发育、地层全、厚度大、分布广，主要分布于黑龙江、吉林、辽宁、内蒙古、山东、河北、河南、山西、陕西、甘肃、青海、新疆等，江苏和四川等地也有分布，总计面积约 63 万平方千米，约占我国陆地面积的 6.6%。

分布在我国范围内的黄土，根据其中所含脊椎动物化石确定，从早更新世开始堆积，经历了整个第四纪，目前还未结束。形成于下（早）更新世的午城黄土和中更新世的离石黄土称为老黄土，上（晚）更新世的马兰黄土及全新世下部的次生黄土称为新黄土，而近几十年至近几百年形成的最近堆积物，称为新近堆积黄土。

2）黄土的成因

黄土按生成过程及特征可划分为风积、坡积、残积、洪积、冲积等类型，如表 2.21 所示。

表 2.21 黄土的成因与分布

成 因	分 布
风积黄土	分布在黄土高原平坦的顶部和山坡上，厚度大，质地均匀，无层理
坡积黄土	多分布在山坡坡脚和斜坡上，厚度不均，基岩出露区常夹有基岩碎屑

续表

成　因	分　布
残积黄土	多分布在基岩山地上部,由表层黄土及基岩风化而成
洪积黄土	主要分布在山前沟口地带,一般有不规则的层理,厚度不大
冲积黄土	主要分布在大河的阶地上,如黄河及其支流的阶地上。阶地越高,黄土厚度越大,有明显层理,常夹有粉砂、黏土、砂卵石等,大河阶地下部常有厚数米及数十米的砂卵层

3) 黄土的一般物理学性质

(1) 黄土的重度:一般为 $2.54\sim 2.84\text{g/cm}^3$,平均为 2.67g/cm^3;干重度为 $1.12\sim 1.79\text{g/cm}^3$。天然含水量相同的情况下,黄土天然重度越高,强度也越高。干重度是评价黄土湿陷性的指标之一,干重度小于 1.45g/cm^3 的一般为湿陷性黄土,大于 1.5g/cm^3 的为非湿陷性黄土。

(2) 黄土的孔隙:孔隙大,孔隙率也大,是黄土的主要特征之一。孔隙在黄土中的大小及分布都是不均匀的,形状也有孔隙和裂隙两种。大孔隙的数量是决定黄土湿陷性的重要依据。

(3) 黄土的含水量:黄土的天然含水量较低,一般为 $1\%\sim 38\%$,某些干旱地区为 $1\%\sim 12\%$。天然含水量较低的黄土经常是湿陷性较强。黄土的透水性一般比黏性土大,属中等透水性土,这主要是因为其垂直节理及大孔隙较发育,故垂直方向透水性大于水平方向,有时可达十余倍。

(4) 黄土的塑性:黄土塑性较弱,塑限一般为 $16\%\sim 20\%$,液限常为 $26\%\sim 34\%$,塑性指数 $8\sim 14$。黄土一般无膨胀性,崩解性很强,黄土易于崩解是黄土边坡浸水后造成大规模崩塌的主要原因。一块黄土试样在水中崩解的速度受各种因素的影响,可以在十几秒到数天内崩解。黄土易受流水冲刷则是黄土地区容易形成冲沟的重要原因。

(5) 黄土的压缩性:黄土在干燥状态下压缩性中等,一般 $a_{1-2}=0.02\sim 0.06\text{cm}^2/\text{kg}$,但湿度增加的黄土(尤其饱和黄土)压缩性急剧增大。新近堆积的黄土土质松软,强度低,压缩性高,老黄土压缩性较低。

(6) 黄土的抗剪强度:黄土的抗剪强度较高,一般内摩擦角 $\varphi=15°\sim 25°$,黏聚力 $c=0.3\sim 0.6\text{kg/cm}^2$。当黄土的含水量低于塑限时,水分变化对强度的影响最大,随着含水量的增加,土的内摩擦角和黏聚力都降低较多;但当含水量大于塑限时,含水量对抗剪强度的影响减小;而超过饱和含水量时,抗剪强度的变化就不明显了。另外,在浸水过程中,黄土湿陷处于发展中,此时土的抗剪强度降低最多。当黄土的失陷压密过程已基本结束时,土的含水量虽然很高,但抗剪强度却高于湿陷过程。因此,湿陷性黄土处于地下水位变动带时,其抗剪强度最低,而处于地下水位以下的黄土,抗剪强度反而高些。

4) 黄土的工程地质问题

在黄土地区修筑铁路或构造其他工程建筑,经常遇到的工程地质问题有:黄土湿陷、黄土潜蚀和弦穴、黄土冲沟发展及黄土泥流、黄土路堑边坡的冲刷防护、边坡稳定性及边坡设计等。通过多年实践和研究,对于这些问题的解决已积累了不少经验和较为有效的对策。这里仅对黄土湿陷问题进行讨论。

天然黄土在一定压力作用下,受水浸湿后结构遭到破坏,有突然下沉的现象,这称为黄土湿陷。黄土湿陷又分在自重压力下发生的自重湿陷和在外荷载作用下产生的非自重湿陷。非自重湿陷比较普遍,对工程建筑的影响较大。

并非所有黄土都具有湿陷性,一般老黄土(午城黄土及离石黄土的大部分)无湿陷性,而新黄土(马兰黄土及新近堆积黄土)及离石黄土上部有湿陷性。因此,湿陷性黄土多位于地表以下数米至十余米,很少超过20m厚。黄土的湿陷性强弱与许多因素有关,如其微观结构特征、颗粒组成、化学成分等;在同一地区,土的湿陷性又与其天然孔隙比和天然含水量有关,并取决于浸水程度和压力大小,现分述如下。

(1) 根据对黄土的微观结构的研究,黄土中骨架颗粒的大小、含量和胶结物的聚集形式,对于黄土湿陷性强弱有着重要的影响。骨架颗粒越多,彼此接触,则粒间孔隙大,胶结物含量较少,呈薄膜状包围颗粒,粒间连结脆弱,因而湿陷性越强;相反,骨架颗粒较细,胶结物丰富,颗粒被完全胶结,则粒间连结牢固,结构致密,湿陷性弱或无湿陷性。

(2) 黄土中黏土粒的含量越多,并均匀分布在骨架颗粒之间,则具有较大的胶结作用,土的湿陷性越弱。

(3) 黄土中的盐类如以较难溶解的碳酸钙为主而具有胶结作用时,湿陷性较弱,而石膏及易溶盐含量越大,土的湿陷性越强。

(4) 影响黄土湿陷性的主要物理性质指标为天然孔隙比和天然含水量。当其他条件相同时,黄土的天然孔隙比越大,则湿陷性越强。黄土的湿陷性随其天然含水量的增加而减弱。

(5) 在一定的天然孔隙比和天然含水量情况下,黄土的湿陷变形量将随浸湿程度和压力的增加而增大,但当压力增加到某一个定值以后,湿陷量却又随着压力的增加而减少。

(6) 黄土的湿陷性从根本上与其堆积年代和成因有密切关系。

湿陷性黄土作为路堤填料或建筑物地基,会严重影响工程建筑物的正常使用和安全,能使建筑物开裂甚至破坏。因此,必须查清建筑地区黄土是否具有湿陷性及湿陷性的强弱,以便针对性地采取相应措施。

除了用上述各种地质特征和工程性质指标定性地评价黄土湿陷性外,通常采用浸水压缩试验方法定量地评价黄土湿陷性。采取黄土原状土样放入固结仪内,进行压缩试验。按规范规定:对桥涵、路基加压到0.3MPa;对站场、房屋加压到0.2MPa;对坡积、崩积、人工填筑等压缩性较高的黄土,5m以内土层加压到0.15MPa,然后测出天然湿度下变形稳定后的试样高度h_1及浸水条件下变形稳定后的试样高度h_2,即可按式(2.18)求出相对湿陷系数δ_s:

$$\delta_s = \frac{h_1 - h_2}{h_1} \tag{2.18}$$

当$\delta_s < 0.02$时,为非湿陷性黄土;当$0.02 \leq \delta_s \leq 0.03$时,为轻微湿陷性黄土;当$0.03 < \delta_s \leq 0.07$时,为中等湿陷性黄土;当$\delta_s > 0.07$时,为强烈湿陷性黄土。

在不同的压力作用下,湿陷量是不一样的。当压力较小时,湿陷量较小,随着压力的增大,湿陷量逐渐增加;当压力超过某值时,湿陷量急剧增大,结构迅速、明显地破坏。这个开始出现明显湿陷的压力称湿陷起始压力,是一个很有实用价值的指标,在工程设计中如能控制黄土所受的各种荷载不超过起始压力,则可避免湿陷。

关于黄土发生湿陷的原因,国内外研究结论不一。有人认为是黄土内部易溶盐被溶解造成的结果;有人认为黄土中所含黏土矿物成分不同是主要原因,若含有胶岭石就是非湿陷性的,若含有高岭石则是湿陷性的;还有人认为黄土中Fe_2O_3含量大于10%时黄土结构是稳定的。更多的人认为黄土湿陷性与其孔隙比有密切关系,试验证明相对湿陷系数与孔隙比之间存在着直线正比关系,相对湿陷系数是压力与湿度的连续函数,压力越大,湿度越大,湿陷性越大,而且认为湿陷原因是黄土颗粒与水相互作用形成水-胶联结,即黄土浸水后,胶体颗粒间水膜厚度增加,使颗粒间联结力减弱,加强了黄土的压缩性的结果。

在天然条件下,黄土被浸湿有两种情况:一种是地表水下渗,另一种是地下水位升高。一般前者引起的湿陷性要强些。

防治黄土湿陷的措施可分两个方面:一方面可采用机械的或物理化学的方法提高强度,降低孔隙度,加强内部联结;另一方面则应注意排除地表水及地下水的影响。

3. 膨胀土

1) 膨胀土的特征及分布

膨胀土一般是指黏粒成分主要由亲水性黏土矿物(以蒙脱石和伊利石为主)所组成的黏性土,在环境和湿度变化时,可产生强烈的胀缩变形,具有吸水膨胀、失水收缩的特性,如图2.23所示。过去对这种土的性质认识不清,故有不同的命名,如裂隙黏土、合肥黏土等。经过多年的工程实践和研究,目前趋向于统一称为膨胀土。它具有以下特征:

(1) 颜色有灰白色、棕色、红色、黄色、褐色及黑色。

(2) 粒度成分中以黏土颗粒为主,一般在50%以上,最少也超过30%,粉粒其次,砂粒最少。

(3) 矿物成分中黏土矿物占优势,多以伊利石为主,少量以蒙脱石为主,高岭石含量普遍较低。

(4) 以片状或扁平状黏土颗粒相互聚集形成的结构基本单元体,决定着膨胀土的胀缩性及强度,微孔隙、微裂隙普遍发育,为水分的进出迁移创造了条件。

(5) 胀缩强烈,膨胀时产生膨胀压力,收缩时形成收缩裂缝,长期反复胀缩使土体强度产生衰减。

图 2.23 膨胀土

(6) 各种大、小成因的裂隙非常发育。

(7) 早期(第四纪以前或第四纪早期)生成的膨胀土具有超固结性。

膨胀土分布广泛,分布范围遍及六大洲约40个国家和地区。中国是世界上膨胀土分布最广、面积最大的国家之一。目前已在20多个省、市、自治区发现膨胀土,以云南、广西、贵州和湖北等省份分布较多,且有代表性。膨胀土一般位于盆地内垅岗、山前丘陵地带以及二、三级阶地上。多数是晚更新世及其以前的残坡积物、冲积物、洪积物,也有晚第三纪至第四纪的湖相沉积及其风化层,个别埋藏在全新世的冲积层中。

我国范围内的膨胀土,按其成因及特征基本分为三类,具体分类见表2.22。

表 2.22 膨胀土分类表

类别	地貌	典型地层	岩性	矿物成分	含水量 /%	孔隙比	液限 /%	塑性指数
一类	分布于盆地边缘与丘陵地带	晚第三纪至第四纪的湖相沉积及其风化层	以灰白色、灰绿色等杂色黏土为主(包括半成岩的岩石),裂隙特别发育,常有光滑面和擦痕	以蒙脱石为主	20~37	0.6~1.7	45~90	21~48

续表

类别	地貌	典型地层	岩性	矿物成分	含水量/%	孔隙比	液限/%	塑性指数
二类	分布于河流阶地	第四纪冲积层、冲洪积层、坡洪积层(包括少量冰水沉积)	以灰褐色、褐黄色、红色、黄色黏土为主，裂隙很发育，有光滑面和擦痕	以伊利石为主	18～23	0.5～0.8	36～54	18～30
三类	分布于岩溶地区准平原、谷地	碳酸盐类岩石的残坡积层及洪积层	以红棕色、棕黄色高塑性黏土为主，裂隙发育，有光滑面和擦痕	—	27～38	0.9～1.4	50～110	20～45

2) 膨胀土的胀缩性指标

一般来讲，黏性土都有一定的膨胀性，只是膨胀量小，没有达到危害程度。为了正确评价膨胀土的工程性质，必须测定其膨胀收缩指标，表示膨胀土的胀缩性指标有下列几种。

(1) 自由膨胀率(δ_{ef})：指人工制备的烘干土，在水中吸水后体积增量($V-V_0$)与原体积(V_0)之比：

$$\delta_{ef} = \frac{V-V_0}{V_0} \times 100\% \tag{2.19}$$

《膨胀土地区建筑技术规范》(GB 50112—2013)规定，$\delta_{ef} \geqslant 40\%$为膨胀土。

(2) 膨胀率(δ_{ep})：人工制备的烘干土，在一定的压力下，侧向受限浸水膨胀稳定后，试样增加的高度($h-h_0$)与原高度(h_0)之比：

$$\delta_{ep} = \frac{h-h_0}{h_0} \times 100\% \tag{2.20}$$

(3) 线缩率(δ_{si})：为土样收缩后高度减小量(h_0-h)与原高度(h_0)之比：

$$\delta_{si} = \frac{h_0-h}{h_0} \times 100\% \tag{2.21}$$

3) 膨胀土的工程性质

(1) 强亲水性。膨胀土的粒度成分以黏粒含量为主，黏粒粒径很小，比表面积大，颗粒表面由具有游离价的原子或离子组成，即具有表面能，在水溶液中吸引极性水分子和水中离子，呈现出强亲水性。

(2) 多裂隙性。膨胀土中的裂隙十分发育，是区别于其他土的明显标志。膨胀土的裂隙按成因有原生和次生之别。原生裂隙多闭合，裂面光滑，常有蜡状光泽，暴露在地表后受风化影响裂面张开；次生裂隙多以风化裂隙为主，在水的淋滤作用下，裂面附近蒙脱石含量显著增高，呈白色，构成膨胀土的软弱面，这种灰白色是引起膨胀土边坡失稳滑动的主要原因。

(3) 强度衰减性。在天然状态下,膨胀土结构紧密、孔隙比小,干密度达 1.6~1.8g/cm³,塑性指数为 18~23,天然含水量与塑限比较接近,一般为 18%~26%,这时膨胀土的剪切强度、弹性模量都比较高,土体处于坚硬或硬塑状态,常被误认为是良好的天然地基。当膨胀土遇水浸湿后,强度很快衰减,黏聚力小于 100kPa,内摩擦角小于 10°,有的甚至接近饱和淤泥的强度。

(4) 超固结性。膨胀土的超固结性是指在膨胀土受到的应力历史中,曾受到比现在土的上覆自重压力更大的压力,因而孔隙比小,压缩性低。但是一旦开挖,遇水膨胀,强度降低,造成破坏。

(5) 弱抗风化性。膨胀土极易产生风化破坏作用,土体开挖后,在风化应力的作用下,很快会产生破裂、剥落和泥化等现象,使土体结构破坏,强度降低。

4. 红黏土

1) 红黏土的特征及分布

碳酸盐岩系出露区的岩石,经红土化作用形成的棕红色、褐黄色的高塑性黏土称为红黏土,如图 2.24 所示。其液限一般大于 50,上硬下软,具有明显的收缩性,裂隙发育。经再搬运后仍保留红黏土基本特征,液限为 45~50 的红黏土称为次生红黏土。

图 2.24 红黏土

红黏土的形成一般应具备气候和岩性两个条件。其气候特点是,气候变化大,年降水量大于蒸发量,潮湿的气候有利于岩石的机械风化和化学风化;就岩性而言,主要为碳酸盐类岩石,当岩层褶皱发育、岩石破碎时,更易形成红黏土。

红黏土及次生红黏土广泛分布于我国的云贵高原、四川东部、广西、粤北及鄂西、湘西等地区的低山、丘陵地带顶部和山间盆地、洼地、缓坡及坡脚地段。黔、贵、滇等地古溶蚀地面上堆积的红黏土层,由于基岩起伏变化及风化深度的不同,其厚度变化极不均匀,常见为 5~8m,最薄为 0.5m,最厚为 20m。在水平方向常见咫尺之隔,厚度相差达 10m 之巨。土层中常有石芽、溶洞或土洞分布其间,给地基勘察、设计工作造成困难。

2) 红黏土的一般物理力学特征

(1) 天然含水量高,一般为 40%~60%,甚至高达 90%。

(2) 密度小,天然孔隙比一般为 1.4~1.7,最高 2.0,具有大孔性。

(3) 高塑性,液限一般为 60%~80%,最高达 110%;塑限一般为 40%~60%,最高达 90%;塑性指数一般为 20~50。

(4) 由于塑限很高,所以尽管红黏土天然含水量很高,但一般仍处于坚硬或硬可塑状态、液性指数 I_L 一般小于 0.25,但是其饱和度一般在 90% 以上,因此,即使是坚硬黏土也处于饱水状态。

(5) 一般呈现较高的强度和较低的压缩性,固结快剪内摩擦角 $\varphi = 8° \sim 18°$,黏聚力 $c = 40 \sim 90$kPa;压缩系数 $a_{0.2-0.3} = 0.1 \sim 0.4$MPa^{-1},变形模量 $E_0 = 10 \sim 30$MPa,最高可达 50MPa;荷载试验比例界限 $p_0 = 200 \sim 300$kPa。

(6) 不具有湿陷性；原状土浸水后膨胀量很小(小于 2%)，但失水后收缩剧烈，原状土体积收缩率为 25%，而扰动土可达 40%～50%。

3) 确定红黏土地基承载力的几个原则问题

(1) 在确定红黏土地基承载力时，应按地区的不同，随埋深变化的湿度和上部结构情况，分别确定。因为各地区的地质地理条件有一定的差异，使得即使同一省内各地(如六盘水与贵阳、贵阳与遵义等)同一成因和埋藏条件下的红黏土的地基承载力也有所不同。

(2) 为了有效地利用红黏土作为天然地基，针对其强度具有随深度递减的特征，在无冻胀影响地区、无特殊地质地貌条件和无特殊使用要求的情况下，基础宜尽量浅埋，把上层坚硬或硬可塑状态的土层作为地基的持力层，既可充分利用表层红黏土的承载能力，又可节约基础材料，便于施工。

同时，根据红黏土大气影响带的野外实测结果，雨季同旱季相比，土的含水量变化最大深度为 60cm。在 40cm 以下，含水量的变化不超过 3%。而实际基础下大气影响带深度要比野外暴露地区小。因此，基础浅埋也不至于因地基土受大气变化影响而产生附加变形和强度问题。

(3) 红黏土一般强度高，压缩性低，对于一般建筑物，地基承载力往往由地基强度控制，而不考虑地基变形。但从贵州地区的情况来看，由于地形和基岩面起伏往往造成在同一建筑地基上各部分红黏土厚度和性质很不均匀，从而形成过大的差异沉降，往往是天然地基上建筑物产生裂缝的主要原因。在此种情况下按变形计算地基，对于合理利用地基强度，正确反映上部结构及使用要求具有特别重要的意义，特别对五层以上建筑物及重要建筑物应按变形计算地基。同时，还需根据地基、基础与上部结构共同作用原理，适当配合以加强上部结构刚度的措施，提高建筑物对不均匀沉降的适应能力。

(4) 不论按强度还是按变形考虑地基承载力，都必须考虑红黏土物理力学性质指标的垂直向变化，划分土质单元，分层统计、确定设计参数，按多层地基进行计算。

5. 填土

填土是由于人为堆填和倾倒以及自然力的搬运而形成的处于地表面的土层，如图 2.25 所示。人类活动方式的差异以及自然界的变迁和历史的差异，导致了填土层的组成成分及其工程性质等均表现出一定的复杂性和多样性。

1) 填土的工程分类

在《建筑地基基础设计规范》(GB 50007—2011)中，填土根据其组成物质和堆填方式形成的工程性质的差异，将其划分为素填土、杂填土和冲填土三类。

图 2.25 填土

(1) 素填土。素填土的物质组成主要为碎石、砂土、粉土和黏性土，不含杂质或杂质很少。按其组成成分的不同，分为碎石素填土、砂性素填土、粉性素填土和黏性素填土。素填土经分层压实的称为压实填土。

(2) 杂填土。杂填土为含有大量杂物的填土。按其组成物质成分和特征分为：

① 建筑垃圾土：主要为碎砖、瓦砾、朽木等建筑垃圾夹土石组成，有机质含量较少。

② 工业废料土：由工业废渣、废料，诸如矿渣、煤渣、电石渣等夹少量土石组成。

③ 生活垃圾土：由居民生活中抛弃的废物，诸如炉灰、菜皮、陶瓷片等杂物夹土类组成。一般含有机质和未分解的腐殖质较多，组成物质混杂、松散。

(3) 冲填土(亦称吹填土)。冲填土是指利用专门设备(常用挖泥船和泥浆泵)将夹带着大量水分的泥砂，吹送至江河两岸或海岸边而形成的一种填土。在我国长江、黄浦江、珠江两岸，都分布有不同性质的冲填土。

2) 填土的工程地质问题

(1) 素填土的工程地质问题。

素填土的工程性质取决于它的密实度和均匀性。在堆填过程中，未经人工压实，一般密实度较差，但堆积时间较长，由于土的自重压密作用，也能达到一定的密实度。

素填土地基的不均匀性反映在同一建筑场地内，填土的各指标(干重度、强度、压缩模量)一般具有较大的分散性，因而防止建筑物不均匀沉降问题是利用填土地基的关键。

对于压实土应保证压实质量，保证其密实度。有关质量检验标准与工作要求详见《建筑地基基础设计规范》(GB 50007—2011)。

(2) 杂填土的工程地质问题。

① 不均匀性。杂填土的不均匀性表现在颗粒成分、密实度和平面分布及厚度的不均匀性。由于杂填土颗粒成分复杂，排列无规律，而瓦砾、石块、炉渣间常有较大空隙，且充填程度不一，造成杂填土密实程度的特殊不均匀性。

② 工程性质随堆填时间而变化。堆填时间越久，土越密实，其有机质含量相对减少。堆填时间较短的杂填土往往在自重作用下沉降尚未稳定。杂填土在自重下的沉降稳定速度取决于其组成颗粒的大小、级配、填土厚度、降雨及地下水情况。一般认为，填龄达五年左右其性质才逐渐趋于稳定，承载力则随填龄增大而提高。

由于杂填土形成时间短，结构松散，干或稍湿的杂填土一般具有浸水湿陷性，这是杂填土地区雨后地基下沉和局部积水引起房屋裂缝的主要原因。

③ 含腐殖质及水化物问题。以生活垃圾为主的填土中腐殖质的含量常较高。随着有机质的腐化，地基的沉降将增大；以工业残渣为主的填土中可能含有水化物，因而遇水后容易发生膨胀和崩解，使填土的强度迅速降低，地基产生严重的不均匀变形。

(3) 冲填土的工程地质问题。

冲填土的颗粒组成和分布规律与所冲填泥砂的来源及冲填时的水力条件有着密切的关系。在大多数情况下，充填的物质是黏土和粉砂，在充填的入口处，沉积的土粒较粗，顺出口处方向则逐渐变细。如果为多次冲填而成，由于泥砂的来源有变化，则更加造成在纵横方向上的不均匀性，土层多呈透镜体状或薄层状构造。

冲填土的含水量大，透水性弱，排水固结差，一般呈软塑或流塑状态。

冲填土一般比成分相同的自然沉积饱和土的强度低，压缩性高。

3) 填土压实的最优含水量

有时建筑物建造在填土上，为了提高填土的强度，减小压缩性和渗透性，增加土的密实度，经常要采用夯打、振动或碾压等方法使土得到压实，从而保证地基和土工建筑物的稳定。

实践经验表明，地基填土压实的效果与其含水量有着密切的关系。压实填土的同时必须控制填土的含水量。当填土的含水量达到某一值 ω_{op} 时，击实土的干密度达到最大值 ρ_{dmax}，此时的 ω_{op} 称为最优含水量，当土的含水量大于或小于 ω_{op} 时，均不能达到最大干密度 ρ_{dmax}，即不能达到最大的压实程度。试验表明，填土的最佳含水量(按轻型击实标准)大致相当于该种土液限 ω_L 的 0.6 倍,或与该种土的塑限 ω_P 接近,大致为 $\omega_{op}=\omega_P+2$。

6. 冻土

当温度低于 0℃ 时,土中的液态水冻结成冰,形成一种具有特殊联结的土,称为冻土。温度升高,土中的冰融化,则称融土,此时其含水量较冻前提高很多。

根据冻结时间可将冻土分为两大类:季节冻土和多年冻土。季节冻土是指冬季冻结、夏季融化的土。在年平均气温低于零度的地区,冬季长,夏季很短,冬季冻结的土层在夏季结束前还未全部融化,又随气温降低开始冻结了,这样地面以下一定深度的土层常年处于冻结状态,就是多年冻土。通常认为,持续三年以上处于冻结不融化的土称为多年冻土。

1)冻土工程性质

冻结时,土体体积膨胀,地基隆起,但冻土的强度高,压缩性很低。融化时,土体体积缩小,强度急剧降低而压缩性提高。这种土的冻结和融化都会给建筑物带来极不利的影响。

2)冻土地基工程地质问题及防治措施

(1)道路边坡及基底稳定问题。

(2)建筑物地基问题。

(3)冰丘和冰锥。

对于冻土地区病害防治的基本措施如表 2.23 所示。

表 2.23 冻土病害的防治措施

防治方法	具 体 内 容
排水	水是影响冻胀融沉的重要因素,必须严格控制土中的水分。在地面修建一系列排水沟、排水管,用以拦截地表周围流来的水,汇集、排除建筑物地区和建筑物内部的水,防止这些地表水渗入地下。在地下修建盲沟、渗沟等拦截周围流来的地下水,降低地下水位,防止地下水向地基土集聚
保温	应用各种保温隔热材料,防止地基土温度受人为因素和建筑物的影响,最大限度地防止冻胀融沉。如在基坑和路堑的底部和边坡上或在填土路堤底面上铺设一定厚度的草皮、泥炭、苔藓、炉渣或黏土,都有保温隔热作用,使多年冻土上限保持稳定
换填土	用粗砂、砾石、卵石等不冻胀土替换天然地基的细颗粒冻胀土,是最常采用的防治冻害的措施。一般基底砂垫层厚度为 0.8~1.5m,基侧面为 0.2~0.5m。在铁路路基下常采用这种砂垫层,但在垫层上要设置 0.2~0.3m 厚的隔水层,以免地表水渗入基底
物理化学法	在土中加某种化学物质,使土粒、水和化学物质相互作用,降低土中水的冰点,使水分转移受到影响,从而削弱和防止土的冻胀

本章学习要点

(1)土按堆积年代、地质成因、颗粒级配、塑性指数以及有机质含量的分类;不同类型土的特点。

(2)第四纪土的特征;残积土、坡积土、洪积土、冲积土、淤积土、冰碛土、风积土的特点。

(3)土的矿物成分;土的粒度成分的划分;土中水的类型。

(4)土的结构和构造的类型;各种类型的特点。

(5)土的三相比例关系的指标,各自的定义;各指标间的换算。

(6) 影响无黏性土紧密状态的因素；无黏性土紧密状态指标。

(7) 黏性土的塑性指数和液性指数的确定；黏性土的膨胀、收缩和崩解特性对工程的影响。

(8) 土压缩变形的特点与机理；压缩性指标；土的抗剪强度的特点和机理；抗剪强度指标。

(9) 软土、湿陷性黄土、膨胀土、冻土和填土的工程特性及处理措施。

不忘初心：土广四方蕴万物，木参九天做栋梁。

牢记使命：牢记习近平总书记教诲："生态文明建设是关系中华民族永续发展的根本大计。中华民族向来尊重自然，热爱自然，绵延五千多年的中华文明孕育着丰富的生态文化。生态兴则文明兴，生态衰则文明衰。"

习题

1. 土按堆积年代、地质成因、颗粒级配、塑性指数以及有机质含量各分为哪几类？
2. 第四纪土层有哪些特征？第四纪土层按成因分为哪几类？各类土有哪些特点？
3. 土的矿物成分有哪些？常见的原生矿物与次生矿物有哪些？高岭石、蒙脱石和伊利石各有哪些特点？
4. 土的粒度成分如何划分？土的粒度分析及其成果如何表示？
5. 如何对土中的水进行分类？什么是结合水？什么是非结合水？结合水与非结合水各分为哪几类？各有什么特点？什么是土粒表面双电层结构？土中气包含哪几种？
6. 什么是土的结构？土的结构类别如何划分？单粒结构有哪些特征？集合体结构有哪些特征？什么是土的构造？各类土有哪些常见构造形式？
7. 土的三相比例关系的指标包括哪些？各自的定义是什么？各指标如何换算？常见的土的物理力学参数有哪些？
8. 什么是无黏性土？影响无黏性土紧密状态的因素有哪些？无黏性土紧密状态指标是什么？物理意义是什么？如何进行测定？
9. 什么是黏性土的塑性指数和液性指数？塑性指数和液性指数如何确定？黏性土的活动性指数是什么？如何表示？黏性土的膨胀、收缩和崩解特性是指什么？对工程有什么影响？
10. 软土的成因类型及分布特点是什么？软土有哪些地质特征？软土的工程性质有哪些？软土中有哪些工程地质问题？这些工程地质问题如何防治？
11. 黄土的特征及分布特点是什么？黄土有哪些工程性质？湿陷性黄土有哪些基本特征？黄土湿陷性如何判定？湿陷性系数如何计算？
12. 什么是膨胀土？膨胀土的成因和分类是什么？膨胀土有哪些工程地质特性？影响胀缩变形的主要因素有哪些？膨胀土的防治措施有哪些？
13. 什么是冻土？冻土有哪些工程性质？冻土有哪些工程地质问题？如何进行防治？
14. 什么是填土？填土如何进行工程分类？填土有哪些工程地质问题？
15. 什么是红黏土？红黏土的结构特征和矿物组成有哪些？红黏土有哪些特点和性质？

第3章 岩石的工程特性

土木工程与矿物岩石的关系十分密切,几乎所有的工程建设都离不开对岩石工程性质的了解,矿物与岩石是人类从事工程建设的物质基础。影响岩石工程性质的主要因素是组成岩石的矿物成分及其结构、构造特征,因此掌握主要造岩矿物的工程地质性质对鉴别岩石类型以及了解其工程特性有重要的意义。

3.1 地质作用

地质学是研究地球的一门学科,工程地质学是研究工程建设与地质环境相互关系的学科。以人类目前的技术水平,工程建设涉及的范围都只是在地球表层:如世界上最深的矿山——南非兰德矿山,深度为3600m;世界上最深的钻井——苏联时期科拉半岛超深钻井也只有13 000m。由此可见人类目前的工程活动都局限于地球内圈层最上的一个圈层——地壳。大多数的人类工程活动不可能达到地壳深处,仅仅是活动在地壳的表层。地壳表面起伏不平,有高山、丘陵、平原、湖盆地和海盆地等,这种千差万别、丰富多彩的地球外貌是在各种内外地质作用下,经过漫长的地质历史发展、演变而成的。

1. 地壳的作用

1) 地球圈层的划分

地球并不是均一的整体,通过地震波记录获得的地球物理资料揭示,固体地球是由不同圈层构成的。一般的工程建设都局限于地球表层几十米以内,但是对地球各圈层的了解,有助于我们深入认识地球表层的形成与演化,从而更好地为工程建设服务。

地球的圈层包括外圈层和内圈层。地球的外圈层是指大气圈、水圈和生物圈,如图 3.1 所示。

地球内部圈层的划分相对外圈层要困难得多,了解地球的内部构造是一个非常困难的问题,关于地球内部物质与构造的判断只有依靠间

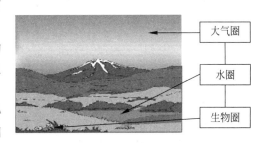

图 3.1 地球外部圈层构造示意图

接信息。最重要的间接信息是地震波在地球内部的传播速度,它不仅是划分地球内部圈层的基础,也是判断地球内部物质的密度、温度、熔点、压力等物理性质的重要依据。此外还可以依靠陨石、地幔岩石学以及高温高压试验等提供的间接信息推断地球内部的物质成分。

图3.2给出了地震波在地球内部不同深度处的传播速度。波速的突变面称为波速不连续面或界面。从图3.2可以看出,在33km和2900km处存在两个一级界面。第一个界面叫莫霍洛维奇面,简称莫霍面或M面,它是南斯拉夫学者A.莫霍洛维奇于1909年首先发现的。在此界面附近,地震纵波波速V_p由7.6km/s突然增至8.1km/s。第二个界面是美国学者B.古登堡(B. Gutenberg)于1914年发现的,称为古登堡面。在此界面处,S波(横波)消失,P波(纵波)波速突然由13.64km/s下降到8.1km/s。这两个界面把地球内部分为3个主要圈层——地壳、地幔和地核,如图3.3所示。

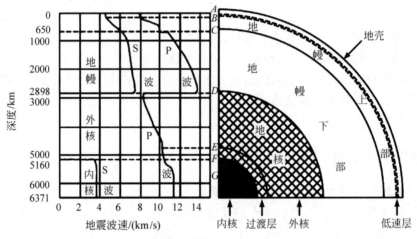

图3.2 地球内部结构及P波和S波的速度分布

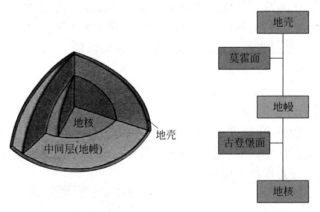

图3.3 地球内部结构及分界面

(1) 大气圈。

大气圈是地球的最外圈层,其上界可达1800km或更高的空间。自地表到10～17km的高空为对流层,所有的风、云、雨等天气现象均发生在这一层,它对地球上生物生长、发育和地貌的变化具有极大的影响。大气圈的主要成分是N_2(78%)和O_2(21%),其次是Ar

(0.93%)、CO_2(0.03%)和水蒸气等。

(2) 水圈。

水圈由地球表层分布于海洋与陆地上的水和冰所构成。水的总体积约为14亿km^3,其中海洋水占总体积的98%,陆地水只占1.9%。可见,水在地表分布是很不均匀的,主要集中在海洋。水圈中各部分水的成分和物理性质有所不同,其成分除作为主体的水外,尚含有各种盐类。例如,海水含盐度高,平均为35‰,以氯化物(如NaCl、$MgCl_2$等)为主,陆地水含盐度低,平均小于1‰,以碳酸盐(如$Ca(HCO_3)_2$)为主。水受太阳热的影响,可不停地循环。由于水的循环形成了外力地质作用的动力,它们在运动过程中可不断产生动能,促进各种地质地貌的发育,并对土和岩石的工程性质产生极为重要的影响。

(3) 生物圈。

地球生物存在于水圈、大气圈下层和地壳表层的范围中。生物富集的化学元素主要是H、O、C、N、Ca、K、Si、Mg、P、S、Al等。生物圈的质量很小,有人估计它的质量相当于大气圈的1/300、水圈的1/7000或上部岩石圈的1/1 000 000。但是,生物圈对于改变地球的地理环境却起着重要的作用。生物圈产生的物质是人类的重要财富。

(4) 地壳。

地壳是莫霍面以上部分,由固体岩石组成,厚度变化很大。大洋地壳较薄,仅有5~10km;大陆地壳的平均厚度是35km,在造山带和西藏高原处,其厚度达50~70km;整个地壳平均厚度为16km。地壳与地球半径相比仅为其1/400,是地球表层极薄的一层硬壳,只有地球体积的0.8%。地壳分上、下两层,上层为花岗岩层,又称硅铝层,是富含硅的岩浆岩;下层为玄武岩层,又称硅镁层,是富含铁、镁的岩浆岩,如大洋地壳广泛分布的玄武岩物质。

(5) 地幔。

地幔是介于莫霍面与古登堡面之间的部分,厚度约为2800km。根据地震波的变化情况,以地下1000km激增带为界面,又可把地幔分为上下两层。上地幔从莫霍面至地下1000km,厚度900km,主要是由超基性岩组成,平均密度为3.5g/cm^3,温度达1200~2000℃,压力达0.4GPa。下地幔从地下1000km至古登堡面,厚度1900km,主要成分为硅酸盐、金属氧化物和硫化物,铁、镍含量增加,平均密度为5.1g/cm^3,温度达2000~2700℃,压力达150GPa。

(6) 地核。

自古登堡面至地心部分称为地核。地核又分内核、过渡层和外核,厚度为3471km。地核主要是由含铁、镍量很高且成分很复杂的液体和固体物质组成,密度约为13.0g/cm^3,温度达3500~4000℃,中心压力达360GPa。

2) 地壳的构成

(1) 地壳的表面形态。

地球表面明显地分为海洋和大陆两部分,海洋占地球表面的70.8%。大陆平均高出海平面0.86km,海底平均低于海平面3.9km。地壳表面起伏不平,有高山、丘陵、平原、湖盆地和海盆地等。世界上最高的山峰为珠穆朗玛峰,高8848.86m;最深的海沟为马里亚纳海沟,深11 034m,两者高差在19km以上。

大陆上典型的地形单元为线状延伸的山脉和面状展布的平原、高原等。

大量海洋考察证实,海底与大陆一样具有广阔的平原、高峻的山脉和深陡的裂谷,而且比大陆更为雄伟壮观,如图3.4所示。

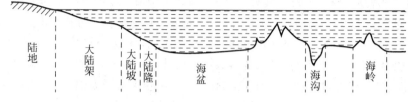

图3.4 海底地形示意图

(2)地壳的组成。

地壳是地球最表面的构造层,也是目前人类能够直接观察的唯一内部圈层,它只占地球体积的0.8%。地壳主要是由岩石组成,如图3.5所示,岩石是自然形成的矿物集合体,它构成了地壳及其以下的固体部分,如图3.6所示。根据其性质可分为大陆地壳和大洋地壳。

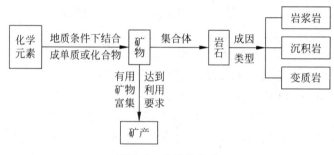

图3.5 地壳的组成

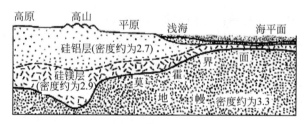

图3.6 地壳结构示意图(单位:g/cm³)

大陆地壳是指大陆及大陆架部分的地壳,具有上部硅铝层(花岗质层)和下部硅镁层(玄武质层)的双层结构,以康德拉面为界;大洋地壳往往缺失硅铝层,仅发育硅镁层,不具有双层结构。大陆地壳与大洋地壳的区别如表3.1所示。

表3.1 大陆地壳与大洋地壳的区别

	大 陆 地 壳	大 洋 地 壳
分布	大陆及大陆架	海底
平均厚度	33km	6~8km
硅铝层厚度	10~40km	缺失
硅镁层厚度	玄武岩质层20km	玄武岩质层5.5~7km

续表

	大 陆 地 壳	大 洋 地 壳
最古老的岩石	41亿年	<2亿年
构造运动	强烈,大部分岩石已发生了变形	轻微,大部分洋壳岩层很少发生变形

组成地壳的化学成分有100多种,其中含量最多的是表3.2所列几种。

表 3.2 地壳主要化学成分表

元素	成分/%	元素	成分/%	元素	成分/%
O	49.13	Fe	4.20	Mg	2.35
Si	26.00	Ga	3.45	K	2.35
Al	7.45	Na	2.40	H	1.00

2．地质作用

现代地质学研究证实,地球形成之初,地表像现在的月球,并不存在水,也就没有海陆之分,大气成分中也没有二氧化碳和氧气。地球在其形成46亿年的历史中逐渐发展和演化成今天的面貌。同时,今天的地球仍以人们不易察觉的速度和方式在继续变化中。由自然动力引起地球和地壳物质组成、内部结构和地表形态不断变化和发展的作用,称为地质作用,如图3.7所示。

图 3.7 动力地质作用示意图

地质作用的动力来源,一是由地球内部放射性元素蜕变产生内热;二是来自太阳辐射热,以及地球旋转力和重力。只要引起地质作用的动力存在,地质作用就不会停止。地质作用实质上是组成地球的物质以及由其传递的能量发生运动的过程。考虑动力来源部位,地质作用常被划分为内力地质作用与外力地质作用两大类。地质作用常常引起灾害,按地质灾害成因的不同,工程地质学把地质作用划分为物理地质作用和工程地质作用两种。物理地质作用即自然物质作用,包括内力与外力地质作用;工程地质作用即人为地质作用。

1) 内力地质作用

内力地质作用的动力来自地球本身,并主要发生在地球内部,按其作用方式可分为四种。

(1) 地壳运动。

地壳运动是指由地球内动力引起地壳岩石发生变形、变位(如弯曲、错断等)的机械运动,如图 3.8 所示。地壳运动按其运动方向可以分为水平运动和垂直运动两种形式。当发生水平方向运动时,常使岩层受到挤压产生褶皱,或是使岩层拉张而破裂。垂直方向的构造运动使地壳发生上升或下降。青藏高原最近数百万年以来的隆升是垂直运动的表现。

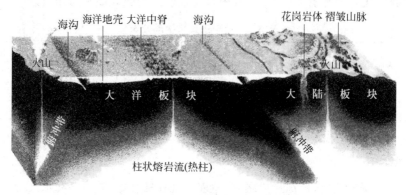

图 3.8 地壳运动示意图

(2) 岩浆作用。

岩浆作用是指地壳内部的岩浆在地壳运动的影响下,向外部压力减小的方向移动,上升侵入地壳或喷出地面,冷却凝固成岩石的全过程。岩浆作用形成岩浆岩,并使围岩发生变质现象,同时引起地形改变,如图 3.9(a)所示。

(3) 变质作用。

变质作用是指由地壳运动、岩浆作用等引起物理和化学条件发生变化,促使岩石在固体状态下改变其成分、结构和构造的作用,如图 3.9(b)所示。变质作用形成各种不同的变质岩。

(4) 地震作用。

地震作用一般是由地壳运动引起地球内部能量的长期积累,达到一定的限度而突然释放时,导致地壳一定范围的快速颤动,如图 3.9(c)所示。按地震产生的原因,可分为构造地震、火山地震和陷落地震、激发地震等。

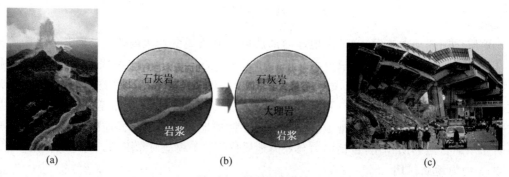

图 3.9 内力地质作用
(a)岩浆作用;(b)变质作用;(c)地震作用

2）外力地质作用

外力地质作用主要由太阳辐射热引起并主要发生在地壳的表层。其作用的方式一般按下面的程序进行：风化→剥蚀→搬运→沉积→固结成岩。

（1）风化作用。

风化作用是指暴露于地表的岩石在温度变化、气体、水及生物等因素的长期作用下，发生化学分解和机械破碎。

（2）剥蚀作用。

河水、海水、湖水、冰川及风等在其运动过程中对地表岩石造成破坏，破坏产物随其运动而搬走。例如海岸、河岸因受海浪和流水的撞击、冲刷而发生后退。斜坡剥蚀作用时斜坡物质在重力以及其他外力作用下产生滑动和崩塌，又称块体运动。

（3）搬运作用。

搬运作用指岩石经风化、剥蚀破坏后的产物，被流水、风、冰川等介质搬运到其他地方的作用。它和剥蚀作用是同时进行的。

（4）沉积作用。

沉积作用指被搬运的物质由于搬运介质的搬运能力减弱，搬运介质的物理化学条件发生变化，或生物的作用，从搬运介质中分离出来，形成沉积物的过程。

（5）固结成岩作用。

固结成岩作用指沉积下来的各种松散堆积物在一定条件下，由于压力增大、温度升高以及受到某些化学溶液的影响，发生压密、胶结及重结晶等物理化学过程，使之固结成坚硬岩石的作用。

3）工程地质作用（人为地质作用）

工程地质作用或人为地质作用是指由人类活动引起的地质效应。例如：采矿特别是露天开采移动大量岩体引起地表变形、崩塌、滑坡；人类在开采石油、天然气和地下水时因岩土层疏干排水造成地面沉降；特别是兴建水利工程，造成土地淹没、盐渍化、沼泽化或库岸滑坡、水库地震。

3.2 矿物

组成地壳的岩石都是在一定的地质条件下，由一种或几种矿物自然组合而成的矿物集合体。矿物的成分、性质及其在各种因素影响下的变化，都会对岩石的强度和稳定性产生影响。

自然界有各种各样的岩石，按成因，可分为岩浆岩、沉积岩和变质岩三大类。由于岩石是由矿物组成的，所以要认识岩石，分析岩石在各种自然条件下的变化，就必须从矿物讲起。

矿物（mineral）是地壳中的元素在各种地质作用下，由一种或几种元素结合而成的天然单质或化合物。

组成岩石的矿物通常称为造岩矿物（rock forming minerals）；组成矿产的常见矿物通常称为金属造矿矿物。矿物按生成条件可分原生矿物和次生矿物两大类。原生矿物一般是由岩浆冷凝生成的，如石英、长石、辉石、角闪石、云母、橄榄石、石榴石等。次生矿物一般是由原生矿物经风化作用直接生成的，如高岭石、蒙脱石、伊利石、绿泥石等；或在水溶液中析出生成的,如方解石、石膏、白云石等。

1. 矿物的形态

矿物千姿百态,就其单体而言,它们的大小悬殊,有的用肉眼或用一般的放大镜可见(显晶),有的需借助显微镜或电子显微镜辨认(隐晶);有的晶型完好,呈规则的几何多面体形态,有的呈不规则的颗粒状存在于岩石或土壤中。可见矿物的形态不仅与其组成成分有关,还与矿物的生长环境密切相关,因而矿物的形态可以作为矿物鉴定的重要特征之一。一般来说,矿物的形态包括矿物单体和集合体两种。

1) 矿物单体的形态

绝大多数矿物都是晶体,具有各自特定的晶体结构,当生长条件合适时,同种矿物的单个晶体往往有自己常见的形态,称晶体习性(结晶习性)。矿物晶体虽然很多,但按结晶习性主要有三种。

(1) 一向延长型:晶体沿一个方向发展,呈柱状、斜状、棒状、针状等,如角闪石(图 3.10(a))、电气石。

(2) 二向延展型:晶体沿两个方向发育,呈片状、板状,如重晶石、云母(图 3.10(b))。

(3) 三向等长型:晶体沿三个方向均等发育,呈粒状,如磁铁矿(图 3.10(c))、石榴石(图 3.10(d))。

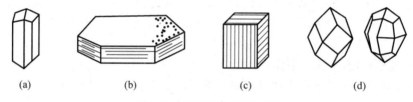

图 3.10　常见矿物晶体的形态
(a) 角闪石;(b) 云母;(c) 磁铁矿;(d) 石榴石

2) 矿物集合体的形态

自然界的矿物很少呈单体,大多数呈集合体形态。集合体形态很多,常见的有如下几种。

(1) 显晶集合体形态:有规则连生的双晶集合体,如接触双晶和穿插双晶以及不规则的粒状、块状、片状、板状、纤维状、针状、柱状、放射状、毛发状、棒状、晶簇状等。其中晶簇是以岩石空洞洞壁或裂隙壁作为共同基底而生长的晶体群。显晶集合体形态如图 3.11 所示。

(2) 隐晶和胶态集合体可以由溶液直接沉积或由胶体沉积生成,主要形态有球状、土状、结核体、土状、豆状、分泌体、钟乳状、笋状等,如图 3.12 所示。

2. 矿物的性质

矿物的物理性质取决于矿物的化学成分和内部构造。由于不同矿物的化学成分或内部构造不同,所以其物理性质也不同。因此,矿物的物理性质是鉴别矿物的重要依据。

矿物的物理性质是多种多样的。为便于用肉眼鉴别常见的造岩矿物,这里主要介绍矿物的颜色、条痕色、光泽、透明度、硬度、解理与断口。

图 3.11 显晶集合体形态

(a) 粒状集合体；(b) 片状集合体；(c) 板状集合体；(d) 毛发状集合体；(e) 棒状集合体；(f) 针状集合体；(g) 放射状集合体；(h) 晶簇状

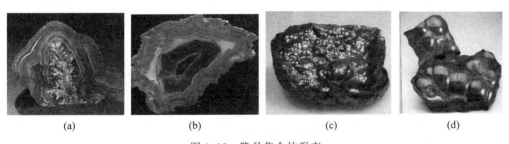

图 3.12 隐晶集合体形态

(a) 球状；(b) 结核体；(c) 土状；(d) 豆状

1) 颜色

矿物的颜色是矿物对可见光波的吸收作用产生的。按成色原因，有自色、他色、假色之分。

(1) 自色：是由矿物的化学成分和晶体结构所形成的矿物本身的固有颜色，如黄金的金黄色、黄铜矿的赤黄色、孔雀石的翠绿色等。

(2) 他色：是由矿物混入了某些杂质引起的，与矿物本身的性质无关。他色不固定，随杂质的不同而异。如纯净的石英是无色透明的，混入杂质就呈紫色、玫瑰色、烟色。由于他色不固定，对鉴定矿物没有很大意义。

(3) 假色：是由矿物内部的裂隙或表面的氧化膜对光的折射、散射造成的，如斑铜矿表面的蓝色和紫色。

2) 条痕色

矿物在白色无釉的瓷板上划擦时留下的粉末的颜色，称为条痕色或条痕。条痕色可消除假色，减弱他色，常用于矿物鉴定。某些矿物的条痕色与矿物的颜色是不同的，如黄铁矿为浅铜黄色，而其条痕色是绿黑色。

3) 光泽

矿物表面反射光线的能力称为光泽。通常按反射能力自强而弱分为：金属光泽、半金属光泽和非金属光泽。造岩矿物绝大部分属于非金属光泽。由于矿物表面的性质或矿物集合体的集合方式不同，又会反映出各种不同特征的光泽。

(1) 玻璃光泽：反射较弱，如同玻璃表面的反光，如长石、方解石、水晶。

(2) 珍珠光泽：光线在解理面间发生多次折射和内反射，在解理面上所呈现的像珍珠一样的光泽，如云母。

(3) 丝绢光泽：纤维状或细鳞片状矿物，由于光的反射互为干扰，形成丝绢般的光泽，如石棉。

(4) 油脂光泽与树脂光泽：油脂光泽见于浅色矿物，如同涂上油脂的反光，如石英断口处的光泽；树脂光泽见于较深色的矿物，如部分闪锌矿。

(5) 蜡状光泽：像石蜡表面呈现的光泽，如蛇纹石、滑石等致密块体矿物表面的光泽。

(6) 土状光泽：矿物表面暗淡如土，如高岭石等松细粒块体矿物表面所呈现的光泽。

4) 透明度

透明度是指矿物透光的程度，可分成三级。

(1) 透明：绝大多数光线可透过矿物，如水晶、冰洲石。

(2) 半透明：部分光线可透过矿物，如闪锌矿、辰砂等。

(3) 不透明：光线不透过矿物，如黄铁矿。

5) 硬度

硬度指矿物抵抗外力刻划、研磨的能力。硬度对比的标准，从软到硬依次由 10 种矿物组成，称为摩氏硬度，如表 3.3 所示。可以看出，摩氏硬度只反映矿物相对硬度的顺序，它并不是矿物绝对硬度的等级。

表 3.3 矿物摩氏硬度表

硬度	1	2	3	4	5	6	7	8	9	10
矿物	滑石	石膏	方解石	萤石	磷灰石	正长石	石英	黄玉	刚玉	金刚石

注：可简记为"滑石方，萤磷长，石英黄玉刚金刚"。

测定某矿物的硬度，只需将待测矿物同硬度计中的标准矿物相互刻划，进行比较。例如，某矿物可以刻划正长石，而自己又被石英划破，则该矿物的硬度介于 6~7。通常以简便的工具来代替摩氏硬度计中的矿物。如指甲的硬度为 2~2.5，铁刀刃的硬度为 3~5.5，玻璃的硬度为 5~5.5，钢刀刃的硬度为 6~6.5。

6) 解理与断口

矿物晶体在外力作用下（如敲打、挤压等）沿着一定方向发生破裂并裂成光滑平面的性质称为解理，这些光滑的平面称为解理面。通常根据晶体受力时是否易于沿解理面破裂，以及解理面的大小和平整光滑程度，将解理分成极完全、完全、中等和不完全等级别。例如，云母沿解理面可剥离成极薄的薄片，为极完全解理；食盐沿解理面破裂成立方体，具有完全解理。几种完全解理如图 3.13 所示。

矿物受外力作用，在任意方向破裂并呈各种凹凸不平的断面（如贝壳状、锯齿状等），称为断口。根据断口的形态特征有参差状断口（图 3.14(a)）、贝壳状断口（图 3.14(b)）、锯齿

图 3.13 几种完全解理矿物

(a) 完全底面解理；(b) 完全立方体解理；(c) 完全柱状解理；(d) 完全菱面体解理

图 3.14 两种常见断口

(a) 参差状断口；(b) 贝壳状断口

状断口和平坦状断口。

7) 其他性质

除上述各种性质外，矿物还具有诸如密度、磁性、导电性（摩擦、热等导致）荷电性、压电性、发光性、放射性等性质。这些特性往往为某些特有矿物所具有，对一般矿物不具有鉴定意义。如磁铁矿的磁性，金属矿物、石墨等的导电性，琥珀的摩擦带电性，石英的压电性，萤石的发光性，含铀矿物的放射性等。

3. 常见矿物的特征

自然界产出的矿物，已知有 3000 种左右。对于形成岩石具有普遍意义的矿物，即主要造岩矿物则不过数十种。主要造岩矿物（常见矿物）的化学成分绝大多数为硅酸盐，其余为氧化物、硫化物、卤化物、碳酸盐和硫酸盐等。

3.3 岩石

岩石是地壳的基本组成物质。我们平常所称的石头，科学术语叫岩石。岩石是矿物有规律组合的集合体，是地壳中各种地质作用形成的地质体，并具有一定的结构、构造和变化规律。大多数岩石是由若干种矿物组成的，有的主要由一种矿物组成，如花岗岩（包括正长石、石英、黑云母）、大理岩（如方解石）。

虽然岩石的面貌是千变万化的，但是从它们形成的环境来划分，即从成因上来划分，可以把岩石分成三大类：岩浆岩（火成岩）、沉积岩和变质岩。

1. 岩浆岩

由于放射性元素集中在地壳下部不断地蜕变而放出大量的热能，使物质处于高温（1000℃以上）、高压（上部岩石的重量产生巨大的压力）的过热可塑状态。这些物质的成分复杂，但主要物质是硅酸盐，并含有大量的水气和各种其他的气体。当地壳变动时，上部岩层压力一旦减低，过热可塑状态的物质就立即转变为高温的熔融体，称为岩浆。它的化学成分很复杂，主要有 SiO_2、TiO_2、Al_2O_3、Fe_2O_3、FeO、MgO、MnO、CaO、K_2O、Na_2O 等。基性岩浆的特点是富含 Ca、Mg 和 Fe，而贫 K 和 Na，黏度较小，流动性较大。酸性岩浆富含 K、Na 和 Si，而贫 Ca、Mg 和 Fe，黏度大，流动性较小。岩浆内部压力很大，不断向地壳压力低的地方移动，以致冲破地壳深处的岩层，沿着裂缝上升。岩浆上升到一定高度，温度、压力都要降低。当岩浆的内部压力小于上部岩层压力时，迫使岩浆停留下，冷凝成岩浆岩。

1）岩浆岩的成分

（1）岩浆岩的化学成分。

岩浆岩的种类繁多，但岩石99%以上的物质是 O、Si、Al、Fe、Ca、Na、K、Mg、Ti 等 9 种元素，其中 O、Si 占岩石总质量的 75.13%、占岩石总体积的 93%，其次是 Al、Fe。这些元素一般以氧化物的形式存在。

（2）岩浆岩的矿物成分。

岩浆岩中的各种氧化物之间有明显的变化规律。当 SiO_2 含量较低时，FeO、MgO 等铁镁质矿物增多；当 SiO_2 和 Al_2O_3 的含量较高时，Na_2O、K_2O 等硅铝质矿物增加。

组成岩浆岩的造岩矿物有 30 多种，按其颜色及化学成分的特点可分为浅色矿物和深色矿物两类。浅色矿物富含 Si、Al 成分，如正长石、斜长石、石英、白云母等；深色矿物富含 Fe、Mg 物质，如黑云母、辉石、角闪石、橄榄石等。

2）岩浆岩的结构

岩浆岩的结构（texture of magmatite）是指岩石中（单体）矿物的结晶程度、颗粒大小、形状以及它们的相互组合关系。

（1）按岩石中矿物结晶程度划分。

① 全晶质结构：岩石中的矿物全为结晶体，如闪长石、花岗岩，如图 3.15(a)所示。

② 半晶质结构：岩石中的矿物既有结晶体，又有波动质，如流纹岩，如图 3.15(b)所示。

③ 非晶质结构：岩石全由波动质组成，如黑曜岩，如图 3.15(c)所示。

（2）按岩石中矿物颗粒的绝对大小划分。

① 显晶质结构：岩石中的矿物颗粒较大，用肉眼可以分辨并鉴定其特征。一般为深成侵入岩的结构。

② 隐晶质结构：岩石中矿物颗粒细小，只有在偏光显微镜下方可识别。这是喷出岩及浅成岩的常见结构。

③ 玻璃质结构：岩石由非晶质的玻璃质组成，各种矿物成分混沌成一个整体，玻璃质结构主要出现在酸性喷出岩中，也见于浅成、超浅成侵入体的边部。

（3）按岩石中矿物颗粒的相对大小划分。

图 3.15 岩浆岩的典型结构

(a) 全晶质结构(花岗岩); (b) 半晶质结构(流纹岩); (c) 非晶质结构(黑曜岩)

① 等粒结构：岩石中同种矿物颗粒大小相近。按结晶颗粒的绝对大小，等粒结构又可以划分如下。

粗粒结构，矿物的结晶颗粒径：$d>5\text{mm}$；

中粒结构，矿物的结晶颗粒径：$2\text{mm}<d\leqslant 5\text{mm}$；

细粒结构，矿物的结晶颗粒径：$0.2\text{mm}<d\leqslant 2\text{mm}$；

微粒结构，矿物的结晶颗粒径：$d\leqslant 0.2\text{mm}$。

② 不等粒结构：组成岩石的主要矿物结晶颗粒大小不等，相差悬殊。其中晶形完好、颗粒粗大的称斑晶，小的称石基。不等粒结构又分为斑状结构及似斑状结构。

斑状结构：石基为非晶质或隐晶质；

似斑状结构：石基为显晶质，主要分布于浅成侵入岩和部分中深成侵入岩中。

(4) 按矿物自形程度分。

① 自形晶：晶型完整，往往呈规律的多边形，如斑晶。

② 半自形晶：部分晶面完整，部分有不规则的轮廓。

③ 他形晶：晶型不规则，无棱角。

3) 岩浆岩的构造

岩浆岩的构造(structure of magmatite)是指(集合体)矿物在岩石中排列的顺序和填充的方式所反映出来岩石的外貌特征。常见的构造形式及其各自特征如表 3.4 所示。

表 3.4 岩浆岩的构造

岩浆岩构造类型	图 示	特 点
块状构造		矿物在岩石中的排列无一定的次序和方向，不具有任何特殊形象的均匀块体，大部分侵入岩具有块状构造
流纹状构造		在喷出岩中由不同颜色的矿物、玻璃质和拉长气孔等沿一定方向排列，表现出熔岩流动的状态，仅出现于喷出岩中

续表

岩浆岩构造类型	图示	特点
气孔状构造		岩浆凝固时,挥发性的气体未能及时逸出,以致在岩石中留下许多圆形、椭圆形或长管形的孔洞。气孔状构造常为玄武岩等喷出岩所具有
杏仁状构造		岩石中的气孔为后期矿物(如方解石、石英等)充填所形成的一种形似杏仁的构造。如某些玄武岩和安山岩的构造

4) 岩浆岩的产状

岩浆岩的产状即岩浆岩体在地壳中产出的状况,表现为岩体的形态、规模、同围岩的接触关系及其产出的地质构造环境等,如图 3.16 所示。

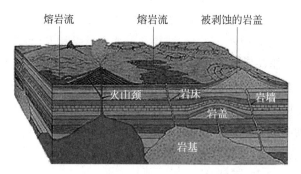

图 3.16 岩浆岩产状立体示意图

由于岩浆本身成分的不同,受地质条件的影响,岩浆岩的产状大致有下列几种。

(1)岩基:深成巨大的侵入岩体,范围广大,常与硅铝层连在一起。形状不规则,表面起伏不平。与围岩成不和谐接触,露出地面的大小取决于环境的剥蚀深度。

(2)岩株:与围岩接触较陡,面积达几平方千米或几十平方千米,其下部与岩基相连,比岩基小。

(3)岩盘:岩浆冷凝成为上凸下平呈透镜状的侵入岩体,底部通过颈体和更大的侵入体连通,直径可大至几千米。

(4)岩床:岩浆沿着成层的围岩方向侵入,表面无凸起,略为平整,范围为一米至几米。

(5)岩脉:沿围岩裂隙冷凝成的狭长形的岩浆体,与围岩成层方向相交成垂直或近于垂直。另外,垂直或大致垂直地面的称为岩墙。

5) 岩浆岩的分类

岩浆岩的种类很多,其间既存在差别又有内在的联系。现行岩浆岩分类规范通常是从岩浆的成分和冷凝固结成岩环境两方面考虑。岩浆岩分类首先是按岩浆岩 SiO_2 的含量,分为超基性岩、基性岩、中性岩及酸性岩。分类的另一个标志是岩浆冷凝环境,据此分成侵入岩和喷出岩,侵入岩又可分成深成岩与浅成岩。每大类又可根据其成分产状、结构构造再进一步细分,见表3.5。

表3.5 岩浆岩的分类简表

岩类与SiO_2含量(W)			酸性岩 $W>65\%$	中性岩 $52\%<W\leq65\%$		基性岩 $45\%<W\leq52\%$	超基性岩 $W\leq45\%$
主要矿物成分			含石英	很少或不含石英			不含石英
			正长石为主		斜长石为主		无或很少长石
产状、构造		典型结构	暗色矿物以黑云母为主,约占10%	暗色矿物以角闪石为主,占20%~45%		以辉石为主,约占50%	橄榄石、辉石含量达95%
喷出岩	渣块状气孔状杏仁状流纹状	玻璃	火山玻璃:黑曜岩、浮石等				
		隐晶斑状	流纹岩	粗面岩	安山岩	玄武岩	—
浅成岩	斑杂状块状	伟晶结晶	脉岩:伟晶岩、细晶岩、煌斑岩				
		斑状	花岗斑岩	正长斑岩	闪长玢岩	辉绿玢岩	—
深成岩	块状	显晶等粒	花岗岩	正长岩	闪长岩	辉长岩	橄榄岩辉岩
岩石颜色			浅色(带红)	中色(带灰)		暗色(带绿黑)	
岩石比重(ω)			$2.5\leq\omega<2.7$	$2.7\leq\omega<2.8$		$2.8\leq\omega<3.1$	$3.1\leq\omega<3.5$

6) 常见岩浆岩

(1) 酸性岩类。

① 花岗岩是深成侵入岩,多呈肉红色、灰色或灰白色,矿物成分主要为石英和正长石,其次有黑云母、角闪石和其他矿物,全晶质等粒结构(也有不等粒或斑状结构),块状构造。根据所含深色矿物的不同,花岗岩可进一步分为黑云母花岗岩、角闪石花岗岩等。花岗岩分布广泛,质地坚硬致密,是良好的建筑石料。

② 花岗斑岩是浅成侵入岩,成分与花岗岩相似,所不同的是具有斑状结构,斑晶为长石或石英,石基多由细小的长石、石英及其他矿物组成。

③ 流纹岩是喷出岩,呈岩流产出,常呈灰白色、紫灰色或浅黄褐色,具有典型的流纹构造,斑状结构,细小的斑晶常由石英或长石组成。在流纹岩中很少出现黑云母和角闪石等深色矿物。

(2) 中性岩类。

① 正长岩是深成侵入岩,呈肉红色、浅灰色或浅黄色,全晶质等粒结构,块状构造。正长岩的主要矿物成分为正长石,其次为黑云母和角闪石,一般石英含量极少。其物理力学性质与花岗岩相似,但不如花岗岩坚硬,且易风化。

② 正长斑岩是浅成侵入岩,与正长岩所不同的是具有斑状结构,斑晶主要是正长石,石

基比较致密,一般呈棕灰色或浅红褐色。

③ 粗面岩是喷出岩,常呈浅灰色、浅黄色或淡红色,斑状结构,斑晶为正长石,石基多为隐晶质,具有细小孔隙,表面粗糙。

④ 闪长岩是深成侵入岩,呈灰白色、深灰色至黑灰色,主要矿物为斜长石和角闪石,其次有黑云母和辉石,全晶质等粒结构,块状构造。闪长岩结构致密,强度高,且具有较高的韧性和抗风化能力,是良好的建筑石料。

⑤ 闪长玢岩是浅成侵入岩,呈灰色或灰绿色,成分与闪长岩相似,具有斑状结构,斑晶主要为斜长石,有时为角闪石。闪长玢岩中常有绿泥石、高岭石和方解石等次生矿物。

⑥ 安山岩是喷出岩,呈灰色、紫色或灰紫色,斑状结构,斑晶常为斜长石,气孔状或杏仁状构造。

(3) 基性岩类。

① 辉长岩是深成侵入岩,呈灰黑色至黑色,全晶质等粒结构,块状构造,主要矿物为斜长石和辉石,其次有橄榄石、角闪石和黑云母。辉长岩强度高,抗风化能力强。

② 辉绿玢岩是浅成侵入岩,呈灰绿色或黑绿色,具特殊的灰绿结构(辉石充填于斜长石晶体格架的空隙中),成分与辉长岩相似,但常含有方解石、绿泥石等次生矿物,强度也高。

③ 玄武岩是喷出岩,呈灰黑色至黑色,成分与辉长岩相似,呈隐晶质细粒或斑状结构,气孔或杏仁状构造。玄武岩致密坚硬、性脆,强度很高。

(4) 超基性岩类。

橄榄岩是灰黑色、褐色至绿色,中粒、粗粒等结构,块状构造,主要由橄榄石、镁质辉石等组成,一般无浅色矿物,橄榄石和镁质辉石常因后期变化,部分或全部变为蛇纹石等,使岩石成为石化橄榄岩或蛇纹岩,易于辨认,新鲜的橄榄岩很少见。

2. 沉积岩

沉积岩(sedimentary rock)是在地表和地下浅层形成的地质体。它是在常温常压下,由风化作用、生物作用和某些火山作用,经过水流的搬运、沉积成岩作用形成的。

1) 沉积岩的形成

沉积岩的形成一般经过了先成岩石(岩浆岩、沉积岩或变质岩)遭受风化、剥蚀破坏,破坏产物被搬运至一定场所沉积下来,再固结成岩的过程。主要经过风化作用、搬运作用、沉积作用和成岩作用四个阶段。

(1) 风化作用(weathering)分为物理风化、化学风化和生物风化三类。

(2) 搬运作用的方式有三种,即拖曳搬运、悬浮搬运和溶液搬运。

(3) 沉积作用可分为机械沉积、化学沉积、生物沉积和生物化学沉积三种类型。

(4) 成岩作用主要表现在压固作用、胶结作用、脱水作用、重结晶作用。

2) 沉积岩的物质组成

沉积岩是一种次生岩石,其物质成分除了岩浆岩等原来的岩石、矿物的碎屑外,还有一些外生条件下形成的矿物,如黏土和一些胶体矿物、易溶盐类、来自生物遗体的硬体(骨骼、甲壳等)和有机质等。这些都是沉积岩所特有的。

(1) 碎屑物质是原岩经风化破碎而生成的呈碎屑状态的物质。其中主要有矿物碎屑（石英、长石、云母等）、岩石碎块、火山碎屑等。形成于高温高压环境的橄榄石、辉石、角闪石、黑云母、基性斜长石等，在沉积岩中含量为零。岩浆岩中的石英在表生条件下稳定性较大，一般以碎屑物形式出现于沉积岩中。

(2) 黏土矿物是一些由含铝硅酸盐类矿物的岩石经风化作用形成的次生矿物，如高岭石、微晶高岭石及水云母等。这类矿物的颗粒极细（小于 0.005mm），具有很大的亲水性、可塑性和膨胀性。

(3) 化学沉积物是由化学作用从溶液中沉淀结晶产生的沉积矿物，如方解石、白云石、石膏、铁锰的氧化物及氢氧化物等。

(4) 有机质及生物残骸是由生物残骸或有机化学变化而成的物质，如贝壳、珊瑚礁、泥炭等。

(5) 常见的胶结物有硅质（SiO_2）、铁质（Fe_2O_3）、钙质（$CaCO_3$）、泥质（黏土矿物）等。

3）沉积岩的结构

沉积岩的结构是指组成岩石的物质颗粒大小、形状及其组合关系，它是沉积岩分类命名的重要依据。一般可将沉积岩的结构分为碎屑结构、泥质结构、结晶结构和生物结构四种。

(1) 碎屑结构：是由碎屑物质被胶结物胶结而成。

按主要碎屑粒度大小，可将碎屑结构分为三种。

① 砾状结构（碎屑粒径大于 2mm），相应沉积岩为砾岩；

② 砂状结构（碎屑粒径为 0.05~2mm），相应沉积岩为砂岩；

③ 粉砂状结构（碎屑粒径为 0.005~0.05mm），相应的沉积岩为粉砂岩。

按胶结物的成分，可将碎屑结构分为四种。

① 硅质胶结是由石英及其他的二氧化硅胶结而成，颜色浅，强度高。

② 铁质胶结是由铁的氧化物及氢氧化物胶结而成，颜色深，呈红色，强度次于硅质胶结。

③ 钙质胶结是由方解石等碳酸钙一类的物质胶结而成，颜色浅，强度比较低，容易遭受侵蚀。

④ 泥质胶结是由细粒黏土矿物胶结而成，颜色不定，胶结松散，强度最低，容易遭受风化破坏。

(2) 泥质结构：几乎全部由小于 0.005mm 的黏土质点组成，是泥岩、页岩等黏土岩的主要结构。

(3) 结晶结构：由溶液中沉淀或经重结晶所形成的结构。由沉淀生成的晶粒极细，经重结晶作用晶粒变粗，但一般直径小于 1mm，肉眼不易分辨。结晶结构为石灰岩、白云岩等化学岩的主要结构。

(4) 生物结构：由生物遗体或碎片组成，如贝壳结构、珊瑚结构等，是生物化学岩所具有的结构。

4) 沉积岩的构造

沉积岩的构造,是指其组成部分的空间分布及其相互间的排列关系。沉积岩最主要的构造是层理构造。层理是沉积岩成层的性质。由于季节性气候的变化、沉积环境的改变,使先后沉积的物质在颗粒大小、形状、颜色和成分上发生相应变化,显示出来的成层现象,称为层理构造。

由于形成层理的条件不同,层理有各种不同的形态类型,如常见的有水平层理(图3.17(a))、斜层理(图3.17(b))、交错层理(图3.17(c))等。根据层理可以推断沉积物的沉积环境和搬运介质的运动特征。

层与层之间的界面称为层面。在层面上有时可以看到波痕、雨痕及泥面干裂的痕迹。上下两个层面间成分基本均匀一致的岩石称为岩层,它是层理最大的组成单位。一个岩层上下层面之间的垂直距离称为岩层的厚度。在短距离内岩层厚度的减小称为变薄;厚度变薄以致消失称为尖灭;两端尖灭就成为透镜体;大厚度岩层中所夹的薄层称为夹层(图3.18)。

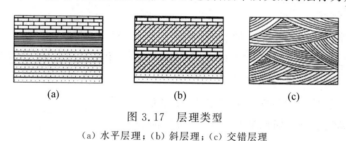

图 3.17 层理类型
(a)水平层理;(b)斜层理;(c)交错层理

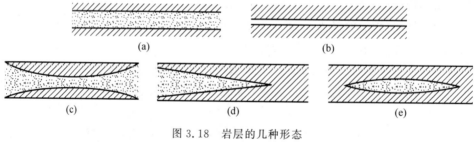

图 3.18 岩层的几种形态
(a)正常层;(b)夹层;(c)变薄;(d)尖灭;(e)透镜体

沉积岩内岩层的变薄、尖灭和透镜体可使其强度和透水性在不同的方向发生变化;松软夹层容易引起上覆岩层发生顺层滑动。

在沉积岩中还可以看到许多化石,它们是经石化作用保存下来的动植物的遗骸,如三叶虫、树叶等,常沿层里面平行分布。根据化石可以推断岩石形成的地理环境和确定岩层的地质年代。

沉积岩的层理构造、层面特征和含有的化石是沉积岩在构造上区别于岩浆岩的重要特征。

5) 沉积岩的分类及常见沉积岩

沉积岩按成因、结构、成分可分成三大类:碎屑岩类、黏土岩类、化学岩及生物化学岩类,具体分类见表3.6。

表 3.6　沉积岩分类简表

岩类	结构		岩石分类名称	主要亚类及其组成物质
碎屑岩类	火山碎屑岩	粒径 $d>100$mm	火山集块岩	主要由大于100mm的熔岩碎块、火山灰尘等经压密胶结而成
		粒径 2mm$<d\leq100$mm	火山角砾岩	主要由2～100mm的熔岩碎屑、晶屑、玻屑及其他碎屑混入物组成
		粒径 $d\leq2$mm	凝灰岩	由50%以上粒径小于2mm的火山灰组成，其中有岩屑、晶屑、玻屑等细粒碎屑物质
	沉积碎屑岩	粒状结构（粒径 $d>2$mm）	砾岩	角砾岩，由带棱角的角砾经胶结而成；砾岩，由浑圆的砾石经胶结而成
	碎屑结构	砂质结构（粒径 0.05mm$<d\leq2$mm）	砂岩	石英砂岩，石英(含量大于90%)、长石和岩屑(小于10%)
				长石砂岩，石英(含量小于75%)、长石(大于25%)、岩屑(小于10%)
				岩屑砂岩，石英(含量小于75%)、长石(小于10%)、岩屑(大于25%)
		粉砂结构（粒径 0.005mm$<d\leq0.05$mm）	粉砂岩	主要由石英、长石的粉、黏粒及黏土矿物组成
黏土岩类	泥质结构（粒径 $d\leq0.005$mm）		泥岩	主要由高岭石、微晶高岭石及水云母等黏土矿物组成
			页岩	黏土质页岩，由黏土矿物组成；碳质页岩，由黏土矿物及有机质组成
化学岩及生物化学岩类	结晶结构及生物结构		石灰岩	石灰岩，方解石(含量大于90%)、黏土矿物(小于10%)
				泥灰岩，方解石(含量50%～75%)、黏土矿物(25%～50%)
			白云岩	白云岩，白云石(含量90%～100%)、方解石(小于10%)
				灰质白云岩，白云石(含量50%～75%)、方解石(25%～50%)

(1) 碎屑岩类。

① 火山碎屑岩。

火山集块岩是由50%以上粒径大于100mm的熔岩碎块及细小的火山碎屑和火山灰充填、胶结而成，集块结构，岩块坚硬。

火山角砾岩中粒径2～100mm的碎屑占50%以上，胶结物为火山灰，火山角砾结构，块状构造。

凝灰岩是由50%以上粒径小于2mm的火山灰组成，凝灰结构，块状构造，重度小，易风化。

② 沉积碎屑岩。

砾岩及角砾岩是由50%以上粒径大于2mm的圆砾或角砾胶结而成，粒状结构，块状构造。硅质胶结的石英砾岩非常坚硬，开采加工较困难，泥质胶结的则相反。

砂岩是由50%以上粒径为0.05～2mm的砂粒胶结而成，砂粒主要成分为石英、长石及岩屑等,砂状结构,层理构造。砂岩为多孔岩石,孔隙越多,透水性和蓄水性越好。砂岩强度主要取决于砂粒成分和胶结物的成分、胶结类型等。其抗压强度差异较大,由于多数砂岩岩性坚硬而脆,在地质构造作用下裂隙发育,所以常具有较强的透水性。

粉砂岩是由50%以上粒径为0.002～0.05mm的粉砂粒胶结而成。粉砂质结构,层理构造,结构疏松,强度和稳定性不高。粉砂岩的成分主要是石英,其次是白云母、长石和黏土矿物等,胶结物多为泥质,因颗粒细小,肉眼难以区分成分及胶结物。具有代表性的未固结的沉积物有黄土等。

(2) 黏土岩类。

① 泥岩是由黏土矿物经脱水固结而形成的,具黏土结构,层理不明显,呈块状构造,固结不紧密、不牢固,强度较低,一般干试样的抗压强度为5～30MPa,遇水易软化,强度显著降低,饱水试样的抗压强度可降低50%左右。

② 页岩是由黏土矿物经脱水固结而形成的,黏土结构,层理构造,富含化石。一般情况下,页岩岩性松软,易于风化成碎片状,强度低,遇水易软化而丧失其稳定性。

(3) 化学岩及生物化学岩类。

① 石灰岩简称灰岩,化学结晶结构、生物结构,块状构造。主要由方解石组成,次生矿物有白云石、黏土矿物等。质纯者为浅色,若含有机质及杂质则色深。石灰岩致密、性脆,一般抗压强度较差。石灰岩分布很广,是烧制石灰和水泥的重要原材料,也是用途很广的建筑石材。

② 白云岩是由白云石和方解石组成,颜色灰白色、略带淡黄色、淡红色。化学结晶结构,块状构造,可做高级耐火材料和建筑石料。

鉴别这类岩石要特别注意对盐酸试剂的反应,石灰岩在常温下遇稀盐酸剧烈起泡;泥灰岩遇稀盐酸起泡后留有泥点;白云岩在常温下遇稀盐酸不起泡,但加热或研成粉末后则起泡。多数岩石结构致密,性质坚硬,强度较高,但是具有可溶性,在水流的作用下形成溶蚀裂隙、洞穴、地下河等,对基础工程影响很大。

3. 变质岩

由原先存在的岩石(岩浆岩、沉积岩或早期变质岩)在温度、压力、应力发生改变以及其他物质组分加入或带出的情况下,发生矿物成分、结构构造改变而形成的岩石即为变质岩。这种改造过程称为变质作用。

1) 变质作用的因素

变质作用是一种地质作用,其控制因素主要包括高温、高压和新的化学成分的加入。

(1) 高温是引起岩石变质最基本、最积极的因素。促使岩石温度增高的原因主要有三种:一是地下岩浆侵入地壳带来的热量;二是随地下深度增加而增大的地热,一般认为自地表常温带以下,深度每增加33m,温度提高1℃;三是地壳中放射性元素蜕变释放出的热量。高温使原岩中元素的化学活泼性增大,使原岩中矿物重新结晶,隐晶变显晶、细晶变粗晶,从而改变原结构,并产生新的变质矿物。

(2) 高压分静压力和定向压力两种。

① 静压力类似于静水压力,是由上覆岩石重量产生的,是一种各方向相等的压力,随深度而增大。静压力使岩石体积受到压缩而变小、比重变大,从而形成新矿物。

② 定向压力是由地壳运动产生的。在定向压力作用下，原岩中各种矿物发生不同程度变形甚至破碎的现象，并形成垂直于压力方向的定向构造，如层理、线理、片理构造等。

(3) 新的化学成分的加入。

在岩石发生变质作用的过程中，新的化学成分主要来自岩浆活动带来的含有复杂化学元素的热液和挥发性气体。在温度和压力的综合作用下，这些具有化学活动性的成分容易与围岩发生反应，产生各种新的变质矿物，甚至会使岩石的化学成分发生深刻的变化。

岩石发生变质，是上述因素综合作用的结果。但由于变质前岩石的性质不同，变质过程中变质作用的主要因素和变质的程度不同，因而形成了各种不同特征的变质岩。

2) 变质作用类型

在自然界中，原岩变质很少只受单一变质因素的作用，多受两种以上变质因素的综合作用，但在某个局部地区内，以某一种变质因素起主导作用，其他变质因素起辅助作用。根据起主要作用的变质因素不同，可将变质因素划分为下述几种类型。

(1) 接触变质作用又称热力变质作用，指岩浆岩侵入体和围岩接触，由于岩体带来的高温和挥发组分的影响使围岩发生的质变。如煤变为石墨、石灰岩变为大理岩、页岩变为角岩。

(2) 交代变质作用主要是受化学活泼性流体因素影响而变质的作用，又称汽化热液变质作用，主要使原岩矿物和结构特征发生改变。

(3) 区域变质作用包括埋深变质作用、区域低温动力变质作用、区域动力热流变质作用和区域中高温变质作用，是由于区域性地壳运动的影响而在大面积范围内发生的一种变质作用，温度、压力流体都起作用，规模大、分布广，一般该区域内地壳运动和岩浆活动都较强烈。

(4) 动力变质作用又称"碎裂变质作用"或"错动变质作用"，是在构造运动所产生的定向压力作用下，岩石发生的变质作用。其变质因素以机械能及其转变的热能为主，常沿断裂带呈条带分布，形成断层角砾岩、碎裂岩、糜棱岩等，而这些岩石又是判断断裂带的重要标志。

3) 变质岩的物质成分

岩石变质后，化学成分和矿物组成都发生了变化。

变质岩的化学成分一方面取决于原岩成分，另一方面受变质过程的影响。在变质过程中若无明显的物质交换，则变质前后的化学成分变化不大，变质岩的化学成分可以反映原岩的化学成分特征。例如，黏土岩变质而成的千枚岩、白云母片岩和含夕线石的片麻岩，其化学成分和黏土岩基本相同。若变质过程中发生明显的物质交换，则变质岩的化学成分除受原岩的化学成分决定外，还受变质过程带入和带出组分的限制。

变质岩的矿物成分有一定的继承性，经过变质作用也产生一系列新矿物。变质作用后仍保留的部分矿物称残留矿物，如石英、长石、角闪石、辉石等。原岩经变质后出现某些具有自身特征的矿物称变质矿物，都是变质岩所特有的矿物，如石墨、滑石、蛇纹石、绿泥石、石榴子石、硅灰石、十字石、红柱石、蓝晶石、夕线石、堇青石等。这些变质矿物多为纤维状、鳞片状、柱状，其延长性较大，如岩浆岩中的云母，其长宽比为 1.5 左右，在变质岩中达 7～10。因此，变质岩的工程性质较差。

4) 变质岩的结构

变质岩的结构是指构成岩石的各矿物颗粒的大小、形状以及它们之间的相互关系。

原岩的结构在变质作用过程中可以全部改变形成变质岩的结构,也可以部分残留。一般变质岩结构按成因可分为变晶结构、变余结构、碎裂结构和交代结构。

(1) 变晶结构是指岩石在固态条件下,岩石中的各种矿物重结晶或重组合作用形成的结晶质结构。该类结构中无玻璃质,矿物多呈定向排列。按变晶矿物颗粒的形状分为粒状变晶结构、鳞片变晶结构、纤维状变晶结构等,这是变质岩中最常见的结构。

(2) 变余结构是指从早先岩石中保留的结构,因此又称为残留结构。由于变质程度低,重结晶作用不完全,仍残留原来的一些结构特征,在变质程度较低的变质岩中常见,如变余砂状结构、变余砾状结构、变余火山碎屑结构等。

(3) 碎裂结构又称为压碎结构,是动力变质作用所造成的一种结构。在定向压力影响下,使岩石中的矿物颗粒发生弯曲、破裂、断开,甚至研磨成细小的碎屑而成的结构。

(4) 交代结构是交代作用形成的结构,一般在显微镜下才能观察到,矿物的一些物质成分被另外的物质替代。

5) 变质岩的构造

变质岩的构造是指岩石中矿物在空间排列关系上的外貌特征,是鉴定变质岩的主要特征,也是区别于其他岩石的特有标志。

变质岩的构造主要是片理构造和块状构造。其中片理构造是变质岩所特有的,是从构造上区别于其他岩石的一个显著标志。比较典型的片理构造有下面几种。

(1) **板状构造**:片理厚,片理面平直,重结晶作用不明显,颗粒细密,光泽微弱,沿片理面裂开则呈厚度一致的板状,如板岩。

(2) **千枚状构造**:片理薄,片理面较平直,颗粒细密,沿片理面有绢云母出现,容易裂开呈千枚状,呈丝绢光泽,如千枚岩。

(3) **片状构造**:重结晶作用明显,片状、板状或柱状矿物沿片理面富集,平行排列,片理很薄,沿片理面很容易剥开呈不规则的薄片,光泽很强,如云母片岩等。

(4) **片麻状构造**:颗粒粗大,片理很不规则,粒状矿物呈条带状分布,少量片状、柱状矿物相间断续平行排列,沿片理面不易裂开,如片麻岩。

变质岩除上述片理构造外,如果岩石主要由粒状矿物组成,则呈致密块状构造,如大理岩和石英岩等。

6) 变质岩的分类及常见变质岩

常见的变质岩分类见表3.7所示。

表 3.7 变质岩分类简表

岩类	构造	岩石名称	主要亚类及其矿物成分	原岩
片理状岩类	片麻状构造	片麻岩	花岗片麻岩:长石、石英、云母为主,其次为角闪石,有时含石榴子石 角闪石片麻岩:长石、石英、角闪石为主,其次为云母,有时含石榴子石	中酸性岩浆岩,黏土岩、粉砂岩、砂岩

续表

岩类	构造	岩石名称	主要亚类及其矿物成分	原岩
片理状岩类	片状构造	片岩	云母片岩:云母、石英为主,其次有角闪石等	黏土岩、砂岩,中酸性火山岩
			滑石片岩:滑石、绢云母为主,其次有绿泥石、方解石等	超基性岩,白云质泥灰岩
			绿泥石片岩:绿泥石、石英为主,其次有滑石、方解石等	中基性火山岩,白云质泥灰岩
	千枚状构造	千枚岩	以绢云母为主,其次有石英、绿泥石等	黏土岩、黏土质粉砂岩,凝灰岩
	板状构造	板岩	黏土矿物、绢云母、石英、绿泥石、黑云母、白云母等	黏土岩、黏土质粉砂岩,凝灰岩
块状岩类	块状构造	大理岩	方解石为主,其次有白云石等	石灰岩、白云岩
		石英岩	石英为主,有时含有绢云母、白云母等	砂岩、硅质岩
		蛇纹岩	蛇纹石、滑石为主,其次有绿泥石、方解石等	超基性岩

常见的变质岩主要包括片理状岩类和块状岩类。

(1) 片理状岩类又包括片麻岩、片岩、千枚岩和板岩。

① 片麻岩属深变质岩,具典型的片麻状构造,变晶或变余结构,由各种沉积岩、岩浆岩及变质岩经变质而形成。其矿物结晶粒度较大,以长石和石英为主,其次为黑云母、角闪石等。片麻岩可劈成石板做建筑材料。它在垂直片理方向上的强度要比其他方向上大得多。

② 片岩属中深变质岩,分布广泛。鳞片状或纤维状变晶结构,片理构造。重结晶的变晶矿物粗大,肉眼可直接观察。其矿物成分主要是白云母、黑云母、绿泥石、滑石、角闪石、石英及长石等。片岩的片理面一般较粗糙,不如板理面平整。片岩岩性软弱、抗风化能力差,一般没有什么用途。

③ 千枚岩属浅变质岩,原岩的泥状结构一般不易观察到,矿物基本上已全部重结晶,主要是绢云母、绿泥石和石英等。千枚岩具显微鳞片变晶结构,千枚状构造。由于质地软,千枚岩基本上没什么用途。

(2) 块状岩类又包括石英岩和大理岩等。

① 石英岩是一种极致密坚硬的岩石,由较纯的石英砂岩变质而生成。其主要矿物成分是石英,少量长石、云母、绿泥石等。质纯的石英岩为白色,也因杂质而有黄色、灰色和红色等。石英岩具粒状变晶结构、块状构造。石英岩由于坚硬,故开采较困难,破碎后可广泛用作建筑石料。

② 大理岩是由石灰岩或白云岩经区域变质或接触热变质作用而生成。大理岩具粒状变晶结构、块状构造。大多数大理岩因含有杂质而显示出不同颜色的条带和层纹,故可用作建筑材料和雕刻原料。

4. 岩石的鉴别

三大类岩石具有不同的形成条件和环境,而岩石形成所需的环境条件又会随着地质作用而不断变化。

沉积岩和岩浆岩可以通过变质作用形成变质岩。在地表常温、常压条件下,岩浆岩和变质岩又可以通过母岩的风化、剥蚀和一系列的沉积作用形成沉积岩。当变质岩和沉积岩进入地下深处后，在高温高压条件下又会发生熔融形成岩浆，经结晶作用而变成岩浆岩。因此，在地球的岩石圈内，三大岩类处于不断演化的过程之中。岩石相互转化的过程如图 3.19 所示。

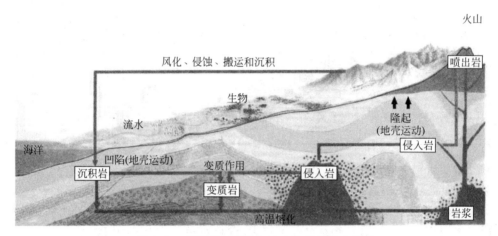

图 3.19　岩石相互转化与地壳物质循环示意图

鉴别岩石有各种不同的方法，但最基本的是根据岩石的外观特征，用肉眼和简单工具（如小刀、放大镜等）进行鉴别的方法。

1）岩浆岩的鉴别方法

对岩浆岩标本的观察，一般是观察岩石的颜色、结构、构造、矿物成分及其含量，最后确定岩石名称。

（1）颜色：主要描述岩石新鲜面的颜色，也要注意风化后的颜色。直接描述岩石的总体颜色，如紫色、绿色、红色、褐色、灰色等。有的颜色介于两者之间，则用复合名称，如灰白色、黄绿色、紫红色等。

岩浆岩的颜色反映在暗色矿物和浅色矿物的相对含量上。一般暗色矿物含量大于60%称暗色岩；含量在30%~60%的称中色岩；含量小于30%则称浅色岩。

（2）结构：根据岩石中各组分的结晶程度，可分为全晶质、半晶质、玻璃质等结构。岩浆岩结构的描述内容和方法见表 3.8。

表 3.8　岩浆岩结构的描述内容与方法

结构类型		描述内容与方法
全晶质	显晶质	描述总体矿物及各不同矿物的颗粒大小、形态及在岩石中的含量。 粗粒：$d>5mm$；中粒：$1mm<d\leqslant 5mm$；细粒：$d\leqslant 1mm$；不等粒：描述最大、最小及中间大小颗粒的大小及含量。 似斑状结构：大的为斑晶，小的为基质，描述斑晶基质的相对含量、成分、形状、大小
	隐晶质	描述颜色、断口特点

续表

结构类型	描述内容与方法
半晶质	斑状结构(玻璃质＋结晶质)：描述斑晶成分、形状、颗粒大小及含量；基质部分的含量、颜色、断口特点
玻璃质	描述颜色、断口特点

(3) 构造：侵入岩常为块状构造，岩石中的矿物无定向排列；喷出岩常具气孔状、杏仁状和流纹状构造。要注意描述气孔的大小、形状，杏仁的充填物及气孔、杏仁有无定向排列。

(4) 矿物成分：矿物成分及其含量是岩浆岩定名的重要依据，岩石中凡能用肉眼识别的矿物均要进行描述。首先要描述主要矿物的成分、形状、大小、物理性质及其相对含量，其次对次要矿物也要做简单描述。

(5) 次生变化：岩浆岩固结后，受到岩浆后期热液作用和地表风化作用，岩石中的矿物全部或部分受到次生变化，若变化较强，就应描述它蚀变成何种矿物。如橄榄石、辉石易变成蛇纹石，角闪石、黑云母常变成绿泥石，而长石则变成绢云母、高岭石等。

(6) 岩石定名：在肉眼观察和描述的基础上定出岩石名称。

例如：某岩石标本，黑灰色，风化面略显黑绿色，等粒中粒结构，颗粒直径一般为1～1.5mm，块状构造，主要矿物为斜长石和辉石，分别占55%和40%左右。斜长石为灰白色，柱状或粒状，时见解理面闪闪有光，玻璃光泽；辉石为黑色，短柱状，玻璃光泽，有的解理面清晰。岩石较新鲜，未遭次生变化。根据上面描述的此岩石标本的各种特征可定为基性、深成岩，定名为黑灰色中粒辉长岩。

2) 沉积岩的鉴别方法

鉴别沉积岩时，可以先从观察岩石的结构开始，结合岩石的其他特征，先将所属的大类分开，然后再做进一步分析，确定岩石的名称。

从沉积岩的结构特征来看，如果岩石是由碎屑和胶结物两部分组成，或者碎屑颗粒很细而不易与胶结物分辨，但触摸有明显含砂感的，一般是属于碎屑岩类的岩石。如果岩石颗粒十分细密，用放大镜也看不清楚，但断裂面暗淡呈土状，硬度低，触摸有滑腻感的，一般多是黏土类的岩石。具结晶结构的可能是化学岩类。

(1) 碎屑岩：鉴别碎屑岩时，可先观察碎屑粒径的大小，其次分析胶结物性质和碎屑物质的主要矿物成分。根据碎屑的粒径，先区分是砾岩、砂岩还是粉砂岩。根据胶结物的性质和碎屑物质的主要矿物成分，判断所属的亚类，并确定岩石的名称。

例如有一块由碎屑和胶结物质两部分组成的岩石，碎屑粒径为0.25～0.5mm，点盐酸起泡强烈，说明这块岩石是钙质胶结的中粒砂岩。进一步分析碎屑的主要矿物成分，发现这块岩石除含有大量的石英外，还含有约30%的长石。最后可以确定，这块岩石是钙质中粒长石砂岩。

(2) 黏土岩：常见的黏土岩主要有页岩和泥岩两种。它们在外观上都有黏土岩的共同特征，但页岩层理清晰，一般沿层理能分成薄片，风化后呈碎片状，可以与层理不清晰、风化后呈碎块状的泥岩相区别。

(3) 化学岩：常见的化学岩主要有石灰岩、白云岩和泥灰岩等。它们的外观特征都很类似，所不同的主要是方解石、白云石和黏土矿物的含量有差别。所以在鉴别化学岩时，要特别注意对盐酸试剂的反应。石灰岩遇盐酸强烈起泡,泥灰岩遇盐酸也起泡,但由于泥灰岩的黏土矿物含量高,所以泡沫浑浊,干后往往留有泥点。白云岩遇盐酸不起泡,或者反应微弱,但当粉碎成粉末之后,则发生显著泡沸现象,并常常伴有咝咝的响声。

3) 变质岩的鉴别方法

鉴别变质岩时,可以先从观察岩石的构造开始。根据构造,首先将变质岩区分为片理构造和块状构造两类。然后可进一步根据片理特征和主要矿物成分,分析所属的亚类,确定岩石的名称。

例如,有一块具片理构造的岩石,其片理特征既不同于板岩的板状构造,也不同于云母片岩的片状构造,而是一种粒状的浅色矿物与片状的深色矿物,断续相间呈条带状分布的片麻构造,因此可以判断,这块岩石属于片麻岩。经分析,浅色的粒状矿物主要是石英和正长石,片状的深色矿物是黑云母,此外还含有少许的角闪石和石榴子石,可以肯定,这块岩石是花岗片麻岩。

块状构造的变质岩,常见的主要是大理岩和石英岩。两者都是具变晶结构的单矿岩,岩石的颜色一般都比较浅。但大理岩主要由方解石组成,硬度低,遇盐酸起泡;而石英岩几乎全部由石英颗粒组成,硬度很高。

归纳起来,三大类岩石的主要区别参见表 3.9。

表 3.9　岩浆岩、沉积岩和变质岩的地质特征表

地质特征	岩 浆 岩	沉 积 岩	变 质 岩
主要矿物成分	全部为从岩浆中析出的原生矿物,成分复杂,但性能较稳定。浅色的矿物有石英、长石、白云母等;深色的矿物有黑云母、角闪石、辉石、橄榄石等	次生矿物占主要地位,成分单一,一般多不固定。常见的有石英、长石、白云母、方解石、白云石、高岭石等	除具有变质前原岩的矿物,如石英、长石、云母、角闪石、辉石、方解石、白云石、高岭石外,尚有经变质作用产生的矿物,如石榴子石、滑石、绿泥石、蛇纹石等
结构	以结晶粒状、斑状结构为特征	以碎屑、泥质及生物碎屑结构为特征。部分为成分单一的结晶结构,但肉眼不易分辨	以变晶结构等为特征
构造	具块状、流纹状、气孔状、杏仁状构造	具层理构造	多具片理构造
成因	直接由高温熔融的岩浆经岩浆作用形成	主要由先成岩石的风化产物,经压密、胶结、重结晶等成岩作用形成	由先成的岩浆岩、沉积岩和变质岩,经变质作用形成

3.4　岩石的地质特性

岩石的工程地质性质包括物理性质和力学性质两个主要方面。影响岩石工程性质的因素主要包括矿物成分、岩石的结构和构造以及风化作用等。岩体是工程影响范围内的地质体,它包含岩石块、层理、裂隙和断层等。而对于岩体工程性质,主要取决于岩体内部裂隙系

统的性质及其分布情况,当然岩石本身的性质亦起着重要的作用。

1. **岩石的物理性质**

1) 质量

岩石的质量是岩石最基本的物理性质之一,一般用比重和重度两个指标表示。

(1) 岩石的比重是岩石固体(不包括孔隙)部分单位体积的质量。在数值上等于岩石固体颗粒的质量与同体积的水在 4℃时质量的比。岩石比重的大小取决于组成岩石的矿物的比重及其在岩石中的相对含量。组成岩石的矿物的比重大、含量多,则岩石的比重就大。常见的岩石比重一般为 2.4~3.3。

(2) 岩石的重度(重力密度)也称容重,是指岩石单位体积的质量,在数值上它等于岩石试件的总质量(包括空隙中的水质量)与其总体积(包括孔隙体积)之比。岩石重度的大小取决于岩石中的矿物比重、岩石的孔隙性及其含水情况。岩石孔隙中完全没有水存在时的重度称为干重度。干重度的大小取决于岩石的孔隙性及矿物的比重。岩石中的孔隙全部被水充满时的重度则称为岩石的饱和重度。

一般来讲,组成岩石的矿物,如比重大,或岩石的孔隙性小,则岩石的重度就大。在相同条件下的同一种岩石,如重度大,说明岩石的结构致密、孔隙性小,因而岩石的强度和稳定性也较高。

2) 空隙性

岩石的空隙是岩石的孔隙与裂隙的总称,岩石的空隙性指岩石孔隙与裂隙的发育程度。岩石中的孔隙、裂隙大小、多少及其连通情况等,对岩石的强度和透水性有着重要的影响,一般可用空隙率和空隙比来表示。

空隙率指岩石中空隙体积 V_a 与岩石总体积 V 的百分比,即

$$n = V_a/V \times 100\% \tag{3.1}$$

空隙比指岩石中空隙体积 V_a 与岩石固体部分体积 V_s 的比值,即

$$e = V_a/V_s \tag{3.2}$$

岩石空隙主要取决于岩石的结构和构造,也受到外力因素的影响。由于岩石中孔隙、裂隙的发育程度变化很大,所以其空隙率的变化程度也很大。例如,三叠系砂岩的空隙率为 0.6%~27.2%,碎屑沉积岩的时代越新,其胶结越差,则空隙率越高。结晶岩类的空隙率较低,很少高于 3%。随着空隙率的增大,透水性增大,岩石的强度降低,削弱了岩石的整体性,同时又加快了风化的速度使空隙不断扩大。

3) 吸水性

岩石在一定试验条件下的吸水性能称为岩石的吸水性,它取决于岩石空隙数量、大小、开闭程度、连通与否等情况。表征岩石吸水性的指标有吸水率、饱水率和饱水系数等。

(1) 吸水率指岩石试件在常压下(1atm,即一个标准大气压)所吸入水分的质量 m_{w1} 与干燥岩石质量 m_s 的百分比,即

$$\omega_1 = m_{w1}/m_s \times 100\% \tag{3.3}$$

(2) 饱水率指岩石试件在高压或真空条件下所吸水分的质量 m_{w2} 与干燥岩石质量 m_s 的百分比,即

$$\omega_2 = m_{w2}/m_s \times 100\% \tag{3.4}$$

(3) 饱水系数指岩石吸水率与饱水率的比值。饱水系数反映了岩石大开型空隙与小开型空隙的相对数量,饱水系数越大,表明岩石的吸水能力越强,受水作用越显著。一般认为饱水系数小于0.8的岩石抗冻性较高,一般岩石的饱水系数为0.5~0.8。

4) 透水性

岩石能被水透过的性能称岩石的透水性,它主要取决于岩石空隙的大小、数量、方向及其相互连通的情况。岩石透水性可用渗透系数来衡量。

5) 软化性

岩石的软化性是指岩石受水浸泡作用后,其力学强度和稳定性趋于降低的性能。软化性的大小取决于岩石的孔隙性、矿物成分及岩石结构、构造等因素。凡孔隙大、含亲水性或可溶性矿物多、吸水率高的岩石,受水浸泡后,岩石内部颗粒间的连结强度降低,导致岩石软化。

岩石软化性大小常用软化系数 η 来衡量:

$$\eta = R_w / R_c \tag{3.5}$$

式中,R_w——岩石饱水状态下的抗压强度;

R_c——岩石干燥状态下的抗压强度。

软化系数是判定岩石耐风化、耐水浸能力的指标之一。软化系数值越大,则岩石的软化性越小。当 $\eta > 0.75$ 时,岩石工程性质较好。

6) 抗冻性

岩石的抗冻性是指岩石抵抗冻融破坏的性能。岩石浸水后,当温度降到0℃以下时,其空隙中的水将冻结,体积膨胀,产生较大的膨胀压力,使岩石的结构和构造发生改变,直到破坏。反复冻融后,将使岩石的强度降低。可用强度损失率和质量损失率表示岩石的抗冻性。

强度损失率指冻融前后饱和岩样抗压强度的差值与冻融前饱和抗压强度的比值;质量损失率指冻融试验前后干试件的质量差与试验前干试件质量的比值。

强度损失率和质量损失率的大小主要取决于岩石开型空隙发育程度、亲水性和可溶性矿物及矿物颗粒间的连结强度。一般认为,强度损失率小于25%或质量损失率小于2%时岩石是抗冻的。此外 $\omega_1 < 0.5$,$\eta > 0.75$ 的岩石均为抗冻岩石。

一些常见岩石的物理性质的主要指标见表3.10。

表3.10 常见岩石的主要物理性质

岩石名称	比重	天然重度		孔隙度/%	吸水率/%	软化系数
		kN/m³	g/cm³			
花岗岩	2.50~2.84	22.56~27.47	2.30~2.80	0.04~2.80	0.10~0.70	0.75~0.97
闪长岩	2.60~3.10	24.72~29.04	2.52~2.96	0.25左右	0.30~0.38	0.60~0.84
辉长岩	2.70~3.20	25.02~29.23	2.55~2.98	0.28~1.13	0.50~4.00	0.44~0.90
辉绿岩	2.60~3.10	24.82~29.14	2.53~2.97	0.29~1.13	0.80~5.00	0.44~0.90
玄武岩	2.60~3.30	24.92~30.41	2.54~3.10	1.28左右	0.30左右	0.71~0.92
砂 岩	2.50~2.75	21.58~26.49	2.20~2.70	1.60~28.30	0.20~7.00	0.44~0.97
页 岩	2.57~2.77	22.56~25.70	2.30~2.62	0.40~10.00	0.51~1.44	0.24~0.55
泥灰岩	2.70~2.75	24.04~26.00	2.45~2.65	1.00~10.00	1.00~3.00	0.44~0.54
石灰岩	2.48~2.76	22.56~26.49	2.30~2.70	0.53~27.00	0.10~4.45	0.58~0.94

续表

岩石名称	比重	天然重度		孔隙度/%	吸水率/%	软化系数
		kN/m³	g/cm³			
片麻岩	2.63～3.01	25.51～29.43	2.60～3.00	0.30～2.40	0.10～3.20	0.91～0.97
片岩	2.75～3.02	26.39～28.65	2.69～2.92	0.02～1.85	0.10～0.20	0.49～0.80
板岩	2.84～2.86	26.49～27.27	2.70～2.78	0.45左右	0.10～0.30	0.52～0.82
大理岩	2.70～2.87	25.80～26.98	2.63～2.75	0.10～6.00	0.10～0.80	0.80～0.96
石英岩	2.63～2.84	25.51～27.47	2.60～2.80	0.00～8.70	0.10～1.45	0.96

2. 岩石的力学性质

岩石的力学性质指岩石在各种静力、动力作用下所表现的性质,主要包括变形和强度。岩石在外力作用下首先是变形,当外力继续增加,达到或超过某一极限时,便开始破坏。变形与破坏是岩石受力后发生变化的两个阶段。

岩石抵抗外荷而不破坏的能力称岩石强度,荷载过大并超过岩石能承受的能力时,便造成破坏,岩石开始破坏时所能承受的极限荷载称为岩石的极限强度,简称为强度。

按外力作用方式不同将岩石强度分为抗压强度、抗拉强度和抗剪切强度。

1) 抗压强度

岩石单向受压时,抵抗压碎破坏的最大轴向压应力称为岩石的极限抗压强度,简称抗压强度。

抗压强度通常在室内用压力机对岩样进行加压试验确定。抗压强度的主要影响因素为岩石的矿物成分、颗粒大小、结构、构造的影响,受岩石风化程度影响,试验条件的影响等。饱和条件下岩石抗压强度小于天然状态或干燥条件下岩石的抗压强度。

2) 抗拉强度

岩石在单向拉伸破坏时的最大拉应力称为抗拉强度。抗拉强度试验一般有轴向拉伸法和劈裂法。抗拉强度主要取决于岩石中矿物组成之间的黏聚力大小,其值远小于岩石的抗压强度。

3) 抗剪切强度

抗剪切强度指岩石在一定的压力条件下,被剪破时的极限剪切应力值(τ),根据岩石受剪时的条件不同,通常把抗剪切强度分为三种类型。

(1) 抗剪强度是两块岩样在垂直接合面上一定压力的作用下,岩样接触面之间所能承受的最大剪切力。测试该指标的目的在于求出接触面的抗剪系数值,为坝基、桥基、隧道等基底滑动和稳定验算提供试验数据。

(2) 抗切强度是岩石剪断面上无正压应力条件下,岩石被剪断时的最大剪应力值。它是测定岩石黏聚力的一种方法。

(3) 抗剪断强度是岩石剪断面在一定的压应力作用下,被剪断时的最大剪应力值。室内测定抗剪断强度时一般采用剪力仪。

常见岩石的抗压、抗剪及抗拉强度指标见表3.11。

表 3.11　常见岩石的抗压、抗剪切及抗拉强度　　　　　　　　MPa

岩石名称	抗压强度	抗剪切强度	抗拉强度
花岗岩	100～250	14～50	7～25
闪长岩	150～300	20～60	15～30
辉长岩	150～300	20～60	15～30
玄武岩	150～300	20～60	10～30
砂岩	20～170	8～40	4～25
页岩	5～100	3～30	2～10
石灰岩	30～250	10～50	5～25
白云岩	30～250	10～50	15～25
片麻岩	50～200	7～30	5～20
板岩	100～200	15～30	7～20
大理岩	100～250	15～50	7～20
石英岩	150～300	20～60	10～30

3. 影响岩石性质的因素

从岩石工程性质的介绍中可以看出，影响岩石工程性质的因素是多方面的，但归纳起来主要有两个方面：一是岩石的地质特征，如岩石的矿物成分、结构、构造及成因等；另一个是岩石形成后所受外部因素的影响，如水的作用及风化作用等。现就上述因素对岩石工程性质的影响做一些说明。

1）矿物成分

岩石是由矿物组成的，岩石的矿物成分对岩石的物理力学性质产生直接影响，这是容易理解的。例如辉长岩的比重比花岗岩的大，这是因为辉长岩的主要矿物成分辉石和角闪石的比重比石英和正长石大。又如石英岩的抗压强度比大理岩要高得多，这是因为石英的强度比方解石高。这说明，尽管岩类相同，结构和构造也相同，如果矿物成分不同，岩石的物理力学性质会有明显的差别。但也不能简单地认为含有高强度矿物的岩石，其强度一定就高。因为当岩石受力作用后，内部应力是通过矿物颗粒的直接接触来传递的，如果强度较高的矿物在岩石中互不接触，则应力的传递必然会受到中间低强度矿物的影响，岩石不一定就能显示出高的强度。因此，只有在矿物分布均匀，高强度矿物在岩石的结构中形成牢固的骨架时，才能起到增高岩石强度的作用。

工程对岩石的强度要求相对来说是比较高的。所以在对岩石的工程性质进行分析和评价时，我们更应注意那些可能降低岩石强度的因素。如花岗岩中的黑云母含量是否过高，石灰岩、砂岩中黏土类矿物的含量是否过高等。因为黑云母是硅酸盐类矿物中硬度低、解理最发育的矿物之一，容易遭受风化而剥落，同时也易于发生次生变化，最后成为强度较低的铁的氧化物和黏土类矿物。石灰岩和砂岩当黏土类矿物的含量大于 20% 时，就会直接降低岩石的强度和稳定性。

2）结构

岩石的结构特征是影响岩石物理力学性质的一个重要因素。根据岩石的结构特征可将岩石分为两类：一类是结晶联结的岩石，如大部分的岩浆岩、变质岩和一部分沉积岩；另一类是由胶结物连结的岩石，如沉积岩中的碎屑岩等。

结晶联结是由岩浆或溶液中结晶或重结晶形成的。矿物的结晶颗粒靠直接接触产生的力固结在一起,结合力强,孔隙度小,结构致密,重度大,吸水率变化范围小,比胶结连结的岩石具有较高的强度和稳定性。但就结晶连结来说,结晶颗粒的大小则对岩石的强度有明显影响。如粗粒花岗岩的抗压强度一般为118~137MPa,而有的细粒花岗岩的抗压强度则可达196~245MPa。又如大理岩的抗压强度一般为79~118MPa,而最坚固的石灰岩的抗压强度则可达196MPa左右,有的甚至可达255MPa。这充分说明,矿物成分和结构类型相同的岩石,矿物结晶颗粒的大小对强度的影响是显著的。

胶结连结是矿物碎屑由胶结物连结在一起的。胶结连结的岩石,其强度和稳定性主要取决于胶结物的成分和胶结的形式,同时也受碎屑成分的影响,变化很大。就胶结物的成分来说,硅质胶结的强度和稳定性高,泥质胶结的强度和稳定性低,钙质和铁质胶结的强度介于两者之间。如泥质砂岩的抗压强度一般只有59~79MPa,钙质胶结的抗压强度可达118MPa,而硅质胶结的抗压强度则可达137MPa,高的甚至可达206MPa。

胶结连结的形式有基底胶结、孔隙胶结、接触胶结和镶嵌胶结四种(图3.20),肉眼不易分辨,但对岩石的强度有重要影响。基底胶结的碎屑物质散布于胶结物中,碎屑颗粒互不接触。所以基底胶结的岩石孔隙度小,强度和稳定性完全取决于胶结物的成分。当胶结物和碎屑的性质相同时(如硅质),经重结晶作用可以转化为结晶联结,强度和稳定性将会随之增高。孔隙胶结的碎屑颗粒互相间直接接触,胶结物充填于碎屑间的孔隙中,所以其强度与碎屑和胶结物的成分都有关系。接触胶结则仅在碎屑的相互接触处有胶结物联结,所以其一般孔隙度都比较大、重度小、吸水率高、强度低、易透水。至于镶嵌胶结,颗粒之间由点接触发展为线接触、凹凸接触,甚至形成缝合状接触。镶嵌胶结亦为颗粒支撑,在成岩期的压固作用下,特别是当压溶作用明显时,砂质沉积物中的碎屑颗粒会更紧密地接触,从而形成镶嵌式胶结。如果胶结物为泥质,与水作用则容易软化而丧失岩石的强度和稳定性。

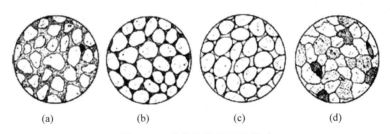

图 3.20 胶结连结的四种形式
(a) 基底胶结;(b) 孔隙胶结;(c) 接触胶结;(d) 镶嵌胶结

3) 构造

构造对岩石物理力学性质的影响,主要是由矿物成分在岩石中分布的不均匀性和岩石结构的不连续性所决定的。前者如某些岩石所具有的片状构造、板状构造、千枚状构造、片麻构造以及流纹状构造等。岩石的这些构造往往使矿物成分在岩石中的分布极不均匀。一些强度低、易风化的矿物多沿一定方向富集,或呈条带状分布,或成为局部的聚集体,从而使岩石的物理力学性质在局部发生很大变化。观察和试验证明,岩石受力破坏和岩石遭受风化,首先都是从岩石的这些缺陷中开始发生的。此外,不同的矿物成分虽然在岩石中的分布是均匀的,但由于存在着层理、裂隙和各种成因的孔隙,致使岩石结构的连续性与整体性受到一定程度的影响,从而使岩石的强度和透水性在不同的方向上发生明显的差异。一般来说,垂直层面的抗压强度大于平行层面的抗压强度,平行层面的透水性大于垂直层面的透水性。假如上述两种情况同时存在,则岩石的强度和稳定性将会明显降低。

4)水

岩石被水饱和后会使岩石的强度降低,这已为大量的实验证实。当岩石受到水的作用时,水就沿着岩石中可见和不可见的孔隙、裂隙浸入。浸湿岩石全部自由表面上的矿物颗粒,并继续沿着矿物颗粒间的接触面向深部浸入,削弱矿物颗粒间的联结,结果使岩石的强度受到影响。如石灰岩和砂岩被水饱和后,其极限抗压强度会降低 25%~45%。就是像花岗岩、闪长岩及石英岩等一类的岩石,被水饱和后,其强度也均有一定程度的降低。降低程度多取决于岩石的孔隙度。当其他条件相同时,孔隙度大的岩石,被水饱和后其强度降低的幅度也大。

和上述几种因素比较起来,水对岩石强度的影响在一定程度内是可逆的,当岩石干燥后其强度仍然可以得到恢复。但是如果发生干湿循环、化学溶解或使岩石的结构状态发生变化,则岩石强度的降低就转化为不可逆的过程了。

5)风化

风化是在温度、水、气体及生物等综合因素影响下,改变岩石状态、性质的物理化学过程。它是自然界最普遍的一种地质变化现象。

风化作用促使岩石原有的裂隙进一步扩大,并产生新的风化裂隙,使岩石矿物颗粒间的联结松散,使矿物颗粒沿解理面崩解。风化作用的这种物理过程能使岩石的结构、构造和整体性遭到破坏,孔隙度增大,重度减小,吸水性和透水性显著增高,强度和稳定性将大为降低。随着化学过程的加强,会引起岩石中某些矿物发生次生变化,从根本上改变岩石原有的工程性质。

4. 岩体的地质特性

岩石和岩体虽然都是自然地质的历史产物,然而两者的概念是不同的,所谓岩体是指包括各种地质界面如层面、层理、节理、断层、软弱夹层等结构面的单一或多种岩石构成的地质体,它被各种结构面所切割,由大小不同、形状不一的岩块(即结构体)组合而成。所以岩体是指某一地点一种或多种岩石中的各种结构面、结构体的总体。因此岩体不能以小型的完整单块岩石作为代表,例如,坚硬的岩层,其完整的单块岩石的强度较高,而当岩层被结构面切割成碎裂状块体时,构成岩体的强度则较小,所以岩体中结构面的发育程度、性质、充填情况以及连通程度等对岩体的工程地质特性有很大的影响。

工业与民用建筑地基、道路与桥梁地基、地下洞室围岩、水工建筑地基的岩体,以及道路工程边坡、港口岸坡、桥梁岸坡、库岸边坡的岩体等,都属于工程岩体。在工程施工过程中和在工程使用与运转过程中,这些岩体自身的稳定性和承受工程建筑运转过程传来的荷载作用下的稳定性,直接关系着施工期间和运转期间部分工程甚至整个工程的安全与稳定,关系着工程的成功与失败,故岩体稳定性分析与评价在工程建设中具有十分重要的地位。

影响岩体稳定性的主要因素有区域稳定性、岩体结构特征、岩体变形特性与承载能力、地质构造及岩体风化程度等。

1)岩体结构分析

(1)结构面的类型。

存在于岩体中的各种地质界面(结构面)包括各种破裂面(如劈理、节理、断层面、顺层裂隙或错动面、卸荷裂隙、风化裂隙等)、物质分异面(如层理、层面、沉积间断面、片理等)以及软弱夹层或软弱带、构造岩、泥化夹层、充填夹泥(层)等,所以"结构面"这一术语具有广义的性质。不同成因的结构面,其形态与特征、力学特性等也不同。按地质成因,结构面可分为原生的、构造的、次生的三大类。

① 原生结构面是成岩时形成的,分为沉积的、火成的和变质的三种类型。

沉积结构面有层面、层理、沉积间断面和沉积软弱夹层等。一般的层面和层理结合是良好的,层面的抗剪强度并不低,但构造作用产生的顺层错动或风化作用会使其抗剪强度降低。软弱夹层是指介于硬层之间强度低、遇水易软化、厚度小的夹层,风化之后称为泥化夹层,如泥岩、页岩、泥灰岩等。

火成结构面是在岩浆岩形成过程中形成的,如原生节理(冷凝过程形成)、纹面、与围岩的接触面、火山岩中的凝灰岩夹层等,其中的围岩破碎带或蚀变带、凝灰岩夹层等均属于火成软弱夹层。

变质结构面如片麻理、片理、板理都是变质过程中矿物定向排列形成的结构面,如片岩或板岩的片理或板理均易脱开。其中云母片岩、绿泥石片岩、滑石片岩等片理发育,易风化并形成软弱夹层。

② 构造结构面是在构造应力作用下,于岩体中形成的破裂面或破碎带,包括劈理、节理、断层和层间错动带等。

劈理和节理是规模较小的构造结构面,其特点是比较密集且多呈一定方向排列,常导致岩体的各向异性。

断层为规模较大的构造结构面,常形成各种软弱的构造岩并有一定的厚度。因此,它是最不利的软弱构造面之一。

层间错动指岩层在发生构造变动时,在派生力的作用下使岩层间产生相对的位移或滑动。这种现象在褶皱岩层地区和大断层的两侧分布相当普遍。

自然界中层间错动常常沿着原生结构面产生,因而使软弱夹层形成碎屑状、片状或鳞片状。在黏土岩夹层中还可以看到由层间剪切造成的光滑镜面,并在地下水作用下产生泥化现象。实践证明,岩体中的破碎夹层及泥化夹层多与层间错动有关。

③ 次生结构面是指岩体在形成后经风化、卸荷及地下水等作用在岩体中形成的结构面,如风化裂隙、卸荷裂隙和次生充填夹泥等。

风化裂隙一般分布无规律,连续性不强,多为泥质碎屑所充填。风化裂隙还常沿原有的结构面发育,可形成不同的风化夹层、风化沟槽或风化囊以及地下水淋滤沉淀形成的次生夹泥层等。

卸荷裂隙是由于岩体受到剥蚀、侵蚀或人工开挖,垂直方向卸荷和水平应力的释放,使临空面附近岩体回弹变形,应力重分布所造成的破裂面。卸荷裂隙在河谷地区分布比较普遍。在卸荷过程中,平行谷坡常常产生一系列张性破裂面(图3.21(a)、(b))。在高地应力区,当人工开挖坝基时,由于垂直卸荷,在水平应力作用下,会使谷底产生隆起变形,并形成一些近水平的张性板状节理和倾斜的剪切裂隙或逆断层(图3.21(c)),恶化了坝基的工程地质条件。

由此可见,岩体由于卸荷作用,可以产生新的裂隙或使原有的结构面张开或错动,从而导致岩体松弛,增加了岩体的透水性和降低了岩体的强度。因此,卸荷裂隙是不利的软弱结

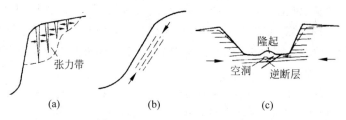

图 3.21 河谷地区的卸荷裂隙
(a) 张性裂隙；(b) 劈理(相互平行的构造裂隙)；(c) 剪切裂隙

构面之一。

(2) 结构面的特征。

结构面的特征包括结构面的规模、形态、密集程度、连通性、胶结及充填情况等,它们对结构面的物理力学性质有很大的影响。

① 结构面的规模：实践证明,结构面对岩体力学性质及岩体稳定的影响程度,首先取决于结构面的延展性及规模。中科院地质研究所将结构面的规模分为五级。

一级结构面：指区域性的断裂破碎带,延展数十千米以上,破碎带的宽度从数米至数十米。结构面直接关系到工程所在区域的稳定性,在规划选点时,应尽量避开一级结构面。

二级结构面：一般指延展性较强,贯穿整个工程地区或在一定范围内切断整个岩体的结构面,长度可由数百米至数千米,宽度由一米至数米,主要包括断层、层间错动带、软弱夹层、沉积间断面及大型接触破碎带等。它们控制了山体及工程岩体的破坏方式及滑动边界。

三级结构面：包括在走向和倾向方面延伸有限,一般有数十米至数百米范围内的小断层、大型节理、风化夹层和卸荷裂隙等。这些结构面控制着岩体的破坏和滑移机理,常常是工程岩体稳定的控制性因素及边界条件。

四级结构面：包括延展性差,一般有数米至数十米范围内的节理、片理、劈理等,它们仅在小范围内将岩体切割成块状。这些结构面的不同组合可以将岩体切割成各种形状和大小的结构体,是研究者重点关注的问题之一。

五级结构面：有延展性极差的一些微小裂隙,它主要影响岩块的力学性质,岩块的破坏由于微裂隙的存在而具有随机性。

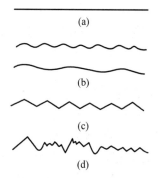

图 3.22 结构面起伏形态示意图
(a) 平直的；(b) 波状的；
(c) 锯齿状的；(d) 不规则的

② 结构面的形态：结构面的平整、光滑和粗糙程度对结构面的抗剪性能有很大的影响。自然界中结构面的几何形状是非常复杂的,大体上可分为四种类型,如图 3.22 所示。

平直的：包括大多数层面、片理和剪切破裂面等。

波状的：如具有波痕的层面、轻度柔曲的片理、呈舒缓波状的压性及压扭性结构面等。

锯齿状的：如多数张性或张扭性结构面。

不规则的：结构面曲折不平,如沉积间断面、交错层理及沿原裂隙发育的次生结构面等。一般用起伏度和粗糙度表征结构面的形态特征。

起伏度是衡量结构面总体起伏的程度,常用起伏角 i

和起伏高度 h 来描述(图 3.23)。

粗糙度是结构面表面的粗糙程度。一般多根据手摸时的感觉而定,很难进行定量的描述,大致可分为极粗糙、粗糙、一般、光滑和镜面五个等级。

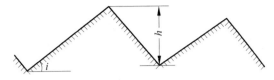

图 3.23　结构面的起伏程度

结构面的形态对结构面抗剪强度有很大影响。一般平直光滑的结构面有较小的摩擦角,粗糙起伏的结构面则有较高的抗剪强度。

③ 结构面的密集程度:结构面的密集程度反映了岩体的完整性,它决定了岩体变形和破坏的力学机制。试验证明,岩体结构面越密集,岩体变形越大,强度越低,而渗透性越高。通常以线密度(条/m)或结构面的间距表示,表 3.12 为我国水电部门发布的节理发育分级情况。

表 3.12　节理发育程度分级

分级	Ⅰ	Ⅱ	Ⅲ	Ⅳ
节理间距 d/m	$d>2$	$0.5<d\leqslant 2$	$0.1<d\leqslant 0.5$	$d\leqslant 0.1$
节理发育程度	不发育	较发育	发育	极发育
岩体完整性	完整	块状	碎裂	破碎

④ 结构面的连通性:结构面的连通性是指在一定空间范围内的岩体中,结构面在走向、倾向方面的连通程度,如图 3.24 所示。

 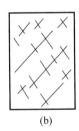 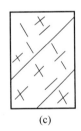

(a)　　　　　　(b)　　　　　　(c)

图 3.24　岩体内结构面的连通性

(a) 非连通的;(b) 半连通的;(c) 连通的

结构面的抗剪强度与连通程度有关,其剪切破坏的性质亦有区别;要了解地下岩体的连通性往往很困难,一般通过勘探平硐、岩芯、地面开挖面的统计做出判断。当风化裂隙向深处趋于泯灭时,即到一定深度处时风化裂隙有消失的趋势。

⑤ 结构面的张开度和充填情况:结构面的张开度是指结构面的两壁离开的距离,可分为四级。

闭合:张开度小于 0.2mm;

微张:张开度为 0.2~1.0mm;

张开:张开度为 1.0~5.0mm;

宽张：张开度大于 5.0mm。

闭合结构面的力学性质取决于岩石成分及结构面的粗糙程度。总体是张开的结构面，其两侧壁之间有时保持点接触，其抗剪强度较完全张开的要大。当结构面完全张开时，其抗剪强度取决于充填物及胶结的结构。

试验证明，结构面内夹有软弱物质时，其强度显著降低。据此可将结构面分为硬性结构面和软弱结构面两种。前者结构面两壁结合牢固或无软弱物质充填，后者则夹有软弱物质。结构面间常见的充填物质成分有黏土质、砂质、角砾质、钙质及石膏质沉淀物和含水蚀变矿物等，其相对强度的次序为：钙质≥角砾质＞砂质≥石膏质＞含水蚀变矿物≥黏土。

2) 结构体的类型

岩体中结构体的形状和大小是多种多样的，但根据其外形特征可大致归纳为柱状体、块状体、板状体、楔形体、菱形体和锥形体等 6 种基本形态，如图 3.25 所示。

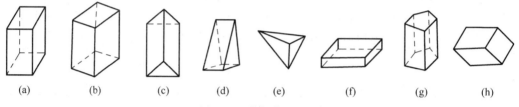

图 3.25 结构体的类型

(a) 方柱(块)体；(b) 菱形柱体；(c) 三棱柱体；(d) 楔形体；(e) 锥形体；(f) 板状体；(g) 多角柱体；(h) 菱形块体

当岩体强烈变形破碎时，也可形成片状、碎块状、鳞片状等形式的结构体。

结构体的形状与岩层产状之间有一定的关系，例如：平缓产状的层状岩体中，一般由层面(或顺层裂隙)与平面上的 X 型断裂组合，常将岩体切割成方块体、三角形柱体等(图 3.26)，在陡立的岩层地区，由于层面(或顺层错动面)、断层与剖面上的 X 型断裂组合，往往形成块体、锥形体和各种柱体(图 3.27)。

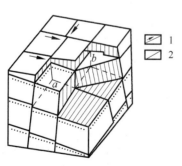

1—扭性断裂；2—层面；a—方块体；b—三角形柱状。

图 3.26 平缓岩层中结构体的形式

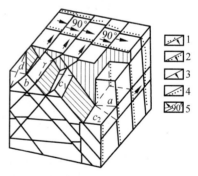

1~5—分别为压、张、扭性断裂、层面、结构面产状；a—方柱(块)体；b—菱形柱体；c_1,c_2—三棱柱体；d—锥形体。

图 3.27 陡立岩层中结构体的形式

结构体的大小，根据《工程岩体分级标准》(GB/T 50218—2014)采用体积裂隙数 J_v 来表示，其定式是：岩体单位体积通过的总裂隙数(单位：条/m³)。体积裂隙数 J_v 测试应采用直接法或间距法。其中直接法是直接测量出单位体积岩体中的裂隙数，但在使用中对现场情况要求比较大，临空面的情况要求必须好。间距法是指通过测量岩体中各组结构面的间距，并以其平均值来计算单位体积岩体中裂隙的条数，J_v 值应根据裂隙统计结果按式(3.6)计算：

$$J_v = \sum_{i=1}^{n} S_i + S_0 \tag{3.6}$$

式中：J_v——岩体体积裂隙数，条/m^3；

n——统计区域内结构面组数；

S_i——每立方米岩体第 i 组结构面沿法向每米长结构面的条数；

S_0——每立方米岩体非成组节理条数。

根据 J_v 值大小可将结构体的块度进行分类(表3.13)。

表 3.13　结构体块度(大小)分类

块度描述	巨型块体	大型块体	中型块体	小型块体	碎块体
体积裂隙数 J_v/(裂隙数/m^3)	$J_v \leq 1$	$1 < J_v \leq 3$	$3 < J_v \leq 10$	$10 < J_v \leq 30$	$J_v > 30$

3) 岩体结构特征

岩体结构是指岩体中结构面与结构体的组合方式。形成多种多样的岩体结构类型。具有不同的工程地质特性(承载能力、变形、抗风化能力、渗透性等)。

岩体结构可分为整体结构、块状结构、层状结构、碎裂结构和散体结构等基本类型，各类岩体结构的岩体地质类型、结构体形状、结构面特征、岩土工程特征和可能发生的岩土工程问题等如表3.14所示。

表 3.14　岩体结构的基本类型

岩体结构类型	岩体地质类型	结构体形状	结构面发育情况	岩土工程特征	可能发生的岩土工程问题
整体结构	巨块状岩浆岩和变质岩，巨厚层沉积岩	巨块状	以层面和原生、构造节理为主，多呈闭合型，间距大于1.5m，一般为1～2组，无危险结构	岩体稳定，可视为均质弹性各向同性体	局部滑动或坍塌，深埋洞室的岩爆
块状结构	厚层状沉积岩，块状岩浆岩和变质岩	块状、柱状	有少量贯穿性节理裂隙，结构面间距0.7～1.5m，一般为2～3组，有少量分离体	结构面互相牵制，岩体基本稳定，接近弹性各向同性体	
层状结构	多韵律薄层、中厚层状沉积岩，副变质岩	层状、板状	有层理、片理、节理，常有层间错动	变形和强度受层面控制，可视为各向异性弹塑性体，稳定性较差	可沿结构面滑塌，软岩可产生塑性变形

续表

岩体结构类型	岩体地质类型	结构体形状	结构面发育情况	岩土工程特征	可能发生的岩土工程问题
碎裂结构	构造影响严重的破碎岩层	碎块状	断层、节理、片理、层理发育,结构面间距0.2~0.50m,一般3组以上,有许多分离体	整体强度很低,并受软弱结构面控制,呈弹塑性体,稳定性很差	易发生规模较大的岩体失稳,地下水加剧失稳
散体结构	断层破碎带、强风和全风化带	碎屑状	构造和风化裂隙密集,结构面错综复杂,多充填黏性土,形成无序小块和碎屑	完整性遭极大破坏,稳定性极差,接近松散体介质	易发生规模较大的岩体失稳,地下水加剧失稳

工程利用岩面的确定与岩体的风化深度有关,岩体往地下深处渐变为新鲜岩石,但各种工程对地基的要求是不一样的,因而可以根据其要求选择适当的岩层,以减少开挖的工程量。

4) 岩体的工程地质性质

岩体的工程地质性质首先取决于岩体的结构类型与特征,其次才是组成岩体的岩石的性质(或结构体本身的性质)。例如,散体结构的花岗岩岩体的工程地质性质往往要比层状结构的页岩岩体的工程地质性质差。因此,在分析岩体的工程地质性质时,必须首先分析岩体的结构特征及其相应的工程地质性质,其次分析组成岩体的岩石的工程地质性质,有条件时配合必要的室内和现场岩体(或岩块)的物理力学性质试验,加以综合分析,才能确切地把握和认识岩体的工程地质性质。

不同结构类型岩体的工程地质性质如下。

(1) 整体、块状结构岩体的工程地质性质。

整体、块状结构岩体因结构面稀疏、延展性差、结构体块度大且常为硬质岩石,故整体强度高、变性特征接近于各向同性的均质弹性体,变形模量、承载能力与抗滑能力均较高,抗风化能力一般也较强,所以这类岩体具有良好的工程地质性质,往往是较理想的各类工程建筑地基。

(2) 层状结构岩体的工程地质性质。

层状结构岩体中结构面以层面与不密集的节理为主,结构面多呈闭合或微张状、一般风化微弱、结合力不强,结构体块度较大且保持着母岩岩块性质,故这类岩体总体变形模量和承载能力均较高。作为工程建筑地基时,其变形模量和承载能力一般均能满足要求。但当结构面结合力不强,有时又有层间错动面或软弱夹层存在,则其强度和变形特性均具各向异性特点,一般沿层面方向的抗剪强度明显比垂直层面方向的更低,特别是当有软弱结构面存在时更为明显。这类岩体作为边坡岩体时,一般来说,当结构面倾向坡外时要比倾向坡里时的工程地质性质差得多。

(3) 碎裂结构岩体的工程地质性质。

碎裂结构岩体中节理、裂隙发育,常有泥质充填物质,结合力不强,其中层状岩体常有平行层面的软弱结构面发育,结构体块度不大,岩体完整性破坏较大。其中镶嵌结构岩体因其结构体为硬质岩石,尚具较高的变形模量和承载能力,工程地质性能尚好;而层状碎裂结构和碎裂结构岩体则变形模量、承载能力均不高,工程地质性质较差。

(4) 散体结构岩体的工程地质性质。

散体结构岩体节理、裂隙很发育,岩体十分破碎,手捏岩石即碎,属于碎石土类,可按碎石土类研究。

本章学习要点

地球的外部圈层、固体地球内部圈层、地质作用的定义及分类及其与工程活动的关系。矿物的概念及其形态、颜色、光泽、条痕、硬度、解理、断口等主要特征。岩石的成因及其结构、构造,常见的岩石以及三大类岩石的肉眼鉴别方法。

不忘初心:习近平总书记指出,"石可破也,而不可夺坚;丹可磨也,而不可夺赤。"理想信念的坚定,来自思想理论的坚定。认识真理,掌握真理,信仰真理,捍卫真理,是坚定理想信念的精神支柱。

牢记使命:习近平总书记的教诲:愚公移山,大禹治水,中华民族同自然灾害斗了几千年,积累了宝贵经验,我们还要继续斗下去。

习题

1. 矿物的定义是什么?矿物如何进行分类?常见的造岩矿物和造矿矿物有哪些?常见的原生矿物和次生矿物有哪些?
2. 矿物的主要物理性质有哪些?如何根据矿物的性质进行标本识别?
3. 岩浆岩是怎样形成的?可分为哪几种类型?岩浆岩常见的矿物成分有哪些?岩浆岩的结构、构造特征是什么?岩浆岩的代表性岩石有哪些?
4. 沉积岩是怎样形成的?可分为哪几种类型?沉积岩常见的矿物成分有哪些?沉积岩的结构、构造特征是什么?沉积岩的代表性岩石有哪些?
5. 什么是变质作用?变质作用有哪些类型?变质岩的主要矿物组成、结构、构造特征是什么?变质岩的代表性岩石有哪些?
6. 三大类岩石在物质组成、结构、构造上的异同有哪些?岩石标本的鉴定方法有哪些?如何对三大类岩石进行鉴定?三大类岩石是如何相互转化的?
7. 岩石有哪些物理力学性质?影响其工程性质的因素有哪些?
8. 如何分析和评价岩体结构的各种基本类型?

第4章

水文地质作用

4.1 地下水的地质作用

地下水是地壳中一个极其重要的天然资源,也是岩土三相组成部分中的一个重要组分,其中重力水是一种很活跃的流动介质,它对岩土工程力学性质影响很大。地下水在岩土孔隙或裂缝中能够渗流,我们将岩土能够被水或其他液体透过的性质称为渗透性。这种渗透性对岩土的强度和变形会发生作用,使地质条件更为复杂,甚至引发地质灾害。在岩土工程的各个领域内,许多课题都与土的渗透性有密切关系。地下水渗流会引起岩土体的渗透变形或渗透破坏,直接影响建筑物及其地基的稳定与安全;抽水使地下水位下降而导致地基土体固结,造成建筑物的不均匀沉降。有的地下水对混凝土和其他的建筑材料会产生腐蚀作用。可见,地下水是工程地质分析、评价和地质灾害防治中的一个极其重要的因素。本章就地下水的基本知识、地下水类型、地下水的物理性质和化学成分及地下水对建筑工程的影响等问题做简要介绍。

地下水是贮存于包气带以下地层空隙,包括岩石孔隙、裂隙和溶洞之中的水。地壳表层10余千米范围内或多或少存在空隙,在1.2km范围内,空隙较普遍。空隙的大小、多少及分布规律决定了地下水分布与渗透的特点。地下水能降低岩土强度和地基承载力;它对砂性土、粉性土产生潜蚀作用,破坏土体结构;也会使粉细砂和粉土产生流砂现象,影响建筑物和地下设施的稳定性,甚至起破坏作用,同时会给地下工程施工带来麻烦。当深基坑下部有承压水时,若不降低承压水水头压力,可能会冲毁坑底土体,造成突涌危害。地下水对其水位以下的岩土会产生静水压力作用;有些地下水会腐蚀钢筋混凝土。所以我们研究地下水及其特点和作用,可以排除危害,应用有利的方面为建筑工程服务。

岩石中的空隙是地下水贮存和运动的通道。空隙的大小和多少决定着岩石透水的能力和含水量。空隙大,水能自由透过的岩层称为透水层;空隙小,能含水但难以透过的岩层称为隔水层;饱含地下水的透水层称为含水层。一般来说,颗粒分选好以及排列疏松的岩石含水量较大。同时地下水中含有多种元素的离子、分子和化合物。

坚硬的岩石或多或少含有空隙,松散土中则有大量的孔隙存在,见表4.1。岩土空隙是地下水贮存和运动的空间,研究地下水时必须首先研究岩土空隙。根据岩土空隙的成因不同,可把空隙分为孔隙、裂隙和溶隙三大类,如图4.1所示。

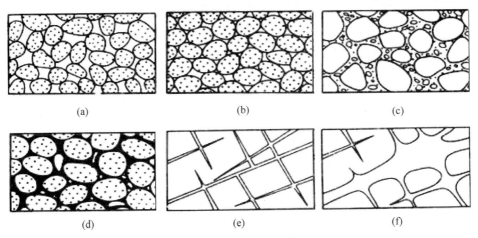

图 4.1 岩土中的空隙

(a) 分选良好排列疏松的砂；(b) 分选良好排列紧密的砂；(c) 分选不良含泥、砂的砾石；(d) 部分胶结的砂岩；
(e) 具有裂隙的岩石；(f) 具有溶隙的可溶岩

松散颗粒物中颗粒或颗粒集合体之间普遍存在着呈小孔状分布的空隙，称为孔隙。

衡量孔隙发育程度的指标是孔隙度 n 或孔隙比 e。岩土的孔隙度的参考值列入表 4.1。

表 4.1 土孔隙度的参考值(R. A. Freeze)

土 名 称	砾 土	砂	粉 砂	黏 土
孔隙度/%	25～40	25～50	35～50	40～70

孔隙度的大小主要取决于岩石的密实程度及分选性，此外，颗粒形状和胶结程度也影响孔隙度。岩石越疏松，分选性越好，孔隙度越大，如图 4.1(a)所示；反之，岩土越紧密，如图 4.1(b)所示；分选性越差，孔隙度越小，如图 4.1(c)所示。岩土孔隙部分被胶结物充填，孔隙度变小，如图 4.1(d)所示。

坚硬岩石受地壳运动及其他内外地质营力作用的影响产生的空隙，称为裂隙，如图 4.1(e)所示。

裂隙的发育程度除与岩石受力条件有关外，还与岩性有关。质坚性脆的岩石，如石英岩、块状致密石灰岩等张性裂隙发育，透水性较好；质软具塑性岩石，如泥岩、泥质页岩等闭性裂隙发育，透水性很差，甚至不透水，构成隔水层。

衡量岩石裂隙发育程度的指标称裂隙率(K_t)，是裂隙体积(V_t)与包括裂隙体积在内的岩石总体积(V)的比值，用小数或百分数表示，其计算式如下：

$$K_t = \frac{V_t}{V} \quad 或 \quad K_t = \frac{V_t}{V} \times 100\% \tag{4.1}$$

可溶岩(石灰岩、白云岩等)中的裂隙经地下水流长期溶蚀而形成的空隙称溶隙，如图 4.1(f)所示。

衡量可溶性岩石岩溶发育程度的指标为溶隙率(K_k)，其计算公式如下：

$$K_k = \frac{V_k}{V} \quad 或 \quad K_k = \frac{V_k}{V} \times 100\% \tag{4.2}$$

研究岩石的空隙时,不仅要研究空隙的多少,还应研究空隙本身的大小、空隙间的连通性和分布规律。松散土孔隙大小和分布都比较均匀,且连通性好;岩石裂隙无论宽度、长度还是连通性,差异都很大,分布不均匀;溶隙大小相差悬殊,分布很不均匀,连通性更差。

1. 岩石的水理性质

岩石的水理性质是指岩石与水接触时,控制水分储存和运移的性质。岩石孔隙大小和数量不同,其容纳、保持、释出和透水的能力都有所不同。

1) 容水度

容水度是指岩石饱水时所能容纳的最大的水体积与岩石体积之比,用小数或百分数表示。岩石容水度与其孔隙多少有关,在理论上等于孔隙度,但实际上比孔隙度小,因为有些孔隙不相连通,以及孔隙中有被水封闭的气泡存在。

2) 持水度

持水度是指饱水岩石在重力作用后,保持在岩石中水的体积与岩石体积的比值,用小数或百分数表示。这部分滞留在岩石中的水为结合水和毛细水。

岩石的持水度主要取决于岩石颗粒的大小,颗粒越细,吸附的水膜就越厚,持水度就越大;反之,颗粒越粗,持水度就越小,见表 4.2。

表 4.2　持水度与岩石颗粒直径的关系

颗粒直径 d/mm	$1.00 \geqslant d > 0.50$	$0.50 \geqslant d > 0.25$	$0.25 \geqslant d > 0.10$	$0.10 \geqslant d > 0.05$	$0.05 \geqslant d > 0.005$	$d < 0.005$
持水度/%	1.57	1.60	2.73	4.75	10.18	44.85

3) 给水度

给水度指的是潜水面下降 1 个单位深度,在重力作用下从单位含水层面积柱体所释出的水量。给水度(u)用小数或百分数表示。

给水度等于容水度减去持水度。一般颗粒越粗,给水度越大;反之,颗粒越细,给水度越小,见表 4.3。

表 4.3　某些岩石的给水度

岩石名称	砾石	粗砂	中砂	细砂	极细砂
给水度 u/%	$0.35 \geqslant u > 0.30$	$0.30 \geqslant u > 0.25$	$0.25 \geqslant u > 0.20$	$0.20 \geqslant u > 0.15$	$0.15 \geqslant u > 0.10$

4) 透水性

岩石的透水性是指岩石允许水透过的能力。评价岩石透水性的指标是渗透系数(K)。

黏土透水性的大小主要取决于孔隙大小。颗粒较粗的黏土具有较大的粒间孔隙,水流受阻力较小,因此透水性好;反之,颗粒较细的黏土的透水性差。颗粒很细的黏土,虽然孔隙度很大,但粒间孔隙极细,被结合水充满,不存在水流动的空间,因而不透水。表 4.4 列出岩土的渗透系数数量级。

表 4.4 岩土的渗透系数

细粒土		粗粒土		裂隙岩体	
粉土	$10^{-4} \sim 10^{-3}$	粗粒	$>10^{-4}$	岩溶化	$>10^{-2}$
粉质黏土	$10^{-6} \sim 10^{-5}$	粗砂及细砂	$10^{-3} \sim 10^{-1}$	裂隙化	$10^{-3} \sim 10^{-2}$
黏土	$10^{-8} \sim 10^{-7}$	细砂、粉砂	$10^{-5} \sim 10^{-3}$	细裂隙化	$10^{-5} \sim 10^{-3}$
				微裂隙化	$10^{-7} \sim 10^{-5}$
				黏土质	$<10^{-6}$

5）毛细性

岩石的毛细性指的是岩石中的水在毛细张力（负压）作用下，沿毛细孔隙向各个方向运动的性能。在地下水面以上，水在毛细张力作用下，沿毛细孔隙上升到一定高度停止上升，此高度称为毛细上升高度，其计算公式如下：

$$h_c = \frac{0.03}{D} \tag{4.3}$$

式中，h_c——毛细上升高度，mm；

D——毛细孔隙平均直径，mm。

土的毛细上升高度见表 4.5。

表 4.5 土的毛细上升高度（Mesch & Denny,1986） mm

名　称	细砾	极粗砾	粗砂	中砂	细砂	粉砂
粒度	2～5	1～2	0.5～1	0.2～0.5	0.1～0.2	0.05～0.1
毛细上升高度	2.5	6.5	13.5	24.6	42.8	105.5

2. 地下水的类型

地下水按埋藏条件可分为三大类：包气带水、潜水、承压水。根据含水层的空隙性质，地下水可分为三个亚类：孔隙水、裂隙水、岩溶水。根据上述类型，将地下水的基本类型列于表 4.6。由表 4.6 中看出地下水的类型可综合为 9 种水。下面就常见的几种类型的地下水及其主要特征做简要介绍。

表 4.6 地下水分类表

地下水的基本类型	亚类			水头的性质	补给区与分布区的关系	动态特点	成因
	孔隙水	裂隙水	岩溶水				
包气带水	土壤水、沼泽水、不透水透镜体上的上层滞水，主要是季节性存在的地下水	基岩风化壳（黏土裂隙）中季节性存在的水	垂直渗入带中季节性及经常存在的水	无压水	补给区与分布区一致	一般水暂时性水	基本是渗入成因，局部是凝结成因

续表

地下水的基本类型	亚类			水头的性质	补给区与分布区的关系	动态特点	成因
	孔隙水	裂隙水	岩溶水				
潜水	坡积、洪积、冲击、湖积、冰碛和冰水沉积物中的水；当经常出露或接近地表时，成为沼泽水、沙漠和海滨砂丘水	岩基上部裂隙中的水	裸露岩溶化岩层中的水	常常为无压水	补给区与分布区一致	水位升降决定地表水的渗入和地下蒸发并在某些地方决定于水压的传递	基本是渗入成因，局部是凝结成因
承压水	松散沉积物构成的向斜和盆地——自流盆地中的水，松散沉积物构成的单斜和山前平原——自流斜地中的水	构成盆地或向斜中基岩的层状裂隙水单斜岩层中层状裂隙水、构造断裂带及不规则裂隙中的深部水	构造盆地或向斜中岩层溶化岩石中的水，单斜岩溶化岩层中的水	承压水	补给区与分布区不一致	水位的升降决定于水压的传递	渗入成因或海洋成因

1）包气带水

包气带水处于地表以下潜水位以上的包气带岩土层中，包括土壤水、沼泽水、上层滞水以及岩基风化壳（黏土裂隙）中季节性存在的水。包气带水的主要特征是受气候控制，季节性明显，变化大，雨季水量多，旱季水量少，甚至干涸。包气带水对农业有很大意义，对工程建筑有一定影响。

2）潜水

埋藏在地表以下第一层较稳定的隔水层以上具有自由水面的重力水叫潜水，潜水的自由表面承受大气压力，受气候条件影响，季节性变化明显，春、夏季多雨，水位上升，冬季少雨，水位下降，水温随季节而有规律地变化，水质易受污染。

潜水主要分布在地表各种岩、土壤，多数存在于第四纪松散沉积层中，坚硬的沉积岩、岩浆岩和变质岩的裂隙及洞穴中也有潜水分布（图4.2）。

潜水面随时间而变化，其形状则随地形的不同而异，可用类似于地形图的方法表示潜水面的形状，即潜水等水位线图。此外，潜水面的形状也和含水层的透水性及隔水层底板形状有关。在潜水流动的方向上，含水层的透水性增强；含水层厚度较大的地方，潜水面

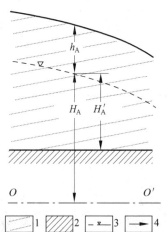

1—含水层；2—隔水层；3—潜水面；4—潜水流向；h_A—A点潜水埋藏深度；H_A—A点潜水位；H_A'—A点潜水层厚度。

图4.2 潜水的埋藏

就变得平缓,隔水底板隆起处,潜水厚度减小。潜水面接近地表,可形成泉。当地表河流的河床与潜水含水层有水力联系时,河水可以补给潜水,潜水也可以补给河流。潜水的流量、水位、水温、化学成分等经常有规律地变化,这种变化叫潜水的动态。潜水的动态有日变化、月变化、年变化及多年变化。潜水动态变化的影响因素有自然因素及人为因素两方面。自然因素有气象、水文、地质、生物等;人为因素主要有兴修水利、修建水库、大面积灌溉和疏干等,这些因素都会改变潜水的动态。我们掌握潜水动态变化规律就能合理利用地下水,防止地下水可能造成的对建筑工程的危害。

潜水具有自由表面,在重力作用下由水位较高处向水位较低处流动,流速取决于含水层的渗透性能和潜水面的水力坡度。潜水面的形态与地形基本上一致,但比地形的起伏平缓得多。

潜水的主要补给来源有大气降水、地表水、深层地下水及凝结水。大气降水是补给潜水的主要来源。降水补给潜水的数量多少,取决于降水的特点及程度、包气带上层的透水性及地表的覆盖情况等。一般来说,时间短的暴雨对补给地下水不利,而连绵细雨能大量地补给潜水。在干旱地区,大气降雨量很少,潜水的补给只能靠大气凝结水。地表水也是地下水的重要补给来源,当地表水位高于潜水水位时,地表水就补给地下水。在一般情况下,河流的中上游基本上是地下水补给河流,下游是河流补给地下水。潜水的动态变化往往受地表水动态变化的影响。如果深层地下水位较潜水位高,深层地下水会通过构造破碎带或导水断层补给潜水,也可越流补给潜水,总之,潜水的补给来源是多种多样的,某个地区的潜水可以有一种或几种来源补给。

潜水的排泄,可直接流入地表水体。一般在河谷的中上游,河流下切较深,使潜水直接流入河流。在干旱地区潜水也靠蒸发排泄。在地形有利的情况下,潜水则以泉的形式出露地表。

3) 承压水

地表以下充满两个稳定隔水层之间的重力水称为承压水。承压水由于顶部有隔水层,它的补给区小于分布区,动态变化不大,不容易受污染。它承受静水压力,在适宜的地形条件下,当钻孔打到含水层时,水便喷出地表,形成自喷水流,故又称自流水。适宜承压水形成的地质构造大致有两种:一种为向斜构造盆地,称为自流盆地(图 4.3);另一种为单斜构造,亦称为自流斜地(图 4.4)。

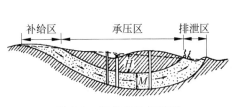

图 4.3 自流盆地构造图

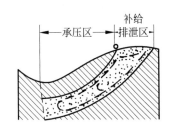

图 4.4 断块构造形成的自流斜地

承压水含水层直接露出水面,属潜水,补给靠大气降水。若承压含水层的补给区出露在表面水附近时,补给来源是地面水体;如果承压含水层和潜水含水层有水力联系,潜水便成为补给源。承压水的径流主要取决于补给区和排泄区的高差与两者的距离及含水层的透水性。一般来说,补给区和排泄区距离短、含水层的透水性良好,水位差大,承压水的径流条件就好;如果水位相差不大,距离较远,径流条件差,承压水循环交替就缓慢。承压水的排泄方式是多种多样的。当承压水含水层被河流切割,承压水以泉的形式排出;当断层切割承压含水层时,一种情况是沿着断层破碎带以泉的形式排泄;另一种情况是断层将几个含水层同时切割,使各含水层有了水力联系,压力高的承压水便补给其他含水层。

潜水和承压水的对比如表 4.7 所示。

表 4.7 潜水和承压水的对比

类型	潜 水	承 压 水
埋藏条件	埋藏在第一个隔水层之上的孔隙水	埋藏在上下两个隔水层之间,承受一定压力的孔隙水
补给来源	大气降水和地表水渗入补给	大气降水和地表水通过潜水补给承压水
排泄方式	露出地表成泉,或直接补给地表水,或蒸发	补给潜水,或补给地表水,或露出地表成泉
主要特点	1. 具有自由水面。 2. 受制于地形的坡度,在重力作用下,顺着倾斜方向从高处流向低处。 3. 分布区与补给区基本一致。 4. 埋藏较浅,流量不稳定。 5. 受气候因素影响大,易受污染	1. 受隔水层顶的限制,承受静水压力。 2. 水的运动取决于静水压力。 3. 分布区、补给区、排泄区基本不在同一地区。 4. 埋藏较深,直接受气候影响较小,流量稳定。 5. 不易受污染,水质比较好

图 4.5 孔隙水示意图

4) 孔隙水

孔隙水广泛分布于第四纪松散沉积物中(图 4.5),孔隙水的分布规律主要受沉积物的成因类型控制。

下面介绍两种重要类型沉积物中的孔隙水。

(1) 洪积物中的孔隙水。

洪积物是山区集中的洪流携带的碎屑物在山口处堆积而成的。洪积物常分布于山体与平原的交界部位或山间盆地的周缘,地形上构成以山口为顶点的扇形体或锥形体,故称洪积扇或冲积锥。

从洪积扇顶部到边缘地形由陡逐渐变缓,洪水的搬运能力逐渐降低,因此沉积物颗粒由粗逐渐变细。根据水文地质条件,可把洪积扇分成三个带:潜水深埋带、溢出带和潜水下沉带。

(2) 冲积物中的孔隙水。

河流上游山间盆地常形成砂砾石河漫滩,厚度不大,由河水补给,水量丰富水质好,可作供水水源。河流中游河谷变宽,形成宽阔的河流河漫滩和阶地。河漫滩常沉积有上细下粗的二元结构;有时上层构成隔水层,下层为承压含水层。河漫滩和低阶地的含水层常由河水补给,水量丰富水质好,是很好的供水水源。我国许多沿江城市多处于阶地、河漫滩之上,地下水埋藏浅,不利于工程建设。

河流下游为下沉地区,常形成滨海平原,松散沉积物厚,常在 100cm 以上。滨海平原上为潜水,埋藏很浅;不利于工程建设。

5）裂隙水

埋藏于基岩裂隙中的地下水称为裂隙水（图4.6）。裂隙水根据裂隙成因类型不同，可分为风化裂隙水、成岩裂隙水、构造裂隙水。

（1）风化裂隙水。

贮存在风化裂隙中的水为风化裂隙水。分化裂隙是由岩石的风化作用形成的，其特点是广泛分布于出露基岩的表面，延伸短，无一定方向，发育密集而均匀，构成彼此连通的裂隙体系，一般发育深度为几十米，少

图4.6　裂隙水

数也可深达百米。风化裂隙水绝大部分为潜水，具有统一的水面，多分布于出露基岩的表层，其下新鲜的基岩为含水层的下限。水平方向透水性均匀，垂直方向随深度而减弱。风化裂隙水的补给来源主要为大气降水，其补给量的大小受气候及地形因素的影响很大，气候潮湿多雨和地形平缓地区，风化裂隙水较发育，常以泉的形式排泄于河流中。

（2）成岩裂隙水。

贮存于成岩裂隙中的水为成岩裂隙水。成岩裂隙是岩石在成岩过程中，由于冷藏、固结、脱水等作用而产生的原生裂隙。成岩裂隙发育均匀，呈层状分布，多形成潜水。当成岩裂隙岩层上覆不透水层时，可形成承压水。如玄武岩成岩裂隙常以柱状节理形式发育，裂隙宽，连通性好，是地下水贮存的良好空间，水量丰富，水质好，是很好的供水水源。

（3）构造裂隙水。

贮存于构造裂隙中的水为构造岩裂隙水。构造裂隙是岩石在构造应力作用下发育于脆性岩层中的张性断层，中心部分多为疏松的构造角砾岩，两侧张裂隙发育，具有良好的导水能力。当这样的断层沟通含水层或地表水体时，断层带兼具贮水空间、集水廊道与导水通道的功能，对地下工程建设危害较大，必须给予高度重视。

图4.7　岩溶水

6）岩溶水

岩溶水是贮存并运移岩溶化岩层（石灰岩、白云岩）中的水（图4.7）。岩溶常沿可溶岩层的构造裂隙带发育，通过水的差异溶蚀，常形成管道化岩溶系统，并把大范围的地下水汇集成一个完整的地下河系。因此，岩溶水在某种程度上带有地表水系的特征，空间分布极不均匀，动态变化强烈，流动变化强烈，流动迅速，排泄集中。

岩溶水水量丰富，水质好，可作大型供水水源。岩溶水分布地区易发生地面塌陷，给交通和工程建设带来很大危害，应予以注意。

3．地下水补给和排泄

泉是地下水天然露头，主要是地下水或含水层通道露出地表形成的（图4.8）。因此，泉是地下水的主要排泄方式之一。

泉的实际用途很大，不仅可作供水水源，当水量丰富，动态稳定，含有碘、硫等物质时，还

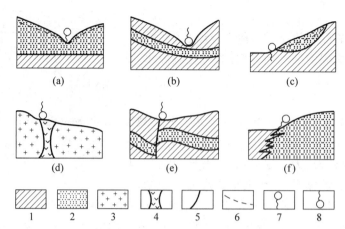

1—隔水层；2—透水层；3—坚硬；4—岩脉；5—导水断层；6—地下水位；7—下降泉；8—上升泉。

图 4.8　泉形成条件示意图

可作医疗之用。同时研究泉对了解地质构造及地下水都有很大意义。

泉的类型按补给源可分为三类。

(1) 包气带泉：主要是上层滞水补给，水量小，季节变化大，动态不稳定。

(2) 潜水泉：又称下降泉，主要靠潜水补给，动态较稳定，有季节性变化规律，按出露条件可分为侵蚀泉、接触泉、溢出泉等。当河谷、冲沟向下切割含水层，地下水涌出地表便成泉。

(3) 自流水泉：又叫上升泉，主要靠承压水补给，动态稳定，年变化不大，主要分布在自流盆地及自流斜地的排泄区和构造断裂带上。

当承压含水层被断层切割，而且断层是张开的，地下水便沿着断层上升，在地形低洼处便出露成泉，故称断层泉。因为沿着断层上升的泉，常常成群分布，也叫泉带。

泉的出露多在山麓、河谷、冲沟等地形低洼的地方，而平原地区出露较少，有时有些泉出露后，直接流入河水或湖水，但水流清澈，这就是泉出露的标志。在干旱季节，周围草木枯黄，但泉水附近却绿草如茵。

4. 地下水的性质

地下水的物理性质有温度、颜色、透明度、气味、导电性及放射性等。

地下水的温度变化范围很大。地下水温度的差异主要受各地区的地温条件所控制，通常随埋藏深度不同而变化，埋藏越深的，水温越高。

纯净的地下水应是无色、透明的，当含有某些化学成分和悬浮物时其物理性质会改变。如含有高铁的水为黄褐色，含腐殖质的水为淡黄色。

纯净的地下水应是无嗅、无味的，但当水中含有硫化氢气体时，水就会有臭鸡蛋味，含氯化钠的水味咸，含氯化镁或者硫化镁的水味苦。

地下水的导电性取决于所含电解质的数量与性质（即各种离子的含量与离子价），离子含量越多，离子价越高，则水的导电性越强。

地下水沿着岩石的孔隙、裂隙或溶隙渗流过程中，能溶解岩石中的可溶物质，而具有复杂的化学成分。

(1) 主要气体成分。地下水中常见的气体有 O_2、N_2、CO_2、H_2S。一般情况下，地下水的气体含量，每升只有几毫克到几十毫克。

(2) 主要离子成分。地下水中的阳离子主要有 Na^+、K^+、Ca^{2+}、Mg^{2+}，阴离子主要有 Cl^-、SO_4^{2-}、HCO_3^-。

(3) 胶体成分与有机质。地下水中以未离解的化合物构成的胶体主要有 Fe_2O_3、Al_2O_3、H_2SiO_3。

5. 地下水对建筑工程的作用

地下水是地质环境的重要组成部分，且最为活跃。在许多情况下地质环境的变化常常是由地下水的变化引起的。引起地下水变化的因素是各种各样的，往往带有偶然性，局部发生，难以预测，对工程危害很大。

1) 地基沉降

在松散沉积层中进行深基础施工时，往往需要人工降低水位。若降水不当，会使周围地基土层产生固结沉降（图 4.8），轻者造成邻近建筑物或地下管线的不均匀沉降；重者使建筑物基础下的土体颗粒流失，甚至掏空，导致建筑物开裂和危及安全。例如，上海康乐路十二层大楼，采用箱基基础，开挖深度为 5.5m，采用钢板桩外加井点降水，抽水 6 天后，各沉降观测点的沉降量见表 4.8。

图 4.8 地基沉降

表 4.8 降水与地面沉降

降水井点距离/m	3	5	10	20	31	41
地面沉降量/mm	10	4.5	2.5	2	1	0

附近抽水井滤网和砂滤层的设计不合理或施工质量差，则抽水时会将软土层中的黏粒、粉粒甚至细砂等细小颗粒随同地下水一起带出地面，使周围地面土层很快不均匀沉降，造成地面建筑物和地下管线不同程度的损坏。此外，井管开始抽水时，井内水位下降，井外含水层中的地下水不断流向滤管，经过一段时间后，在井周围形成漏斗状的弯曲水面——降水漏斗。在这一降水漏斗范围内的软土层会发生渗透固结而造成地基土沉降。而且，由于土层的不均匀性和边界条件的复杂性，降水漏斗往往是不对称的，因而使周围建筑物或地下管线产生不均匀沉降，甚至开裂。

2) 流砂

流砂是地下水自下而上渗流时土产生流动的现象，它与地下水的动水压力有密切的关系。当地下水的动水压力大于土粒的浮重度或地下水的水力坡度大于临界水力坡度时，就会产生流砂。这种情况的发生常是在地下水位以下开挖基坑、埋设地下水管、打井等工程活动而引起的，所以流砂是一种工程地质现象（图 4.9），易产生在细砂、粉砂、粉质黏土等土中。流砂在工程施工中能造成大量的土体流动，致使地表塌陷或建筑物的地基破坏，能给施工带来很大困难，或直接影响建筑工程及附近建筑物的稳定，因此，必须进行防治。在可能产生流砂的地区,若其上面有一定厚度的土层,应尽量利用上面的土层做天然地基,也可用桩基穿过流砂,尽可能地避免开挖。如果必须开挖,可用以下方法处理流砂。

图 4.9　管沟开挖引起的流砂现象

(1) 人工降低水位:使地下水位降至可能产生流砂的地层以下,然后开挖。

(2) 打板桩:在土中打入板桩,它可以加固坑壁,同时增长了地下水位的渗流路程以减小水力坡度。

(3) 冻结法:用冻结法使地下水结冰,然后开挖。

(4) 水下挖掘:在基坑(或沉井)中用机械在水下挖掘,避免因排水而造成产生流砂的水头差,为了增加砂的稳定,也可向基坑中注水并同时进行挖掘。

此外,处理流砂的方法还有化学加固法、爆炸法及加重法等。在基槽开挖的过程中局部地段出现流砂时,立即抛入大块石头等,可以克服流砂的活动。

3) 潜蚀

潜蚀作用可分为机械潜蚀和化学潜蚀两种。机械潜蚀是指土粒在地下水的动水压力作用下受到冲刷,将细粒冲走,使土的结构破坏,形成洞穴的作用;化学潜蚀是指地下水溶解土中的易溶盐分,使土粒间的结合力和土的结构破坏,土粒被水带走,形成洞穴的作用。这两种作用一般是同时进行的。在地基土层内如具有地下水的潜蚀作用时,将会破坏地基土的强度,形成空洞,产生地表塌陷,影响建筑工程的稳定。在我国的黄土层及岩溶地区的土层中,常有潜蚀现象产生,修建建筑物时应予以注意。

对潜蚀的处理可以采用堵截地表水流入土层、阻止地下水在土层中流动、设置反滤层、改造土的性质、减小地下水流速及水力坡度等措施。这些措施应根据当地地质条件分别或综合采用。

4) 地下水的浮托作用

当建筑物基础底面位于地下水位以下时,地下水对基础底面产生静水压力,即产生浮托力。如果基础位于粉性土、砂性土、碎石土和节理裂隙发育的岩石地基上,则按地下水位100%计算浮托力;如果基础位于节理裂隙不发育的岩石地基上,则按地下水位50%计算浮托力;如果基础位于黏性土地基上,其浮托力较难确切地确定,应结合地区的实际经验考虑。

地下水不仅对建筑物基础产生浮托力,同样对其水位以下的岩石、土体产生浮托力。所以《建筑地基基础设计规范》(GB 50007—2011)规定:确定地基承载力设计值时,无论是基础底面以下土的天然重度或是基础底面以上土的加权平均重度,地下水位以下一律取有效重度。

5) 基坑突涌

当基坑下伏有承压含水层时,开挖基坑减小了底部隔水层的厚度。当隔水层较薄经受不住承压水头压力作用时,承压水的水头压力会冲破基坑底板,这种工程地质现象被称为基坑突涌。

为避免基坑突涌的发生,必须验算基坑底层的安全厚度 M。基坑底层厚度与承压水头压力的平衡关系式:

$$\gamma M = \gamma_w H \tag{4.4}$$

式中, γ、γ_w——分别为黏性土的重度和地下水的重度;

H——相对于含水层顶板的承压水头值;

M——基坑开挖后黏土层的厚度。

所以,基坑底部黏土层的厚度必须满足式(4.5),如图4.10所示。

$$M > \frac{\gamma_w}{\gamma} HK \tag{4.5}$$

式中,K——安全系数,一般取 1.5~2.0,主要视基坑底部黏性土层的裂隙发育程度及坑底面积大小而定。

如果 $M < \frac{\gamma_w}{\gamma} HK$,为防止基坑突涌,则必须对承压含水层进行预先排水,使其承压水头降至基坑底部能够承受的水头压力,如图4.11所示,而且,相对于含水层顶板的承压水头,H 必须满足式(4.6):

$$H < \frac{\gamma}{K\gamma_w} M \tag{4.6}$$

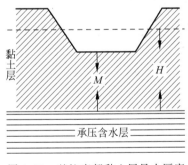

图 4.10 基坑底部黏土层最小厚度

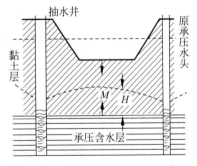

图 4.11 防止基坑突涌的排水降压

4.2 河流的地质作用

1. 河流的形态

一条河流在地面上是沿着狭长的谷地流动的,这个谷地称河谷。河谷在平面上呈线状分布,在横剖面上一般为近 V 字形,主要由谷坡、谷底、河床组成,如图4.12所示,这三者常称为河谷要素。

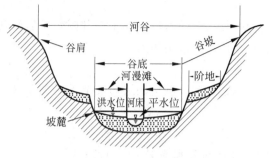

图4.12 河谷要素

（1）河床。河床是在平水期间为河水所占据的部分，或称河槽。

（2）谷底。谷底是河谷地貌的最低部分，地势一般比较平坦，其宽度为两侧谷坡坡麓之间的距离，谷底上分布有河床及河漫滩，河漫滩是在洪水期间为河水淹没的河床以外的平坦地，其中每年都能为洪水淹没的部分称低河漫滩，仅为周期性多年一遇的最高洪水所淹没的部分称为高河漫滩。

（3）谷坡。谷坡是高出于谷底的河谷两侧的坡地。谷坡上部的转折处称为谷缘或谷肩，下部的转折处称为坡麓或坡脚。

（4）阶地。阶地是沿着谷坡走向呈条带状或断断续续分布的阶梯状平台（图4.13）。阶地的形态要素包括阶面、阶坡、前缘、后缘、坡角、阶高、坡脚等。若流域内发生过多次地壳升降，就会出现多级阶地，一般在间歇性上升地区，阶地位置越高，形成的时间越早。从河漫滩以上最低一级阶地算起，自下而上、由新到老，依次为Ⅰ级、Ⅱ级、Ⅲ级、Ⅳ级阶地，逐次上推。

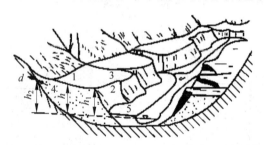

1—阶面；2—阶坡（陡坎）；3—前缘；4—后缘；5—坡脚；h—阶地平均高度；h_1—前缘高度；h_2—后缘高度；d—坡角

图4.13 河流阶地的形态要素

2. 河流的地质作用

河水沿河床流动时，具有一定的动能（E）。动能的大小取决于河水的质量m和河水的流速v，可用下式表示：

$$E = \frac{1}{2}mv^2 \tag{4.7}$$

河水在流动过程中，其动能主要消耗于两方面：一是克服阻碍流动的各种摩擦力，如河水与河床之间的摩擦力、河水水流本身的黏滞力等；二是搬运水流中携带的泥沙，如设这两部分动能的消耗为E^1。当$E>E^1$时，多余的能量将会对河床产生侵蚀作用。若$E=E^1$，则河水仅起着维持本身运动和搬运水流中泥沙的作用。然而这种平衡状态是暂时的,河水的流速由于种种原因是经常改变的,因而河水搬运能力大小也在不断改变。当 $E<E^1$ 时,河水携带的泥沙将有一部分沉积下来,即产生沉积作用。因此,河流的地质作用可归纳为侵蚀、搬运和沉积三个方面。

河水通过侵蚀、搬运和堆积作用形成河床,并使河床的形态不断发生变化,河床形态的变化反过来又影响着河水的流速场,从而促使河床发生新的变化,两者互相作用、互相影响。

河流的侵蚀、搬运和沉积作用,可以认为是河水与河床动平衡不断发展的结果。

1) 侵蚀作用

河水在流动的过程中不断加深和拓宽河床的行为称为河流的侵蚀作用。河流的侵蚀作用按其作用的方式,可分为化学溶蚀和机械侵蚀两种。

化学溶蚀是指河水对组成河床的可溶性岩石不断地进行化学溶解,使之逐渐随水流失。河流的溶蚀作用在石灰岩、白云岩等可溶性岩类分布地区比较显著。此外,如河水对其他岩石中可溶性矿物引发溶解,使岩石的结构松散甚至破坏,则有利于机械侵蚀作用的进行。机械侵蚀作用包括流动的河水对河床组成物质的直接冲蚀和夹带的砂砾、卵石等固体物质对河床的磨蚀。机械侵蚀是山区河流的一种主要侵蚀方式。

河流的侵蚀作用按照河床不断加深和拓宽的发展过程,可分为下蚀作用(或底蚀作用)和侧蚀作用。下蚀和侧蚀是河流侵蚀统一过程中互相制约和互相影响的两个方面,不过在河流的不同发育阶段,或同一条河流的不同部分,由于河水动力条件的差异,不仅下蚀和侧蚀的优势会有明显的区别,而且河流的侵蚀和沉积优势也会有显著的差别。

(1) 下蚀作用。

河水在流动过程中使河床逐渐下切加深的作用,称为河流的下蚀作用。河水夹带固体物质对河床的机械破坏是使河流下蚀的主要因素。其作用强度取决于河水的流速和流量,同时,也与河床的岩性和地质构造有密切的关系。很明显,河水的流速和流量大时,则下蚀作用的能量大,如果组成河床的岩石坚硬且无构造破坏现象,则会抑制河水对河床的下切速度。反之,如岩性松软或受到构造作用的破坏,则下蚀易于进行,河床下切过程加快。

下蚀作用使河床不断加深,切割成槽形凹地,形成河谷。在山区河流下蚀作用强烈,可形成深而窄的峡谷。金沙江虎跳峡谷深达 3000m;滇西北的金沙江河谷平均每千年下蚀 60cm。长江三峡谷深达 1500m;北美科罗拉多河谷平均每千年下蚀 40cm。

河流的侵蚀过程总是从河的下游逐渐向河源方向发展,这种溯源推进的侵蚀过程称为溯源侵蚀,又称向源侵蚀。向源侵蚀在急流和瀑布河段作用显著。河床坡降大、岩性坚硬不平的河段河流湍急,称为急流;而在河床上具有陡坎的地方形成明显的跌水,称为瀑布。

河流的下蚀作用并不是无止境地继续下去,而是有它自己的基准面的。因为随着下蚀作用的发展,河床不断加深,河流的纵坡逐渐变缓,流速降低,侵蚀能量削弱,达到一定的基准后,河流的侵蚀作用将趋于消失。河流下蚀作用消失的平面,称为侵蚀基准面。

流入主流的支流,基本上以主流的水面为其侵蚀基准面;流入湖泊海洋的河水,则以湖面或海平面为其侵蚀基准面。大陆上的河水绝大部分都流入海洋,而且,海洋的水面也较稳定,所以又把海平面称为基本侵蚀基准面。

(2) 侧蚀作用。

河水在流动过程中,不断刷深河床,同时也不断冲刷河床两岸。这种使河床不断加宽的作用,称为河流的侧蚀作用。河水在运动过程中横向环流的作用,是促使河流产生侧蚀的经常性因素。此外,如河水受支流或支沟排泄的洪积物以及其他重力堆积物的障碍顶托,致使主流流向发生改变,引起对河床两岸产生局部冲刷,这也是一种在特殊条件下产生的河流侧蚀现象。在天然河道上能形成横向环流的地方很多,但在河湾部分最为显著,如图 4.14(a)所示。当运动的河水进入河湾后,由于受离心力的作用,表层流速以很大的流速冲向凹岸,产生强烈冲刷,使凹岸岸壁不断坍塌后退,并将冲刷下来的碎屑物质由底层流速带向凸岸堆积下来,如图 4.14(b)所示。由于横向环流的作用,使凹岸不断受到强烈冲刷,凸岸不断发生堆积,结果使河湾的曲率增大,并受纵向流的影响,使河湾逐渐向下游移动,因而导致河床发生平面摆动。这样天长日久,整个河床就被河水的侧蚀作用逐渐地拓宽。

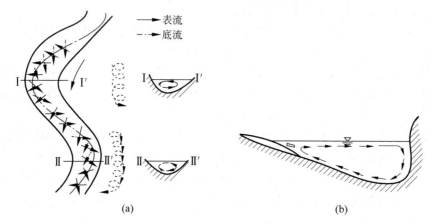

图 4.14 横向环流示意图
(a)河流横向环流;(b)河曲处横向环流断面图

平原地区的曲流对河流凹岸的破坏更大。由于河流侧蚀的不断发展,致使河流一个河湾接着一个河湾,并使河湾的曲率越来越大,河流的长度越来越长,使河流比降(河流比降就是单位水平距离内铅直方向的落差,即高差和相应的水平距离的比值)逐渐减小,流速不断降低,侵蚀能量逐渐削弱,直至常水位时已无能量继续发生侧蚀为止。这时河流所特有的平面形态称为蛇曲。有些处于蛇曲形态的河湾,彼此之间十分靠近。一旦流量增大,会截弯取直,流入新开拓的局部河道,而残留的原河湾的两端因逐渐淤塞而与原河道隔离,形成状似牛轭的静水湖泊,称牛轭湖,如图 4.15 所示。由于主要承受淤积,致使牛轭湖逐渐成为沼泽,以至消失。

下切侵蚀、侧向侵蚀和向源侵蚀常是共同存在的,只是在不同时期不同河段,这三种侵蚀作用的强度不同。一般在上游以下切侵蚀和向源侵蚀为主,侧向侵蚀相对缓慢,河床横剖面常为深而窄的 V 字形;而在中、下游则以侧向侵蚀为主,河谷多浅而宽。

由于河湾部分横向环流作用明显加强,易发生坍岸,并产生局部剧烈冲刷和堆积作用,河床易发生平面摆动,对桥梁建筑是很不利的。在山区河谷中,河道弯曲产生"横向环流",沿凹岸所布设的公路,其边坡常因"水毁"而出现"局部断路"的现象。

2)搬运作用

河流在流动过程中夹带沿途冲刷侵蚀下来的物质(泥沙、石块等)离开原地的移动作用,称为搬运作用。河流的侵蚀和堆积作用,在一定意义上都是通过搬运过程来实现的。河水搬运能量的大小取决于河水的流量和流速,在流量相同时,流速是影响搬运能量的主要因

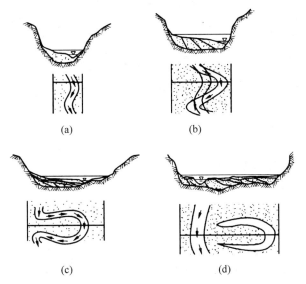

图 4.15 河漫滩的形成
(a) 小边滩；(b) 河漫滩；(c) 大边滩；(d) 形成牛轭湖

素，河流搬运物的粒径与水流流速的平方成正比。

河流搬运的物质主要来自谷坡洗刷、崩落、滑塌下来的产物和冲沟内洪流冲刷出来的产物，其次是河流侵蚀河床的产物。河流的搬运作用有浮运、推移和溶运三种形式。

浮运是指一些颗粒细和比重小的物质悬浮于水中随水搬运，我国黄河中的大量黄土物质主要就是通过悬浮的方式进行搬运的。推移是比较粗大的砂粒、砾石等受河水冲动，沿河底推移前进。溶运是在河水中大量处于溶液状态的被溶解物质随水流走的现象。

3) 沉积作用

河流搬运物从河水中沉积下来的过程称为沉积作用。河流在运动过程中，能量由于受到损失而逐渐减小。当河水夹带的泥沙、砾石等搬运物超过了河水的搬运能力时，被搬运的物质便在重力作用下逐渐沉积下来形成松散的沉积层，称为河流冲积层。河流沉积物几乎全部是泥沙、砾石等机械碎屑物，而化学溶解的物质多在进入湖盆或海洋等特定的环境后才开始发生沉积。

河流的沉积特征在一定的流量条件下主要受河水的流速和搬运物重量的影响，所以一般具有明显的分选性。粗大的碎屑先沉积，细小的碎屑在搬运比较远的距离后沉积。

由于河水的流量、流速及搬运物质补给的动态变化，因而在冲积层中一般存在具有明显结构特征的层理。但总的来看，河流上游的沉积物比较粗大，而河流下游的沉积物的粒径逐渐变小；流速较大的河床部分沉积物的粒径比较粗大，在河床外围沉积物的粒径逐渐变小。

河流在洪水期侵蚀、搬运和堆积作用特别强烈，其原因是河流的流量、流速显著增大，河水动能显著增强的缘故。由于河流的长期作用，形成了河床、河漫滩、河流阶地和河谷等各种河流地貌。

3. 河流的地貌特征

1) 河谷的类型

（1）按河谷的发展阶段分类，可将河谷分为未成形河谷、河漫滩河谷和成形河谷三种类型。

(2) 根据河谷形态特征分类。

① 峡谷：多见于坡降较大、下蚀强烈的山区，河谷深而窄，呈V字形。如世界上最深的雅鲁藏布江大峡谷，最深处达5382m。

② 宽谷：亦称河漫滩河谷、U形谷，此河谷呈浅槽形，河漫滩分布较广，阶地发育。

(3) 按河谷走向与地质构造的关系分类。

① 纵谷：纵谷是伸展方向与岩层走向或构造线方向一致的河谷。

② 横谷：横谷是河谷的走向与构造线垂直。

③ 斜谷：斜谷是河谷的走向与构造线斜交。

就岩层的产状条件来说，横谷和斜谷对谷坡的稳定性是有利的，但谷坡一般比较陡峻，在坚硬岩石分布地段，多呈峭壁悬崖地形。

2) 河流阶地

过去不同时期的河床及河漫滩，由于地壳上升运动和河流下切使河床拓宽，被抬升高出现今洪水位之上，并呈阶梯状分布于河谷谷坡之上的地貌形态，称为河流阶地。

(1) 阶地的成因：原来的河谷河床或河漫滩，因地壳运动或气候变化等原因导致河流下切而高出一般洪水位，呈阶梯状沿谷坡分布，成为阶地。每一级阶地包括阶地面、阶地斜坡、阶地前缘、阶地后缘和阶地坡麓等形态要素，如图4.16所示。一般河谷中都发育有多级阶地，把高于河漫滩的最低一级阶地称为一级阶地，依次向上为二级阶地、三级阶地等，一般来说，阶地越高，时代越老，阶地形态保存越差。

1—阶地面；2—底岩；3—阶地斜坡；4—阶地前缘；5—阶地坡麓；6—阶地后缘。

图4.16 河流阶地的要素

河流阶地是一种分布较普遍的地貌类型。阶地上保留着大量的第四纪冲积物，主要由泥沙、砾石等碎屑物组成，颗粒较粗，磨圆度好，并具有良好的分选性，是房屋、道路等建筑的良好地基。

(2) 阶地的类型：由于构造运动和河流地质过程的复杂性，河流阶地的类型是多种多样的，一般根据阶地的成因、结构和形态特征，阶地可分为侵蚀阶地、基座阶地、堆积阶地、嵌入阶地和埋藏阶地五种类型，如图4.17所示。

① 侵蚀阶地。侵蚀阶地发育在地壳上升的山区河谷中，因河流的侵蚀作用使河床底部基岩裸露，并拓宽河谷，致使地壳上升、河流下切而形成的，如图4.17(a)所示。阶地面上没有或很少有冲积物覆盖，即使保留有薄层冲积物，在阶地形成后也被地表流水冲刷殆尽。

② 基座阶地。基座阶地是在河流的沉积作用和下切作用交替进行下，侵蚀阶地上覆盖的一层冲积物，经地壳上升、河水下切而形成的，如图4.17(b)所示。基岩上部冲积物覆盖厚度一般比较小，整个阶地主要由基岩组成，所以称作基座阶地。

③ 堆积阶地。堆积阶地是由河流的冲积物组成的，所以又称冲积阶地。这种阶地多见于河流的中、下游地段。当河流侧向侵蚀时河谷拓宽，同时，谷底发生大量堆积，形成宽阔的河漫滩，然后由于地壳上升、河水下切形成了堆积阶地。堆积阶地根据其形成方式的不同可以分为上叠阶地和内叠阶地两种，分别如图4.17(c)、(d)所示。上叠阶地的特点是新阶地的冲积物完全叠置在老阶地上，说明河流后期下蚀深度及堆积规模都在逐次减小。内叠阶

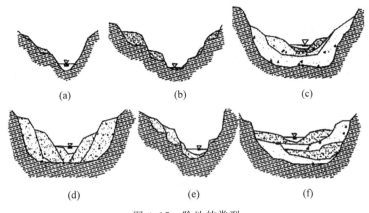

图 4.17 阶地的类型

(a) 侵蚀阶地；(b) 基座阶地；(c) 堆积阶地（上叠阶地）；
(d) 堆积阶地（内叠阶地）；(e) 嵌入阶地；(f) 埋藏阶地

地的特点是新一级阶地套在老的阶地之内，各次河流下蚀深度都达基岩，而后期堆积作用逐渐减弱。

第四纪以来形成的堆积阶地，除早更新世的冲积物具有较低的胶结成岩作用外，一般的冲积物均呈松散状态，易遭受河水冲刷，因而影响阶地的稳定。

④ 嵌入阶地。从外表看，阶地全部由冲积物组成，而从横剖面上可看到新老阶地呈嵌入关系，新的谷底低于老的谷底，新冲积层顶面高于老冲积层的基座，如图 4.17(e) 所示。

⑤ 埋藏阶地。早期形成的阶地被近期冲积层掩埋了，如图 4.17(f) 所示，老的阶地称为埋藏阶地，如南京古长江两岸在晚更新世末期时形成的 2～3 级阶地。

4. 河流地质作用的防治

1) 河流侵蚀作用的防治

对河流侵蚀作用的防治措施，包括加固河岸，如抛石、草皮护坡、护岸墙等。它们都适用于松软土岸坡，其中抛石和草皮护坡适于河水冲刷不太强烈的地段，对于受强烈冲刷的地段，可用大片石护坡、浆砌石护坡等。坡脚部分可用钢筋混凝土沉排、平铺铁丝笼沉排、浆砌护坡等加固和削减水流的冲刷力，护岸墙则适于保护陡岸。

护岸有抛石护岸和砌石护岸两种。主要在岸坡砌筑石块（或抛石），消减水流能量，保护岸坡不受直接冲刷。石块的大小，应以不致被河水冲走为原则。根据《堤防工程设计规范》(GB 50286—2013) 附录 D.3.4，在水流作用下，防护工程护坡、护脚块石保持稳定的抗冲粒径（折算粒径）可按式 (4.8)、式 (4.9) 计算：

$$d = \frac{V^2}{C^2 2g \dfrac{\gamma_s - \gamma}{\gamma}} \tag{4.8}$$

$$W = \frac{\pi}{6}\gamma_s d^3 \tag{4.9}$$

式中：d——折算粒径，m，按球形折算；

W——石块重量，kN；

V——水流流速,m/s;

g——重力加速度,m/s²;

C——石块运动的稳定系数;水平底坡 $C=1.2$,倾斜底坡 $C=0.9$;

γ_s——石块的容重,kN/m³;

γ——水的容重,kN/m³。

抛石体的水下边坡一般不宜超过 1∶1,当流速较大时,可放缓至 1∶3。石块应选择未风化、耐磨、遇水不崩解的岩石。抛石层下应有垫层,如图 4.18 所示。

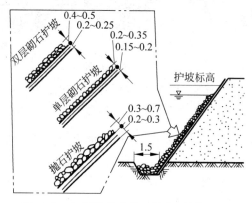

图 4.18 砌石护坡和抛石护坡(单位:m)

还有一种防治措施为约束水流,改变冲刷地段的水流方向和速度,其措施有建导流堤、丁坝等导流建筑物,如图 4.19 及图 4.20 所示。有时也采取爆破清除岩嘴的方法,以扩大河床断面减小流速;或采用导流筏斜向浮于冲刷岸之前,随着河水位涨落,促使水流改变方向。

图 4.19 导流堤　　　　　　　　图 4.20 丁坝

导流堤又称顺坝,丁坝又称半堤横坝。常将顺坝和丁坝布置在凹岸以约束水流,使主流线偏离受冲刷的凹岸。丁坝常斜向下游,夹角为 60°～70°(较垂直水流设置好),它可使水流冲刷强度降低 10%～15%。

2) 河流淤积作用的防治

对河流淤积作用的防治可分为人工挖掘和改变水流速度与方向两种措施。我国古代历史记载中关于治理黄河下游河段的主张有顺着水性、因势疏导、约束水流、增大流速、加强冲刷、借水改沙等措施。如两千多年前,建于我国四川省都江堰市岷江上著名的都江堰,是一项非常巧妙地利用河流的横向环流整治河流的典型实例。如图 4.21 所示,该工程的首部为一加固的江心洲洲头(鱼嘴),它将岷江分为内、外两江,造成"弯曲分流",使携带泥沙的底流随主流排向外江,澄清的表流进入内江,进入内江的水流又受玉垒山突向内江部分的凹型节点挑流而增强了环流作用,底流将泥沙推向飞沙堰排向外江,表流进入宝瓶口。宝瓶口是两岸顺直的节点,它造成内江轻微壅水,有利于澄清水流,并使出口水流流向稳定,防止下游两岸遭受急流的直接冲刷。

(1) 利用大面积的展宽段屯沙造田

如黄河中游龙门至潼关长约 120km 的展宽段,现代河流地质作用以侧蚀展宽为主,河床宽 5～15km,可堆筑透水的顺河石堤以留出足够的过水水道,并通过龙门控制工程把洪水引到石堤内广阔的低地,让泥沙沉积下来恢复被侧蚀的漫滩、阶地,估计淤满的时间超过 100 年,这就为黄河中、上游水土保持工作的开展争取了充裕的时间,并可造田 100 万亩。

(2) 利用水库制造人工洪峰,排沙刷床

对于黄河下游的地上悬河,通过其上游的水库(如三门峡水库)调节天然适流,集中、下泄,形成人造洪峰,用以普遍增大水流流速,使它大大超过敏感水流。这样,既能排出水库中的淤沙,又可冲深下游河床,是一项很有效的措施。但对人造洪峰流量、历时和时机必须进行专门性的研究来加以确定。

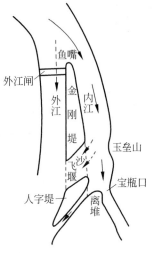

图 4.21 都江堰平面图

本章学习要点

地下水是赋予于地表以下岩土空隙中的水,主要来源于大气降水,经土壤渗入地下形成。地下水与大气水、地表水是统一的,共同组成地球水圈,在岩土空隙中不断运动,参与全球性陆地、海洋之间的水循环,只是其循环速度比大气水、地表水慢得多。

地下水是宝贵的自然资源,可做生活饮用水和工农业生产用水;一些含特殊组分的地下水称为矿泉水,具有医疗保健作用;含盐量多的地下水如卤水,可提供化工原料;地下热水可用作取暖和发电。

河流是地表最活跃的外营力,它的侵蚀和淤积作用不仅使地表形态发生改变(形成河漫滩、阶地等),而且对工程建设造成各种危害。河流侵蚀、淤积规律是由水流与河床两方面的特征所决定的,凡是能改变水流或河床两方面特征的自然和人为因素,都可能影响河流侵蚀、淤积进展状况和河床的演变规律。因此不良河流侵蚀、淤积作用的防治必须建立在充分认识河流作用的规律基础之上。

地下水是地质环境的组成部分之一,能影响环境的稳定性,这对土木工程尤为重要。地基土中的水能降低土的承载力;基坑涌水不利于工程施工;地下水常常是滑坡、地面沉降和地面塌陷发生的主要原因;一些地下水还腐蚀建筑材料。因此,土木工程师必须重视地下水,掌握地下水的知识,以便更好地为工程建设服务。

不忘初心:上善若水,泽被万物。

牢记使命:一切伟大成就都是接续奋斗的结果,一切伟大事业都需要在继往开来中推进,习近平主席曾引用"积土而为山,积水而为海"来强调幸福和美好未来不会自己出现,成功属于勇毅而笃行的人。

习题

1. 地下水按埋藏条件可分为哪三类？包气带水、潜水和承压水各自有哪些特点？
2. 地下水按含水层空隙性质可分为哪三类？孔隙水、裂隙水和岩溶水各自有哪些特点？泉水如何进行分类？
3. 岩土的水理特性有哪些？岩土含水性、给水性和透水性分别指什么？
4. 地下水的物理性质包括哪些？地下水中有哪些主要的化学成分？
5. 什么是流砂？流砂有哪些破坏作用？流砂形成的条件是什么？防止流砂的措施有哪些？
6. 什么是潜蚀？潜蚀作用可分为哪两类？潜蚀形成的条件是什么？防止潜蚀的措施有哪些？
7. 什么是管涌？管涌有哪些破坏作用？管涌形成的条件是什么？防止管涌的措施有哪些？
8. 什么是基坑突涌？基坑突涌产生的条件是什么？人工降低地下水位的方法有哪些？各类降水方法的适用条件和布置原则是什么？井点降水如何进行设计？
9. 河流地质作用表现在哪些方面？河流侧蚀作用和工程建设有哪些关系？
10. 什么是河流阶地？它是如何形成的？按物质组成可划分为哪些类型？

第5章 地质构造与地质图

地质构造是地壳运动的产物。由于地壳中存在很大的应力,组成地壳的上部岩层,在地应力的长期作用下就会发生变形,形成构造变动的形迹,如在野外经常见到的岩层褶曲和断层等。我们把构造变动在岩层和岩体中遗留下来的各种构造形迹,称为地质构造。

地质构造改变了岩层和岩体原来的工程地质性质,影响了岩体的稳定性,因此研究地质构造不仅可以了解地壳运动、发展规律,而且对指导工程地质、水文地质、地震预测预报工作和地下水资源的开发利用等具有重要意义。

5.1 地质年代

地壳发展演变的历史称为地质历史,简称地史。据科学推算,地球的年龄至少有45.5亿年。在这漫长的地质历史中,地壳经历了许多强烈的构造运动、岩浆活动、海陆变迁、剥蚀和沉积作用等地质事件,形成了不同的地质体。因此,查明地质事件发生或地质体形成的时代和先后顺序是十分重要的。

1. 地质年代的确定方法

地质年代是指一个地层单位的形成时代或年代。

地层是在地壳发展过程中形成的,具有一定的层位的一层或一组岩层(包括沉积岩、岩浆岩和变质岩),并具有时代的概念。地层的上下或新老关系称为地层层序。确定地层的地质年代有两种方式:一种是绝对地质年代,用距今多少年以前来表示,它是根据放射性核素的衰变规律,来测定岩石和矿物的年龄;另一种是相对地质年代,由该岩石地层单位与相邻已知岩石地层单位的相对层位的关系来决定。在地质工作中,一般以相对地质年代为主。

1) 沉积岩相对地质年代的确定方法

沉积岩相对地质年代是通过层序、岩性、接触关系和古生物化石来确定的。

(1) 地层对比法:沉积岩在形成过程中,下面的总是先沉积的地层,上覆的总是后沉积的地层,形成自然层序。若这种自然层序没有被褶皱或断层打乱,那么岩层的相对地质年代可以由其在层序的位置来确定(图5.1(a)、(b));若构造变动复杂的地区,岩层自然层位发生了变化,就难以用这种方法确定了(图5.1(c))。

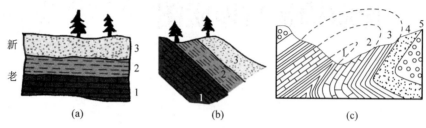

图 5.1　岩层层序规律
(a)岩层水平;(b)岩层倾斜;(c)岩层层序倒转
注:(a)(b) 1~3,代表岩层从老到新;(c) 1~5,代表岩层从老到新

(2)地层接触关系法:沉积地层在形成过程中,如地壳发生升降运动,产生沉积间断,在岩层的沉积顺序中,缺失沉积间断期的岩层,上下岩层之间的这种接触关系称为不整合接触。不整合接触面上下的岩层,由于时间的阶段性变化,岩性及古生物等都有显著不同。因此,不整合接触就成为划分地层相对地质年代的一个重要依据。不整合接触面以下的岩层先沉积,年代比较老;不整合接触面以上的岩层后沉积,年代比较新。

(3)岩性对比法:用已知地质时代的地层的岩性特征与未知地质时代的地层的岩性特征进行对比,用以确定未知地层的时代。在同一地质时代,环境相似的情况下所形成的地层,在岩石成分、结构、构造等方面具有一定的相似性。但此方法具有一定的局限性和可靠性。

(4)古生物化石法:这是利用地层中所含化石确定地层的时代的方法。地球上生物的演化具有阶段性和不可逆性,一定种属的生物生活在一定的地质时代。相同地质时代的地层里必定保存着相同或相近种属的化石。所以,只要确定出岩层中所含标准化石的地质年代,那么也就可以随之确定岩层的地质年代了。

上述的几种方法各有优点,但也都存在不足。实践中应结合具体情况综合分析,才能正确地划分地层的地质年代。

2)岩浆岩地质年代的确定

岩浆岩不含古生物化石,也没有层理构造,但它总是侵入或喷出于周围的沉积岩层之中。因此,可以根据岩浆岩体与周围已知地质年代的沉积岩层的接触关系,来确定岩浆岩的相对地质年代。

(1)侵入接触:岩浆侵入体侵入于沉积岩层之中,使围岩发生变质现象,说明岩浆侵入体的形成年代晚于发生变质的沉积岩层的地质年代(图5.2(a))。

(2)沉积接触:岩浆岩形成之后,经长期风化剥蚀,后来在剥蚀面上又产生新的沉积,剥蚀面上部的沉积岩层无变质现象,而在沉积岩层的底部往往有由岩浆岩组成的砾岩或风化剥蚀的痕迹。这说明岩浆岩的形成年代早于沉积岩的地质年代(图5.2(b))。

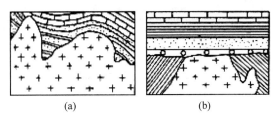

图 5.2 岩浆岩与沉积岩的接触关系
(a) 侵入接触；(b) 沉积接触

对于喷出岩,可根据其中夹杂的沉积岩,或上覆下伏的沉积岩层的年代,确定其相对地质年代。

2. 地层单位与地质年代

1) 地层年代的单位和地层单位

划分地层年代和地层单位的主要依据是地壳运动和生物的演变。地壳发生大的构造变动之后,自然地理条件将发生显著变化,各种生物也将随之演变,适应新的生存环境,这样就形成了地壳发展历史的阶段性。人们根据几次大的地壳运动和生物界大的演变,把地壳发展的历史过程分为五个称为"代"的大阶段,每个代又分为若干"纪",纪内因生物发展及地质情况不同,又进一步细分为若干"世"及"期",以及一些更细的段落,这些统称为地质年代。在每一个地质年代中,都划分有相应的地层。地质年代和地层的单位、顺序和名称对应列表如表 5.1。

表 5.1 地质年代单位与相对应的地层单位表

使 用 范 围	地质年代单位	地 层 单 位
国际性	代 纪 世	界 系 统
全国性或 大区域性	（世） 期	（统） 阶 带
地方性	时（时代、时期）	群 组 段 （带）

地壳运动和生物演化在代、纪、世期间世界各地有普遍性的显著变化,所以代、纪、世是国际通用的地质年代单位。次一级的单位只具有区域性或地方性的意义。

2) 地质年代

地质年代反映了地壳历史阶段的划分和生物的演化阶段,具体见表 5.2。

表 5.2 地质年代表

地质时代、地层单位及其代号				同位素年龄（百万年）		构造阶段
宙（宇）	代（界）	纪（系）	世（统）	时间间距	距今年龄	
显生宙（PH）	新生代（Kz）	第四纪（Q）	全新世（Q_4/Q_h）	约2~3	0.012	喜马拉雅阶段
			更新世（$Q_1 Q_2 Q_3/Q_p$）		2.48(1.64)	
		第三纪（R）	晚第三纪（N）	上新世（N_2）	2.82	5.3	
				中新世（N_1）	18	23.3	
			早第三纪（E）	渐新世（E_3）	13.2	36.5	
				始新世（E_2）	16.5	53	
				古新世（E_1）	12	65	
	中生代（Mz）	白垩纪（K）	晚白垩世（K_2）	70		燕山阶段
			早白垩世（K_1）		135(140)	
		侏罗纪（J）	晚侏罗世（J_3）	73		
			中侏罗世（J_2）			
			早侏罗世（J_1）		208	
		三叠纪（T）	晚三叠世（T_3）	42		印支阶段
			中三叠世（T_2）			
			早三叠世（T_1）		250	
	古生代（Pz）	晚古生代（Pz2）	二叠纪（P）	晚二叠世（P_2）	40		海西阶段
				早二叠世（P_1）		290	
			石炭纪（C）	晚石炭世（C_3）	72		
				中石炭世（C_2）			
				早石炭世（C_1）		362(355)	
			泥盆纪（D）	晚泥盆世（D_3）	47		
				中泥盆世（D_2）			
				早泥盆世（D_1）		409	
		早古生代（Pz1）	志留纪（S）	晚志留世（S_3）	30		加里东阶段
				中志留世（S_2）			
				早志留世（S_1）		439	
			奥陶纪（O）	晚奥陶世（O_3）	71		
				中奥陶世（O_2）			
				早奥陶世（O_1）		510	
			寒武纪（∈）	晚寒武世（ϵ_3）	60		
				中寒武世（ϵ_2）			
				早寒武世（ϵ_1）		570(600)	
元古宙（PT）	元古代（Pt）	新元古代（Pt3）	震旦纪（Z）	—	230	800	晋宁阶段
			青白纪（Qb）	—	200	1000	
		中元古代（Pt2）	蓟县纪（Jx）	—	400	1400	
			长城纪（Ch）	—	400	1800	
		古元古代（Pt1）	—	—	700	2500	吕梁阶段
太古宙（AR）	太古代（Ar）	新太古代（Ar2）	—	—	500	3000	
		古太古代（Ar1）	—	—	800	3800	陆核形成
冥古宙（HD）	—	—	—	—	4600	

注：表中震旦纪、青白纪、蓟县纪、长城纪，只限于国内使用。

3. 地质年代特征

第四纪是新生代最晚的一个纪,也是包括现代在内的地质发展历史的最新时期。第四纪的下限一般定为 200 万年。第四纪分为更新世和全新世,将更新世分为早、中、晚三个世,它们的划分及绝对年代如表 5.3 所示。

在 200 多万年前地球上出现了人类,这是最重大的事件。北京附近周口店的石灰岩洞穴中发现了生活在四五十万年以前的"北京猿人"头盖骨化石及其使用工具。

表 5.3 第四纪地质年代表

地质年代		绝对年龄/万年	
纪	世	距今时间	时间间隔
第四纪 Q	全新世 Q_4	—1—	1
	更新世 晚更新世 Q_3	—10—	9
	中更新世 Q_2	—73—	63
	早更新世 Q_1	约 200	127

第四纪时期地壳有过强烈的活动,为了与第四纪以前的地壳运动相区别,把第四纪以来发生的地壳运动称为新构造运动。地球上巨大块体大规模的水平运动、火山喷发、地震等都是地壳运动的表现。第四纪气候多变,曾多次出现大规模冰川。地区新构造运动的特征对工程区域稳定性的评价是一个基本要素。

1) 第四纪气候与冰川活动

第四纪气候冷暖变化频繁,气候寒冷时期冰雪覆盖面积扩大,冰川作用强烈发生,称为冰期。气候温暖时期,冰川面积缩小,称为间冰期。第四纪冰期在晚新生代冰期中规模最大,地球上的高、中纬度地区普遍为巨厚冰流覆盖。当时气候干燥,因而沙漠面积扩大。中国大陆在冰期时,海平面下降,渤海、东海、黄海均为陆地,台湾与大陆相连,气候干燥、风沙盛行、黄土堆积作用强烈。第四纪冰川不仅规模大而且频繁。根据深海沉积物研究,第四纪冰川作用有 20 次之多,而近 80 万年每 10 万年有一次冰期和间冰期。

2) 板块构造

20 世纪 40 年代以来,出于军事目的和对石油资源的需求,人类进行了大规模海底地质调查,获得大量成果,导致全球构造理论——板块构造学说的诞生。

1915 年德国魏格纳提出大陆漂移说,他认为距今大约 1.5 亿年前,地球表面有一个统一的大陆,他称之为联合古陆。联合古陆周围全是海洋。从侏罗纪开始,联合古陆分裂成几块并各自漂移,最终形成现今大陆和海洋的分布。奥地利地质学家休斯对大陆漂移学说做了进一步推论,认为古大陆不是一个而是两个,北半球的一个称劳亚古陆,南半球的一个称冈瓦纳大陆。大陆漂移说的主导思想是正确的,但限于当时地质科学发展水平而未得到普遍接受。

20 世纪 50—60 年代大量科学观测资料支持大陆漂移说重新抬头。20 世纪 60 年代末形成板块构造理论,把大陆、海洋、地震、火山以及地壳以下的上地幔活动有机地联系起来,形成一个完整的地球动力系统。

板块学说认为:刚性的岩石圈分裂成 6 个大的地壳块体(板块),他们驮在软流圈上做大规模水平运动。各板块边缘结合地带是相对活动的区域,表现为强烈的火山(岩浆)活动、地震和构造变形等。而板块内部是相对稳定区域。全球划分出6个大的板块——太平洋板块、美洲板块、非洲板块、印度洋板块、南极洲板块、欧亚板块，以及6个小型板块，共12个板块。

相邻板块间的结合情况有3种类型。

（1）岛弧和海沟是表现为大洋地壳沿海沟插入地下，构成消减带，并引起火山作用、地震以及挤压应力作用。如太平洋板块与欧亚板块间的情况（图5.3）。

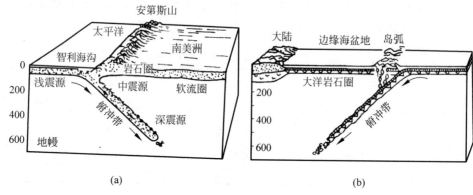

图 5.3　岛弧和海沟（单位：km）

(a) 东太平洋俯冲作用形成的火山山脉及地震震源的分布；(b) 西太平洋俯冲作用形成岛弧及边缘海盆地

（2）洋中脊是地壳生成的地方，表现为拉张应力。如非洲板块与美洲板块之间。

（3）转换断层是横穿洋中脊的大断裂，表现为剪切应力作用。板块间的接合带与现代地震、火山活动带一致。板块构造学说极好地解释了地震的成因和分布。

5.2　地质构造运动

1. 地质构造的分类

构造运动是一种机械运动，涉及的范围包括地壳及上地幔或上部即岩石圈。构造运动按运动方向可分为水平运动和垂直运动。水平方向的构造运动使岩块相互分离裂开或相向聚汇，发生挤压、弯曲或剪切、错开。垂直方向的构造运动则使相邻块体做差异性上升或下降。

原始沉积物多是水平或近于水平的层状堆积物，经固结成岩作用形成坚硬岩层。当它未受构造运动作用，或在大范围内受到垂直方向构造运动影响，沉积岩层基本上呈水平状态在相当范围内连续分布。这种岩层称为水平岩层，如图5.1(a)所示。经过水平方向构造运动作用后，岩层由水平状态变为倾斜状态，称倾斜岩层。倾斜岩层往往是褶皱的一翼或断层的一盘，如图5.4所示，是由不均匀抬升或沉降所致。

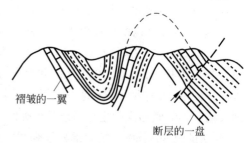

图 5.4　倾斜岩层

构造运动使岩层发生变形和变位，形成的产物称为地质构造。常见的地质构造有褶皱、断层和节理。断层和节理又统称断裂构造。

2. 岩层的产状

岩层的产状是指岩层的空间位置,它是研究地质构造的基础。产状用走向、倾向和倾角来表示,这些称产状要素。

(1) 走向:层面与水平面交线的延伸方向,走向线就是层面上的水平线(图5.5)。

(2) 倾向:层面上与走向垂直并指向下方的直线,它的水平投影方向为倾向。

(3) 倾角:层面与水平面的交角。其中沿倾向方向测量得到的最大交角称为真倾角。岩层层面在其他方向上的夹角皆称为视倾角。视倾角恒小于真倾角。

图5.5 岩层产状要素及其测量方法

为了更好地理解岩层产状的三要素,下面列出了其几何图示,如图5.6所示。

图5.6中:AB 表示走向,OD 为倾向线,OD' 为倾向;α 为真倾角,HC 为视倾斜线,$\beta(\beta')$ 为视倾角,ω 为剖面方向(即视倾向)与倾向之夹角。真倾角与视倾角之间的关系,可由公式 $\tan\beta = \tan\alpha \cdot \cos\omega$ 表示和换算。

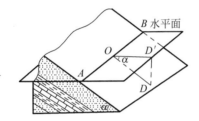 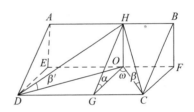

图5.6 岩层产状要素

如图5.5所示,产状要素用地质罗盘进行测量。产状要素表示方法如下。

方位角表示法:倾向、倾角,如 210°∠25° 等。

象限角表示法:走向、倾向、倾角,如 N65°W/SW25°。

符号表示法:⊥25°,其中长线代表走向,短线代表倾向,度数是倾角。

3. 岩层的接触关系

在地质历史发展演化的各个阶段,构造运动贯穿始终,由于构造运动的性质不同或所形成的地质构造特征不同,往往造成新老地层之间具有不同的相互接触关系。地层接触关系是构造运动最明显的综合表现。

概括起来,地层(或岩石)的接触关系有以下几种。

1) 整合接触

表现为相邻的新、老地层产状一致,时代连续。它是在构造运动处于持续下降或持续上升的背景下发生连续沉积而形成的,如图5.7(a)所示。

2) 不整合接触

在沉积过程中,如果地壳发生上升运动,沉积区隆起,则沉积作用被剥蚀作用代替,发生

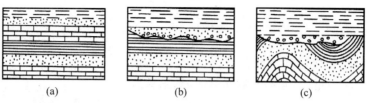

图 5.7 沉积岩的接触关系
(a) 整合；(b) 平行不整合；(c) 角度不整合

沉积间断。其后若地壳又发生下降运动，则在剥蚀的基础上又接受新的沉积。由于沉积过程发生间断，所以岩层在形成年代上是不连续的，中间缺失沉积间断期的岩层，岩层之间的这种接触关系称为不整合接触。存在于接触面之间因沉积间断而产生的剥蚀面称为不整合面。在不整合面上，有时可以发现砾石层或底砾岩等下部岩层遭受外力剥蚀的痕迹。

不整合接触有各种不同的类型，但基本类型有平行不整合和角度不整合两种。

(1) 平行不整合：不整合面上下两套岩层之间的地质年代不连续，缺失沉积间断期的岩层，但彼此间的产状基本上是一致的，看起来貌似整合接触，所以又称为假整合，如图 5.7(b) 所示。我国华北地区的石炭二叠纪地层直接覆盖在中奥陶纪石灰岩之上，虽然两者的产状是彼此平行的，但中间缺失志留纪到泥盆纪的岩层，是一个规模巨大的平行不整合。

(2) 角度不整合：角度不整合又称为斜交不整合，简称不整合。角度不整合不仅不整合面上下两套岩层间的地质年代不连续，而且两者的产状也不一致，下伏岩层与不整合面相交有一定的角度。这是由于不整合面下部的岩层在接受新的沉积之前发生过褶皱变动的缘故。角度不整合是野外常见的一种不整合，如图 5.7(c) 所示。在我国华北震旦亚界与前震旦亚界之间，岩层普遍存在角度不整合现象，这说明在震旦亚代之前，华北地区的构造运动是比较频繁而强烈的。

不整合接触中的不整合面是下伏古地貌的剥蚀面，它常有比较大的起伏，同时常有风化层或底砾存在，层间结合差，地下水发育，当不整合面与斜坡倾向一致时，如开挖路基，不整合面经常会成为斜坡滑移的边界条件，对工程建筑不利。

5.3 褶皱构造

组成地壳的岩层受构造应力的强烈作用，使岩层形成一系列波状弯曲而未丧失其连续性的构造，称为褶皱构造。褶皱构造是岩层产生的塑性变形，是地壳表层广泛发育的基本构造之一。

1. 褶曲的形态

褶曲是褶皱构造中的一个弯曲，是褶皱构造的组成单位。每一个褶曲都有核部、翼部、轴面、轴及枢纽等几个组成部分，这些组成部分一般称为褶曲要素，如图 5.8 所示。

(1) 核部：核部是褶曲的中心部分。通常把位于褶曲中央最内部的一个岩层称为褶曲的核。

(2) 翼部：位于核部两侧，向不同方向倾斜的部分，称为褶曲的翼。

(3) 轴面：从褶曲顶平分两翼的面称为褶曲的轴面。轴面在客观上并不存在，而是为

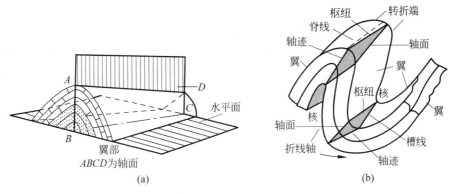

图 5.8 褶曲要素示意图

了标定褶曲方位及产状而划定的一个假想面。褶曲的轴面可以是一个简单的平面,也可以是一个复杂的曲面。轴面可以是直立的、倾斜的或平卧的。

（4）轴：轴面与水平面的交线称为褶曲的轴。轴的方位表示褶曲的方位。轴的长度表示褶曲延伸的规模。

（5）枢纽：轴面与褶曲同一岩层层面的交线称为褶曲的枢纽。褶曲的枢纽有水平的、倾斜的,也有波状起伏的。枢纽可以反映褶曲在延伸方向产状的变化情况。

2. 褶皱构造的特征

褶曲有两种基本形态：背斜和向斜,如图 5.9 所示。

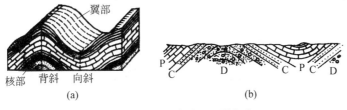

P—二叠系；C—石炭系；D—泥盆系。

图 5.9 背斜和向斜

(a) 未剥蚀；(b) 经剥蚀

背斜褶曲是岩层向上拱起的弯曲。背斜褶曲的岩层以褶曲轴为中心向两翼倾斜。当地面受到剥蚀而出露属于不同地质年代的岩层时,较老的岩层出现在褶曲的轴部,从轴部向两翼依次出现的是较新的岩层。

向斜褶曲是岩层向下凹的弯曲。在向斜褶曲中,岩层的倾向与背斜相反,两翼的岩层都向褶曲的轴部倾斜。如地面遭受剥蚀,在褶曲轴部出露的是较新的岩层,向两翼依次出露的是较老的岩层。

(1) 不论是背斜褶曲,还是向斜褶曲,如果按褶曲的轴面产状,可将褶曲分为如图 5.10 所示的几个形态类型。

① 直立褶曲：轴面直立,两翼向不同方向倾斜,两翼岩层的倾角基本相同,在横剖面上两翼对称,所以也称为对称褶曲。

② 倾斜褶曲：轴面倾斜,两翼向不同方向倾斜,但两翼岩层的倾角不等,在横剖面上两

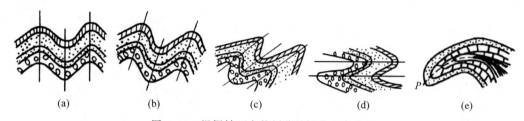

图 5.10 根据轴面产状划分的褶曲形态类型
(a)直立褶曲；(b)倾斜褶曲；(c)倒转褶曲；(d)平卧褶曲；(e)翻卷褶曲

翼不对称，所以又称为不对称褶曲。

③ 倒转褶曲：轴面倾斜程度更大，两翼岩层大致向同一方向倾斜，一翼层位正常，另一翼老岩层覆盖于新岩层之上，层位发生倒转。

④ 平卧褶曲：轴面水平或近于水平，两翼岩层也近于水平，一翼层位正常，另一翼发生倒转。

⑤ 翻卷褶曲：轴面为一曲面。

在褶曲构造中，褶曲的轴面产状和两翼岩层的倾斜程度常与岩层的受力性质及褶皱的强烈程度有关。在褶皱不太强烈和受力性质比较简单的地区，一般多形成两翼岩层倾角舒缓的直立褶曲或倾斜褶曲；在褶皱强烈和受力性质比较复杂的地区，一般两翼岩层的倾角较大，褶曲紧闭，并常形成倒转或平卧褶曲。

（2）按褶曲的枢纽产状，又可分为水平褶曲和倾伏褶曲。

① 水平褶曲：褶曲的枢纽水平展布，两翼岩层平行延伸，如图 5.11(a)所示。

② 倾伏褶曲：褶曲的枢纽向一端倾伏，两翼岩层在转折端闭合，如图 5.11(b)所示。

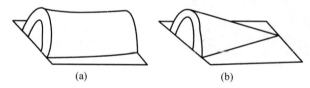

图 5.11 按枢纽产状划分褶曲的形态类型
(a)水平褶曲；(b)倾伏褶曲

当褶曲的枢纽倾伏时，在平面上会看到褶曲的一翼逐渐转向另一翼，形成一条圆滑的曲线。在平面上，褶曲从一翼弯向另一翼的曲线部分称为褶曲的转折端，在倾伏背斜的转折端，岩层向褶曲的外方倾斜(外倾转折)。在倾伏向斜的转折端，岩层向褶曲的内方倾斜(内倾转折)。在平面上倾伏褶曲的两翼岩层在转折端闭合，是区别于水平褶曲的一个显著标志。

（3）按褶曲横剖面的形态，褶曲又可分为扇形褶曲、箱形褶曲、圆弧褶曲、尖棱褶曲及挠曲等，如图 5.12 所示。

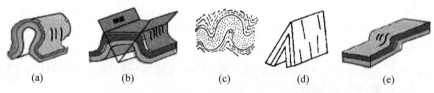

图 5.12 按横剖面形态划分褶曲的形态类型
(a)扇形褶曲；(b)箱形褶曲；(c)圆弧褶曲；(d)尖棱褶曲；(e)挠曲

(4) 按褶皱的平面形态,可将其分为以下几种类型。

① 线状褶曲:褶皱的长宽比大于 10∶1,如图 5.13(a)所示。

② 短轴褶曲:褶曲的长宽比为 3∶1～10∶1,如图 5.13(b)所示。

③ 长轴褶曲:褶曲的长宽比为 5∶1～10∶1。

④ 穹窿构造:长宽比小于 3∶1 的背斜构造,褶皱层面呈浑圆形隆起,如图 5.13(c)所示。

⑤ 构造盆地:长宽比小于 3∶1 的向斜构造,褶皱层面从四周向中心倾斜,如图 5.13(d)所示。

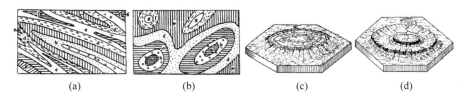

图 5.13 按表面形态划分的褶曲形态类型
(a) 线状褶曲;(b) 短轴褶曲;(c) 穹窿构造;(d) 构造盆地

褶皱是褶曲的组合形态,两个或两个以上褶曲构造的组合称为褶皱构造。在褶皱比较强烈的地区,单个的褶曲比较少见,一般都是线形的背斜与向斜相间排列,以大体一致的走向平行延伸,有规律地组合成不同形式的褶皱构造。图 5.14 所示的就是一个舒缓开阔的褶皱构造的实际例子。如果褶皱剧烈,或在早期褶皱的基础上再经褶皱变动,就会形成更为复杂的褶皱构造。我国的一些著名山脉,如昆仑山、祁连山、秦岭等,都是这种复杂的褶皱构造山脉。

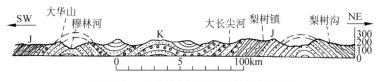

图 5.14 吉林穆林河至梨树沟地质剖面

3. 褶皱构造的识别与地质评价

在野外识别褶皱时,首先判断褶皱的基本形态是背斜还是向斜,然后确定其他形态特征。一般情况下人们认为背斜成山、向斜为谷,但实际情况要复杂得多。因为背斜遭受长期轴部裂隙发育,岩层较破碎且地形突出,剥蚀作用进行得较快,使背斜山被夷为平地,甚至成为谷地或背斜谷;与此相反,向斜轴部岩层较为完整,并有剥蚀产物在此堆积,故其剥蚀速度较慢,最终导致向斜地形较相邻背斜高,形成向斜山,如图 5.15 所示。因此,不能完全以地形的起伏情况作为识别褶皱构造的主要标志。

褶皱的规模有大有小,小的褶皱可以在小范围内,通过几个出露在地面的露头进行观察;大的褶皱,由于分布范围广,又常受到地形的影响,不可能通过几个露头窥其全貌。所以,在野外识别褶皱时,常采用下面方法进行判别。

(1) 穿越法即沿垂直于岩层走向的方向进行观察。

① 当地层出现对称重复分布时,便可判断存在褶皱构造。如图 5.15 所示,区内岩层走

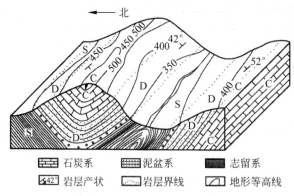

图 5.15 褶皱构造立体图

向近东西,从南北方向观察,有志留系及石炭系地层两个对称中心,其两侧地层重复对称出现,所以该地区有两个褶曲构造。

② 分析如图 5.15 所示的地层新老组成关系,左侧褶曲构造,中间是新地层 C,两侧依次为老地层 D 和 S,故为向斜;右侧褶曲构造,中间是老地层 S,两侧依次为新地层 D 和 C,故为背斜。

③ 观察轴面产状和两翼情况,图 5.15 中左侧向斜褶曲中,轴面直立,两翼岩层倾向相反、倾角近似相等,应为直立向斜;而右侧背斜轴面倾斜,两翼岩层倾向均向北倾斜,一翼层序正常,另一翼发生倒转,故为倒转背斜。

(2) 追索法即沿平行于岩层的走向(沿褶曲轴延伸方向)进行平面分析,了解褶曲轴的起伏及其平面形态的变化。若褶曲轴是水平的呈直线状,或者在地质图上两翼岩层对称重复,但彼此不平行,且逐渐转折汇合,呈 S 形,则为倾伏褶曲。

在野外识别褶皱时,往往以穿越法为主,追索法为辅,根据不同情况穿插进行。穿越法和追索法不仅是野外观察识别褶曲的主要方法,同时也是野外观察和研究其他地质构造的一种基本方法。

如果从路线所处的地质构造条件来看,也可能是一个大的褶皱构造,但从工程所遇到的具体构造问题来说,则往往是一个一个的褶曲或者是大型褶曲构造的一个部分。局部构成了整体,整体与局部存在着密切的联系,通过整体能更好地了解局部构造相互间的关系及其空间分布的来龙去脉。有了这种观点,对于了解某些构造问题在路线通过地带的分布情况,进而研究地质构造复杂地区路线的合理布局,无疑是重要的。

不论是背斜褶曲还是向斜褶曲,在褶曲的翼部遇到的基本上是单斜构造,也就是倾斜岩层的产状与路线或隧道轴线走向的关系问题。一般来说,倾斜岩层对建筑物的地基没有特殊不良的影响,但对于深路堑、挖方高边坡及隧道工程等,则需要根据具体情况做具体的分析。

对于深路堑和高边坡来说,路线垂直岩层走向,或路线与岩层走向平行但岩层倾向于边坡倾向相反时,只就岩层产状与路线走向的关系而言,对路基边坡的稳定性是有利的;不利的情况是路线走向与岩层的走向平行,边坡与岩层的倾向一致,特别在云母片岩、绿泥石片岩、滑石片岩、千枚岩等松软岩石分布地区,坡面容易发生风化剥蚀,产生严重碎落坍塌,对路基边坡及路基排水系统会造成经常性的危害;最不利的情况是路线与岩层走向平行,岩层倾向与路基边坡一致,而边坡的坡角大于岩层的倾角,特别在石灰岩、砂岩与黏土质页岩互层,且有地下水作用时,如路堑开挖过深,边坡过陡,或者由于开挖使软弱构造面暴露,都容易引起斜坡岩层发生大规模的顺层滑动,破坏路基稳定。

对于隧道工程来说,从褶曲的翼部通过一般是比较有利的。如果中间有松软岩层或软弱构造面时,则在顺倾向一侧的洞壁有时会出现明显的偏压现象,甚至会导致支撑破坏,发生局部坍塌。

在褶曲构造的轴部,从岩层的产状来说,是岩层倾向发生显著变化的地方,就构造作用对岩层整体性的影响来说,又是岩层受应力作用最集中的地方,所以在褶曲构造的轴部,不论公路、隧道或桥梁工程,容易遇到工程地质问题,主要是由于岩层破碎而产生的岩体稳定问题和向斜轴部地下水的问题。这些问题在隧道工程中往往显得更为突出,容易产生隧道塌顶和涌水现象,有时会严重影响正常施工。

5.4 断裂构造

断裂构造是指岩石受地应力作用发生变形,当变形达到一定程度后,岩石的连续性和完整性遭到破坏,产生各种大小不一的断裂。它是地壳中常见的地质构造,而且分布也很广,特别是在一些断裂构造发育地带,常成群分布,形成断裂带,对建筑地区岩体稳定性起控制作用。根据岩体断裂后两侧岩块相对位移的情况,断裂构造分为节理(裂隙)和断层两类。

1. 节理

节理又称裂隙,是指断裂面两侧的岩石仅因开裂而分开,未发生明显相对位移的断裂构造。

1) 节理的类型

(1) 节理的几何分类。

根据节理与所在岩层产状之间的关系(图 5.16)可将其分为以下几种类型。

① 走向节理:节理的走向与所在岩层的走向大致平行。

② 倾向节理:节理的走向与所在岩层的走向大致垂直。

③ 斜向节理:节理的走向与所在岩层的走向斜交。

④ 顺层节理:节理面大致平行于岩层面。

根据节理走向与所在褶皱的枢纽、主要断层走向或其他线状构造延伸方向的关系(图 5.17),可将其分为以下几种类型。

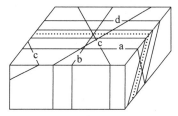

a—走向节理;b—倾向节理;c—斜向节理;d—顺层节理。

图 5.16 节理的几何分类

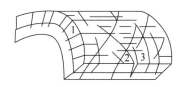

1—纵节理;2—斜节理;3—横节理。

图 5.17 节理的延伸方向分类

① 纵节理：两者大致平行。

② 横节理：两者大致垂直。

③ 斜节理：两者斜交。

对枢纽水平的褶皱,以上两种分类可以吻合,即走向节理相当于纵节理,倾向节理相当于横节理。

(2) 按节理的成因,节理包括原生节理和次生节理两大类。

① 原生节理是指在成岩过程中形成的节理。例如沉积岩中的泥裂,火山熔岩冷凝收缩形成的柱状节理,岩浆侵入过程中由于流动作用及冷凝收缩产生的各种原生节理等。

② 次生节理是指岩石成岩后形成的节理,包括非构造节理和构造节理。

非构造节理是指岩石由风化作用、崩塌、滑坡、冰川及人工爆破等外动力地质作用下所产生的裂隙。非构造节理场分布在地表浅部的岩土层中,延伸不长,形态不规则,多为张开的张节理。

构造节理是地壳构造运动的产物,常与褶皱、断层相伴出现,并在成因和产状上有一定的联系,是广泛存在的一种节理。按其形成的力学性质,构造节理可分为张节理与剪节理两类。

张节理是岩石受张应力作用产生的节理。其特点是裂隙张开较宽,断裂面粗糙,一般很少有擦痕,裂缝宽窄变化较大,沿走向和倾向方向延伸不远。在砂岩和砾岩中,裂隙面往往绕过砂粒和砾石,出现凹凸不平状。在褶皱构造中,张节理主要发育在背斜或向斜的轴部。

剪节理是岩石受剪应力的作用产生的节理。其特点是解理面平直而闭合,分布较密,走向稳定,延伸较深；断裂面光滑,常有擦痕、镜面等现象；若发生在砾岩中,可切破砾石；常等间距分布,成对出现,呈两组共轭剪节理又称 X 节理,将岩体切割成菱形块体。剪节理常出现在褶曲的翼部和断层附近。

除上述两种构造节理外,在强烈褶皱岩层、变质岩和断层两侧的岩层中,可见一种大致平行、微细而密集的构造节理,称为劈理。劈理是一种小型构造,按其成因分为流劈理和破劈理。流劈理是岩石在强烈的构造应力作用下发生塑性流动,其内部片状、板状和长条状矿物沿垂直于压应力方向呈定向排列,并由此产生易于裂开的软弱面,多发育于塑性较大较软弱岩层中,如页岩、板岩、片岩等。破劈理是指岩石中一组密集的平行破裂面,这些面一般不产生矿物定向排列。劈理间距为数毫米至1cm。如果间距超过1cm,称为剪节理,多发育在薄层的脆硬岩石中或在脆硬岩层内的软弱岩层中。

2) 节理的表示方法

为了了解工程场地节理分布规律及其对工程岩体稳定性的影响,在进行工程地质勘察时,都要对节理进行野外调查和资料整理,并用统计图表形式把岩体节理的分布情况整理出来。

调查节理时,在工程建筑位置选择有代表性的基岩露头,然后对一定面积内的节理,按照表 5.4 所列内容进行测量,同时要考虑节理的成因和充填情况。

表 5.4 节理野外测量记录表

编号	节理产状			长度/cm	宽度/cm	条数	填充情况	节理成因
	走向	倾向	倾角					
1	NW370°	NE37°	18°	60	0.5	22	裂隙面夹泥	剪裂隙
2	NW332°	NE62°	10°	80	1.0	15	裂隙面夹泥	剪裂隙

续表

编号	节理产状			长度/cm	宽度/cm	条数	填充情况	节理成因
	走向	倾向	倾角					
3	NE7°	NW277°	80°	110	2.5	2	裂隙面夹泥	张裂隙
4	NE15°	NW285°	60°	125	1.5	4	裂隙面夹泥	张裂隙

测量节理产状的方法和测量岩层产状的方法相同。为测量方便起见,常用一硬纸片,当节理面出露不佳时,可将纸片插入裂隙,用测得的纸片产状代替节理的产状。

统计节理有各种不同的图式。节理玫瑰花图就是其中比较常用的一种。节理玫瑰花图可以用节理走向编制,也可以用节理倾向编制。其编制方法如下。

(1) 节理走向玫瑰花图。

在一任意半径的半圆上,画上刻度网。把所测得的节理按走向以每5°或每10°分组,统计每一组内的节理数并算出其平均走向。自圆心沿半径引射线,射线的方位代表每组节理平均走向的方位,射线的长度代表每组节理的条数。然后用折线把射线的端点连接起来,即得节理走向玫瑰花图,如图5.18(a)所示。图中的每一个"玫瑰花瓣"代表一组节理的走向,"花瓣"的长度代表这个方向上节理的条数,"花瓣"越长,反映沿这个方向分布的节理越多。从图上可以看出,比较发育的节理有走向330°、30°、60°、300°及走向东西等共五组。

(2) 节理倾向玫瑰花图。

先将测得的节理按倾向以每5°或每10°分组,统计每一组内节理的条数,并算出其平均倾向。用绘制走向玫瑰花图的方法,在注有方位的圆周上,根据平均倾向和节理的条数,定出各组相应的点。用折线将这些点连接起来,即得节理倾向玫瑰花图,如图5.18(b)所示。

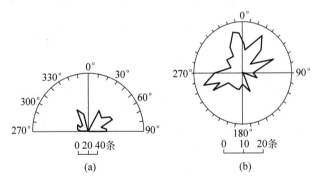

图 5.18 节理玫瑰花图
(a) 节理走向玫瑰花图;(b) 节理倾向玫瑰花图

如果用平均倾角表示半径方向的长度,用同样方法可以编制节理倾角玫瑰花图。同时也可看出,节理玫瑰花图编制方法简单,但最大的缺点是不能在同一张图上把节理的走向、倾向和倾角同时表示出来。

节理的发育程度在数量上有时用节理密度来表示。所谓节理密度,是指岩石中某节理组在单位面积或单位体积中的节理总数。节理密度越大,表示岩石中的节理越发育。反之,则表明节理不发育。公路工程地质常用的节理发育程度的分级见表5.5。

表 5.5 节理发育程度分级表

发育程度等级	基 本 特 征	附 注
节理不发育	节理1～2组,规则,构造型,间距在1m以上,多为密闭节理,岩体被切割成巨块状	对基础工程无影响,在不含水且无其他不良因素时,对岩体稳定性影响不大
节理较发育	节理2～3组,呈X形,较规则,以构造型为主,多数间距大于0.4m,多为密闭节理,少有填充物,岩体被切割成大块状	对基础工程影响不大,对其他工程可能产生相当大的影响
节理发育	节理3组以上,不规则,以构造型或风化型为主,多数间距小于0.4m,大部分为张开节理,部分有填充物,岩体被切割成小块状	对工程建筑可能产生很大影响
节理很发育	节理3组以上,杂乱,以风化型和构造型为主,多数间距小于0.2m,以张开裂隙为主,一般均有填充物,岩体被切割成碎石状	对工程建筑产生严重影响

注：节理宽度：小于1mm为密闭裂隙；1～3mm为微张裂隙；3～5mm为张开裂隙；大于5mm的为宽张裂隙。

3) 节理的工程地质评价

岩体中的节理,在工程上除有利于开挖外,对岩体的强度和稳定性均有不利的影响。

岩体中存在节理破坏了岩体的整体性,促进岩体风化速度,增强岩体的透水性,因而使岩体的强度和稳定性降低。当节理主要发育方向与路线走向平行,倾向与边坡一致时,不论岩体的产状如何,路堑边坡都容易产生崩塌等不稳定现象。在路基施工中,如果岩体存在节理,还会影响爆破作业的效果。所以,当节理有可能成为影响工程设计的重要因素时,应当对节理进行深入的调查研究,详细论证节理对岩体工程建筑条件的影响,采取相应措施,以保证建筑物的稳定和正常使用。

2. 断层

断层是指岩体受构造应力作用断裂后,两侧岩体发生了显著位移的断裂构造。它包含了断裂和位移两种含义。断层规模有大有小,大的可达到上千千米,小的只有几米,相对位移从几厘米到几十千米。断层不仅对岩体的稳定性和渗透性、地震活动和区域稳定性有重大影响,而且是地下水运动的良好通道和汇聚的场所。在规模较大的断层附近或断层发育地区,常有丰富的地下水资源。

1) 断层要素

断层由以下几个部分组成,如图 5.19 所示。

(1) 断层面是指相邻两岩块断开或沿其滑动的破裂面。断层面可以是平面、曲面,也可以是波状起伏面,其上常有擦痕。

(2) 断层破碎带是指有时断层两侧的岩石不是沿着一个简单的面运动,而是沿着一个由许多密集的破裂面组成的错动带进行的,这个错动带称为断层破碎带。断层破碎带中常形成糜棱岩、断层角砾岩、断

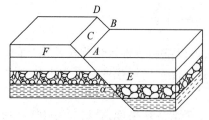

AB—断层线；C—断层面；E—上盘；
F—下盘；DB—总断距；α—断层倾角。

图 5.19 断层要素图

层泥等。

(3) 断层线是指断层面(带)与地面的交线。断层线的方向表示断层的延伸方向,它的形状取决于断层面的形状和地面起伏情况。

(4) 断盘是指断层面两侧的岩块。若断层面是倾斜的,位于断层面上侧的岩块称上盘,位于断层面下侧的岩块称下盘。若断层面是直立的,可用方位来表示,如东盘、西盘、南盘、北盘。

(5) 断距是指两盘沿断层面相对错开的距离,称为总断距。总断距在水平方向的分量为水平断距,在铅(垂)直方向的分量为铅(垂)直断距。

2) 断层的类型

断层的分类方法很多,所以有各种不同的类型。

(1) 根据断层两盘相对位移的情况,可以分为下面三种。

① 正断层是沿断层面倾斜线方向,上盘相对下降,下盘相对上升的断层(图 5.20)。正断层一般是岩体由于受到水平张力作用使岩层产生断裂,进而在重力作用下产生错动而成。这种断层一般规模不大,断层面倾角较陡,常大于 45°。

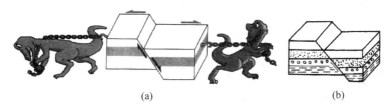

图 5.20 正断层成因及构造示意图
(a) 正断层成因示意图;(b) 正断层构造图

② 逆断层是沿断层面倾斜方向,上盘相对上升,下盘相对下降的断层(图 5.21)。逆断层一般是岩体受到水平挤压作用的结果,所以也称为压性断层。逆断层一般规模较大,断层面呈舒缓波状,断层线方向常与岩层走向或褶皱轴方向一致,与压应力方向垂直。逆断层按断层面倾角的不同又可分为:冲断层,断层面倾角大于 45°;逆掩断层,断层面倾角为 25°~45°,如图 5.21(c)所示;辗掩断层,断层面倾角小于 25°。逆掩断层和辗掩断层的规模一般都较大。

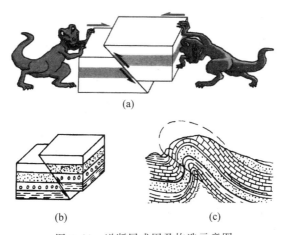

图 5.21 逆断层成因及构造示意图
(a) 逆断层成因示意图;(b) 逆断层构造图;(c) 逆掩断层构造示意图

③ 平推断层是断层两盘沿断层走向方向发生位移的断层(图 5.22)。一般认为平推断层是地壳岩体受到水平扭动力作用而形成的。平推断层的倾角很大,断层面近于直立,断层线比较平直。

图 5.22　平推断层成因及构造示意图
(a)平推断层成因示意图；(b)平推断层构造图

上面介绍的主要是一些受单向应力作用而产生的断裂变形,是断层构造的三个基本类型。由于岩体的受力性质和所处的边界条件十分复杂,所以实际情况还要复杂得多。

(2) 根据断层走向和褶皱轴走向关系,可将断层分为以下几类,如图 5.23 所示。
① 纵断层是断层走向和褶皱轴(或区域构造线)方向一致或近于平行的断层。
② 横断层是断层走向和褶皱轴(区域构造线)方向大致垂直的断层。
③ 斜断层是断层走向和褶皱轴(或区域构造线)方向斜交的断层。

(3) 根据断层走向与岩层产状关系,可将断层分为以下几类,如图 5.24 所示。
① 走向断层是断层走向与岩层走向一致。
② 倾向断层是断层走向和岩层倾向一致。
③ 斜交断层是断层走向与岩层走向(或倾向)斜交。

(4) 根据断层的力学性质,可将断层分为以下几类。
① 压性断层是由压应力作用形成的断层,多呈逆断层形式。
② 张性断层是在张应力作用下形成的断层,多呈正断层形式。
③ 扭性断层是在剪应力作用下形成的断层。

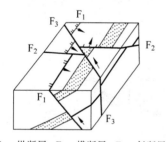

F_1—纵断层；F_2—横断层；F_3—斜断层。

图 5.23　断层走向与褶皱轴向关系图

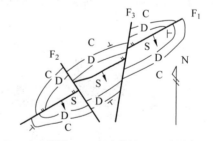

F_1—走向断层；F_2—倾向断层；F_3—斜交断层；
D—泥盆系；S—志留系；C—石炭系。

图 5.24　断层走向与岩层产状关系图

④ 压扭性断层具有压性断层兼扭性断层的力学特征,如部分平移逆断层。
⑤ 张扭性断层具有张性断层兼扭性断层的力学特征,如部分平移正断层。

3) 断层的组合形式

在自然界中,断层很少孤立存在,往往由许多断层排列在一起形成一定的组合形态,主要有以下几种。

（1）阶梯状断层是由数条倾向一致、大致平行的正断层组合而成,在地貌上呈阶梯状,如图 5.25 所示,一般发育在上升地块的边缘。

（2）地堑和地垒是由两条倾向相向的正断层组成,其间相对下降的岩块称为地堑;由两条倾向相背的正断层组成,其间相对上升的岩块称为地垒。如图 5.25 所示。

在地形上,地堑常形成狭长的凹陷地带,如我国山西的汾河河谷、陕西的渭河河谷等,都是有名的地堑构造。地垒多形成块状山地,如天山、阿尔泰山等,都广泛发育有地垒构造。

（3）叠瓦式构造是由数条倾向一致、相互平行的逆断层组合而成,呈叠瓦状,如图 5.26 所示。

图 5.25 阶梯状断层、地垒和地堑

图 5.26 叠瓦式构造

4) 断层的野外识别

断层的存在说明岩层受到了强烈的断裂变动,使岩体的强度和稳定性降低,对工程建筑是不利的。为了预防断层对工程建筑的危害,首先必须识别断层是否存在。野外调查时可以从以下几方面进行判断。

（1）构造上的标志。

断层常常造成岩体构造的不连续,如岩层、岩脉等的错动,岩层产状的突然变化;断层面两侧的岩石发生塑性变形,产生牵引弯曲;在断层面上由于两盘错动出现断层擦痕、摩擦镜面和阶步;断层破碎带中存在断层角砾岩、糜棱岩和断层泥,如图 5.27 所示。

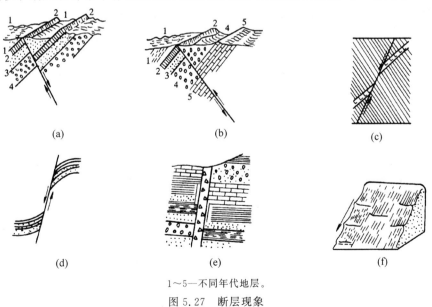

1~5—不同年代地层。

图 5.27 断层现象

(a) 地层重复；(b) 地层缺失；(c) 岩脉错动；(d) 牵引褶曲；(e) 断层角砾；(f) 断层擦痕

(2) 地层上的标志。

断层造成地层的重复与缺失、岩层中断等现象。在单斜岩层地区,沿岩层走向观察,若岩层突然中断,具有交错的不连续状态,或者改变了地层的正常层序,使地层产生不对称的重复或缺失,则往往是断层的标志。断层造成地层的重复与褶皱造成的地层重复不同,断层只是单向重复,褶皱为对称重复;断层造成地层的缺失与不整合造成的地层缺失也不同,断层造成地层缺失只限于断层两侧,而不整合造成的地层缺失有区域性特点。地层的重复与缺失所出现的断层可能有6种情况,见表5.6。

表 5.6 走向断层造成地层重复与缺失的情况

断层性质	断层倾向与岩层倾向关系		
	相 反	相 同	
		断层倾角大于岩层倾角	断层倾角小于岩层倾角
正断层	重复	缺失	重复
逆断层	缺失	重复	缺失

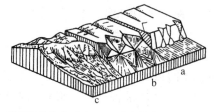

a—断层崖剥蚀成冲沟;b—冲沟扩大,形成三角面;
c—继续侵蚀,三角面消失。

图 5.28 断层三角面形成示意图

(3) 地形地貌上的特征。

地形地貌特征主要有断层崖、断层三角面、河流纵坡的突变、河流及山脊的改向等。

断层上升盘突露于地表形成的悬崖称为断层崖。一些比较平直的断层崖经过流水的侵蚀作用,形成一系列横穿崖壁的V形谷,谷与谷之间的三角面则称为断层三角面,如图5.28所示。当断层横穿河谷时,可能使河流纵坡发生突变,造成河流纵坡产生不连续的现象。但河流纵坡的突变不一定都是由断层造成的,也可能是河床底部岩石抗侵蚀能力不同所致;水平方向相对位移显著的断层,可将河流或山脊错开,使河流流向或山脊走向发生急剧变化;断陷盆地是断层围岩的陷落盆地,由不同方向断层所围或一边以断层为界,多呈长条菱形或楔形,盆地内有厚的松散物质。

(4) 水文地质特征。

在断层带附近湖泊、洼地、温泉和冷泉呈串状排列,某些喜湿植物呈带状分布。

以上是野外识别断层的主要标志。但是,由于自然界的复杂性,其他因素也可能造成上面的某些特征,所以不能孤立地看问题,要全面观察、综合分析,才能得出可靠的结论。

5) 断层的工程地质评价

由于岩层发生强烈的断裂变动,致使岩体裂隙增多、岩石破碎、风化严重、地下水发育,从而降低了岩石的强度和稳定性,对工程建筑造成了各种不利的影响。因此,在公路工程建设中,确定路线布局、选择桥位和隧道位置时,要尽量避开大的断层破碎带。

在研究工程路线布局,特别是安排河谷工程路线时,要特别注意河谷地貌与断层构造的关系。当路线与断层走向平行,路基靠近断层破碎带时,由于开挖路基,容易引起边坡发生大规模坍塌,直接影响施工和公路的正常使用。在进行大桥桥位勘测时,要注意查明桥基部分有无断层存在及其影响程度如何,以便根据不同情况,在设计基础工程时采取相应的处理措施。

在断层发育地带修建隧道,是最不利的一种情况。由于岩层的整体性遭到破坏,加之地面水或地下水的侵入,其强度和稳定性都是很差的,容易产生洞顶坍落,影响施工安全。因此,当隧道轴线与断层走向平行时,应尽量避免与断层破碎带接触。隧道横穿断层时,虽然只是个别段落受断层影响,但因地质及水文地质条件不良,必须预先考虑应对措施,保证施工安全。特别当断层破碎带规模很大或者穿越断层带时,会使施工十分困难,在确定隧道平面位置时,要尽量设法避开。

3. 活断层

活断层又称活动断裂,是指现今仍在活动或者近期有过活动,不久的将来还可能活动的断层。在国家标准《岩土工程勘察规范》(GB 50021—2001)中将在全新世以来有过地震活动或正在活动,或者将来可能继续活动的断裂称为全新活动断裂。

1) 活断层对工程建筑的影响及设计原则

活断层对工程建筑影响很大,主要表现在两个方面:一是跨越断层的建筑物,因其活动导致建筑物开裂、变形甚至破坏;二是活断层的快速滑动引起地震。例如,2008年5月12日四川省汶川大地震是龙门山断裂带内映秀—北川断裂活动的结果,其最大垂直错距和水平错距分别达到5m和4.8m,沿整个破裂带的平均错距达2m左右。在地表破裂带经过之处,所有的山脊水系和人类建筑均被错断毁坏,并形成大量的滑坡、山崩、泥石流等地质灾害。因此,在选择建筑场地时,应注意避开活断层。当不能避让活断层时,必须在场地选择、建筑物类型选择、结构设计等方面采取措施,以保证建筑物的安全性。

2) 活断层的识别

(1) 新生代地层被错断、拉裂或扭动。

(2) 地面出现地裂缝,且裂缝呈大面积有规律的分布,其总体延伸方向与地下断裂的方向一致。

(3) 地形上发生突然变化,形成断崖、断谷;或河床纵断面发生突然变化,在突变处出现瀑布或湖泊。

(4) 古建筑物(如古城堡、庙宇、古墓等)被断层错开。

(5) 根据仪器观测,沿断层带有新的地形变化或新的地应力集中现象。

(6) 地震活动、火山爆发等。

5.5 地质图

地质图是将一定地区的地质情况,用规定的符号,按一定的比例缩小、投影绘制在相应的地形底图上的图件。它是形象化了的地质语言和地质资料,是地质勘查工作的主要成果之一。工程建设中的规划、设计和施工阶段都要以地质勘查资料为依据,而地质图就是可直接利用的主要图表资料。所以,作为工程技术人员必须学会分析和阅读地质图,以便进一步了解一个地区的地质特征。这对研究工程路线的布局、确定野外工程地质工作的重点,以及找矿等均是十分有利的。

1. 地质图概述

地质图的种类很多。主要用来表示地层、岩性和地质构造条件的地质图称为普通地质图,简称为地质图。还有许多用来表示某一项地质条件,或者服务于某项国民经济的专门性地质图,如地貌及第四纪地质图、工程地质图、水文地质图等。

一幅完整的地质图不仅包括平面图、剖面图、柱状图,还有图名、图例、比例尺和责任栏等。

2. 地质图的绘制

地质图上反映的地质条件,一般包括地层、岩性、接触关系、各种地质构造等。这些条件通过采用不同的线条、符号和方法,在地质图上表现出来。

1）接触关系在地质图上的绘制

地层接触关系分为整合接触、假整合接触和角度不整合接触。整合接触在地质图上表现为岩层分界线彼此平行呈带状分布,地层时代连续;假整合接触表现为岩层分界线彼此平行呈带状分布,但地层时代不连续,有缺失现象;角度不整合接触表现为岩层分界线不平行呈带状分布,地层时代有缺失。

侵入接触是岩浆岩侵入先期形成的沉积岩中,使得侵入岩体的界限覆盖了沉积岩的界限;沉积接触是岩浆岩侵入体先形成,后期在侵入体上沉积了其他岩层,岩层分界线的特征与侵入接触相反。

2）地质构造在地质图上的绘制

（1）水平构造。

在地质平面图上,水平构造的地层分界线与地形等高线平行或重合。通常较新的岩层分布在地势较高处,较老的岩层分布在地势较低处,如图 5.29 所示。

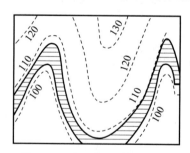

图 5.29 水平构造在地质图上的表现

（2）倾斜构造。

倾斜构造的地层界限与地形等高线相交,在平面图上呈 V 形或 U 形,由于岩层产状不同,在地质图上表现也不同,如图 5.30 所示。

当岩层倾向与地形坡向相反时,地层分界线的弯曲方向和地形等高线的弯曲方向相同,但地层分界线的弯曲度比地形等高线的弯曲度小,如图 5.30(a)所示。

当岩层倾向与地形坡向一致且岩层坡角大于地形坡脚时,地层分界线弯曲方向和等高线弯曲方向相反,如图 5.30(b)所示。

当岩层倾向与地层坡向一致且岩层倾角小于地层坡角时,地层分界线的弯曲方向和地形等高线的弯曲方向相同,但地层分界线的弯曲度比地形等高线的弯曲度大,如图 5.30(c)所示。

（3）直立构造。

直立构造的地层分界线沿岩层走向延伸,不受地形影响。在平面图上表现为一条与地形等高线相交的直线。

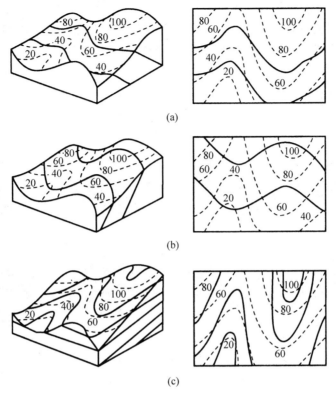

图 5.30 倾斜构造在地质图上的表现

（4）褶曲。

在地质平面图上主要根据地层分布特征、地层的新老关系和岩层产状来判断，如图 5.31 所示。

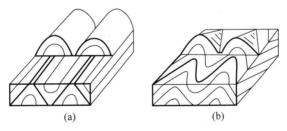

图 5.31 褶曲在地质图上的表现
(a) 褶曲的立体图；(b) 褶曲的地质图

水平褶曲在地质图上表现为平行带状分布，两翼地层对称，核部单一地层。若核部地层时代老，两翼地层时代新，为背斜褶曲；反之为向斜褶曲。

倾伏褶曲在地质平面图上表现为抛物线形，两翼地层仍然对称，核部单一地层。背斜、向斜判断同上。

上述地形特征是在地形平坦条件下的，若地形有较大的起伏，就不是上述地形特征了，但地层的新老关系不变。

（5）断层。

断层在地质图上用断层线表示。由于断层的倾角一般较大，所以断层线在地质图上通常是直线或近于直线的曲线。根据断层错动后断层线两侧地层的重复、缺失和宽窄变化等来判断断层的类型。

当断层走向与岩层走向大致平行时，断层线两侧出现同一岩层的不对称重复或缺失，地面被剥蚀后，出露老岩层的一侧为上升盘，出露新岩层的一侧为下降盘，如图 5.32 所示。

图 5.32　断层平行岩层走向造成岩层重复和缺失
(a) 断裂前；(b)、(c) 错动后；(d) 经剥蚀

当断层走向与岩层走向垂直或斜交时，无论正断层、逆断层还是平移断层，在断层线两侧都出现中断和前后错动现象，对于正断层和逆断层来说，向前错动的一侧为上升盘，向后错动的一侧为下降盘，如图 5.33 所示。

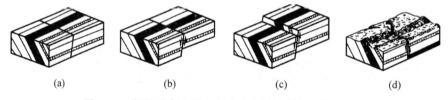

图 5.33　断层垂直岩层走向造成岩层的中断和前后错动
(a) 断裂前；(b)、(c) 错动后；(d) 经剥蚀

当断层与褶曲轴线垂直或斜交时，不仅表现为翼部岩层顺走向不连续，而且还表现为褶曲轴部岩层宽度在断层线两侧有变化。

如果褶曲是背斜，上升盘轴部岩层出露的范围变宽，下降盘轴部岩层出露的范围变窄，如图 5.34(a)所示。

如果褶曲是向斜，则情况与背斜相反，上升盘轴部岩层变窄，下降盘轴部岩层变宽，如图 5.34(b)所示。

平移断层两盘轴部岩层的宽度不发生变化，在断层线两侧仅表现为褶曲轴线及岩层错断开，如图 5.34(c)所示。

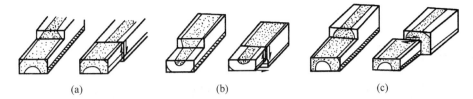

图 5.34 断层造成褶曲核部地层宽窄变化

(a) 背斜轴部在上升盘变宽；(b) 向斜轴部在上升盘变窄；(c) 平推断层造成褶曲轴线和岩层错开

3. 地质图的识别

以下以黑山寨地区地质图(图 5.35)为例，介绍阅读地质图的方法。

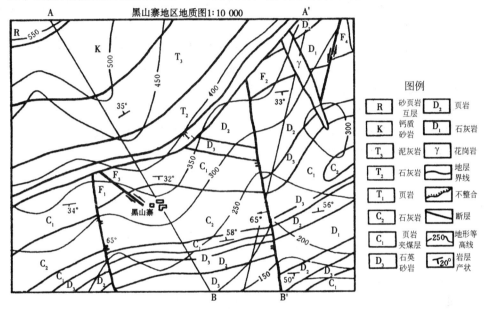

图 5.35 黑山寨地区地质图

(1) 图 5.35 是 $1.2 km^2$ 的 1∶10 000 大比例尺地质图。

(2) 从图例的地层时代可知主要是古生界至中生界的沉积岩层分布，并有花岗岩(γ)出露。在 C_2 之后曾有两次上升隆起($K—T_3$ 及 $T_1—C_2$ 间不整合接触)。

(3) 本区地势西北高(550m 以上)，东边为高 300m 的残丘，且有河谷分布。

(4) 区内出现两条大的正断层(F_1、F_2)和黑山寨向斜构造，并有两个褶皱构造。区内西北部出露单斜构造，地层走向 NE63°，倾向 NW34°。

由褶皱、断层表明，在 T_1 之前受到同一次构造运动，T_1 之后未出现断裂构造。T_1 与 D、C 地层呈角度不整合接触。

(5) 地质发展简史在 D 至 C_2 间间，地壳处于缓慢升降运动，本区处于沉积平面以下发生沉积。C_2 期后，地壳剧烈变动，地层产生褶皱、断裂，并伴有岩浆活动，地壳随后上升，形成陆地，受到剥蚀。至 T_1 又被海侵，接受海相沉积，至 T_3 后期地壳大面积上升，再次形成陆地。J 期间，地壳暂处宁静，受风化剥蚀，至 K 期又缓慢下降，处于浅海环境，形成钙质砂岩；在 K 后期，地壳再次变动，东南部受到大幅度抬升，使中生界地层发生倾斜；中生代后期至今地壳无剧烈构造变动。

本章学习要点

（1）地质年代包括相对年代和绝对年代。表示地质事件发生的先后顺序为相对年代，表示地质事件发生至今的年龄称为绝对年代。地层层序法、古生物化石法和地层接触法是确定相对年代的基本方法。地质年代表是依据全球地层系统划分和对比并综合其同位素年龄建立起来的地质历史编年。

（2）地质构造是岩层或岩体在构造应力长期作用下造成的永久变形，是地壳运动的产物。地质构造的规模有大有小，形式有简单的，也有复杂的。主要类型有水平构造、倾斜构造、直立构造、褶皱构造和断裂构造等。在野外产出的构造形态，往往是各种类型的地质构造组合在一起形成的。

（3）地质图是反映各种地质现象和地质条件的图件。通过阅读地质图可以对一个地区的地质条件有一个清晰的认识，在此基础上，根据自然地质条件的客观情况，结合工程的具体要求，进行合理的工程布局和正确的工程设计。

不忘初心：世上无难事，只要肯登攀。

牢记使命：马克思曾经说过，"在科学上没有平坦的大道，只有不畏劳苦沿着陡峭山路攀登的人，才有希望达到光辉的顶点。"

习题

1. 什么是相对年代？它是怎样确定的？
2. 什么是地层接触法？
3. 什么叫岩层的产状？它的表达方法是什么？
4. 褶曲的组成要素是什么？
5. 背斜和向斜各有什么特点？
6. 褶曲有哪些分类？
7. 节理的类型及特点是什么？
8. 节理的走向、倾向玫瑰花图是如何绘制的？
9. 什么叫断层？它有哪些类型？
10. 在野外断层识别中，有哪些标志性地貌特征？
11. 什么叫整合接触和不整合接触？不整合接触有哪些类型？
12. 简述地质图在工程中的应用意义。怎样正确阅读地质图？

第6章

工程地质灾害与防治

地壳上部的岩土层在遭受各种外力作用后,如大气营力作用、地壳运动、地震、流水作用以及人类工程地质活动等因素的作用,形成了许多不利于工程的不良地质条件,并在此条件下形成了许多不良地质现象。不良地质现象通常也叫地质灾害,是指自然地质作用和人类活动造成的恶化地质环境,降低环境质量,直接或间接危害人类安全,并引发灾难性的地质事件。我国是地质灾害较多的国家,每年因地质灾害造成的经济损失为 200 亿～500 亿元,给人类生命财产造成极大危害。上述地质灾害主要是崩塌、滑坡、泥石流、岩溶、地震等造成的,随着国民经济的发展,特别是西部大开发战略的实施,人类工程的数量、速度及规模越来越大,因此研究不良地质条件下工程地质问题具有重要意义。

6.1 风化作用

1. 风化作用类型

按风化应力的不同,风化作用可以分为三大类。

1) 物理风化作用

物理风化作用是岩石在风化营力的影响下,产生一种单纯的机械破坏作用。其特点是破坏后岩石的化学成分不改变,只是岩石发生崩解、破碎,形成岩屑,岩石由坚硬变疏松。引起岩石风化的因素有很多,主要是温度变化和岩石释重。此外,岩石裂隙中水的冻结与融化、盐类的结晶、潮解与层裂等也能促使岩石发生物理风化作用。

(1) 岩石释重。

原岩无论是岩浆岩、沉积岩还是变质岩,在其形成以后,都会因为上覆巨厚的岩层而承受巨大的静压力,一旦上覆岩层遭受剥蚀而卸荷时,即岩石释重时,随之将产生向上或向外的膨胀力,形成一系列与地表平行的节理。处于地下深处承受巨大静压力的岩石,其潜在的膨胀力是十分惊人的。在一些矿山,当岩石初次露在掌子面时,膨胀非常迅速,以致碎片炸裂飞出。岩石释重所形成的节理又为水和空气提供了活动空间,加剧了岩石的风化作用。

(2) 温度变化。

白天岩石在阳光照射下,表层首先升温,由于岩石是热的不良导体,热向传递很慢,遂使岩石内外之间出现温差,各部分膨胀不同,岩石表面膨胀大于内部膨胀,形成与表面平行的风化裂隙。到了夜晚,白天吸收的太阳辐射继续以缓慢速度向岩石内部传递,内部仍在缓慢地升温膨胀,而岩石表面却迅速散热降温、表面收缩,于是形成表面垂直的径向裂隙。久而久之,这些风化裂隙日益扩大、增多,导致岩石层层剥落,崩解破坏。

温度变化的速度对物理风化作用的强度起着重要的影响。温度变化速度越快,收缩与膨胀交替越快,岩石破裂越迅速,温度日变化对物理风化的影响最大,年变化影响较小。温度变化的幅度对物理风化速度的强度也起着重要的影响,在昼夜变化剧烈的干旱沙漠地区,昼夜温差可达 50~60℃。由于岩石热容量远小于水,所以在缺少植被和水的沙漠地区,地表岩石日温度变化就远大于温度日变化,所以在这些地区物理风化作用最为强烈。这种由于温度变化而产生的风化作用称为温差风化作用,如图 6.1 所示。

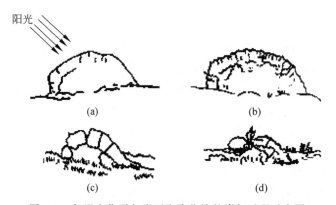

图 6.1 气温变化引起岩石膨胀收缩的崩解过程示意图

(3) 水的冻结与融化。

当岩石温度低到 0℃ 以下时,存在于岩石裂隙中的液态水(雨水或融雪水)就变为固态的冰,体积膨胀约 9%,这对裂隙将产生很大的膨胀力,它使原有裂隙进一步扩大,同时产生更多新的裂隙。当温度升高至冰点以上时,冰又融化成水,体积减小,扩大的空隙中又有水渗入。年复一年,就会使岩体逐渐崩解成碎块。这种物理风化作用又称为冰劈作用或冰冻风化作用,如图 6.2 所示。

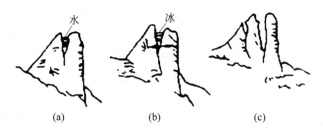

图 6.2 水的冻结扩大了岩石裂隙示意图

(4) 可溶盐的结晶与潮解。

在干旱及半干旱气候区,广泛分布着各种可溶盐类。有些盐类具有很大的吸湿性,能从空气中吸收大量的水分而潮解,最后成为溶液。温度升高,水分蒸发,盐分又结晶析出,体积显著增大。由于可溶盐溶液在岩石的孔隙和裂隙中结晶时的撑裂作用,使裂隙逐渐扩大,导致岩石松散破坏。可溶盐的结晶撑裂作用在干旱的内陆盆地是十分引人注目的。盐类结晶对岩石所起的物理破坏作用主要取决于可溶盐的性质，同时与岩石孔隙度的大小和构造特征有很大的关系。

物理风化的结果，首先是岩石的整体性遭到破坏，随着风化程度的增加，逐渐成为岩石碎屑和松散的矿物颗粒。由于碎屑逐渐变细，使热力方面的矛盾逐渐缓和，因而物理风化随之相对削弱，但同时随着碎屑与大气、水、生物等营力接触的自由表面不断增大，使风化作用的性质发生相应的转化，在一定的条件下，化学作用将在风化过程中起主要作用。

2) 化学风化作用

在地表或接近地表条件下，岩石、矿物在原地发生化学变化并产生新矿物的过程叫化学风化作用。水和氧是引起化学风化作用的主要因素。自然界的水，不论是雨水、地表水或地下水，都溶解有多种气体（如 O_2、CO_2 等）和化合物（如酸、碱、盐等），因此自然界的水都是水溶液。溶液可通过溶解、水化、水解、碳酸化等方式促使岩石化学风化。

(1) 溶解作用。

水直接溶解岩石中矿物的作用称为溶解作用。溶解作用的结果，使岩石中的易溶物质逐渐溶解而随水流失，难溶的物质则残留于原地。岩石由于可溶物质的被溶解而致孔隙增加，削弱了颗粒间的结合力，从而降低岩石的坚实程度，更易遭受物理风化作用而破碎。最容易溶解的矿物是卤化盐类（岩盐、钾盐），其次是硫酸盐类（石膏、硬石膏），再次是碳酸盐类（石灰岩、白云岩）。

$$CaCO_3 + H_2O + CO_2 \longrightarrow Ca(HCO_3)_2$$
（碳酸钙）　　　　　　　　　　（重碳酸钙）

碳酸钙生成重碳酸钙后被水溶解带走，石灰岩便形成溶洞。

(2) 水化作用。

有些矿物与水接触后和水发生化学反应，吸收一定量的水到矿物中形成含水矿物，这种作用称为水化作用。如硬石膏经过水化作用变为石膏就是很好的例子。

$$CaSO_4 + 2H_2O \longrightarrow CaSO_4 \cdot 2H_2O$$
（硬石膏）　　　　　　（石膏）

水化作用的结果产生了含水矿物。含水矿物的硬度一般低于无水矿物，同时由于物质在水化过程中结合了一定数量的水分子，改变了原有矿物的成分，引起体积膨胀，对岩石具有一定的破坏作用。在隧道施工中，若岩层含有硬石膏层时，当硬石膏发生水化作用而体积膨胀，对围岩会产生很大的压力，这种压力促使岩层破碎，甚至能引起支撑倾斜，衬砌开裂，应当引起足够的注意。

(3) 水解作用。

某些矿物溶于水后，出现离解现象，其离解产物可与水中的 H^+ 和 OH^- 离子发生化学反应，形成新的矿物，这种作用称为水解作用。例如，正长石经水解作用后，开始形成的 K^+ 与水中 OH^- 离子结合，形成 KOH 随水流失，析出部分 SiO_2 可呈胶体溶液随水流失，或形成蛋白石（$SiO_2 \cdot H_2O$）残留于原地，其余部分可形成难溶于水的高岭石而残留于原地。

$$4K(AlSi_3O_8) + 6H_2O \longrightarrow 4KOH + 8SiO_2 + Al_4(Si_4O_{10})(OH)_8$$
（正长石）　　　　　　　　　　　　　　　　　　（高岭石）

(4) 碳酸化作用。

当水中溶有 CO_2 时,水溶液中除 H^+ 和 OH^- 离子外,还有 CO_3^{2-} 和 HCO_3^- 离子,碱金属及碱土金属与之相遇会形成碳酸盐,这种作用称为碳酸化作用。硅酸盐矿物经碳酸化作用,其中碱金属变成碳酸盐随水流失,如花岗岩中的正长石受到长期碳酸化作用时,则发生如下反应:

$$4K(AlSi_3O_8) + 4H_2O + 2CO_2 \longrightarrow 2K_2CO_3 + 8SiO_2 + Al_4(Si_4O_{10})(OH)_8$$
（正长石） （高岭石）

(5) 氧化作用。

矿物中的低价元素与大气中的游离氧氧化后变为高价元素的作用,称为氧化作用。氧化作用是地表极为普遍的一种自然现象。在湿润的情况下,氧化作用更为强烈。在自然界中,有机化合物、低价氧化物、硫化物最容易遭受氧化作用。尤其是低价铁常被氧化成高价铁。例如常见的黄铁矿(FeS_2)在含有游离氧的水中,经氧化作用形成褐铁矿($Fe_2O_3 + nH_2O$),使岩石产生腐蚀性极强的硫酸,可使岩石中的某些矿物分解形成洞穴和斑点,致使岩石破坏。

$$FeS_2 + 7O_2 + H_2O \longrightarrow FeSO_4 + H_2SO_4$$
（黄铁矿） （亚硫酸铁）（硫酸）

化学风化使岩石中的裂隙加大,孔隙增多,破坏了原来岩石的结构和成分,使岩层变成松散的土层。

3) 生物风化作用

岩石在动、植物及微生物影响下发生的破坏作用称为生物风化作用。生物风化作用有物理的和化学的两种形式。

生物物理风化作用是生物的活动对岩石产生机械破坏的作用。例如,生长在岩石裂隙中的植物,其根部生长像楔子一样撑裂岩石,不断地使岩石裂隙扩大、加深,使岩石破碎。穴居动物蚂蚁、蚯蚓等钻洞挖土,可不停地对岩石产生机械破坏,也使岩石破碎,土粒变细。

生物化学风化作用是生物的新陈代谢及死亡后遗体腐烂分解而产生的物质与岩石发生化学反应,促使岩石破坏的作用。例如,植物和细菌在新陈代谢过程中,通过分泌有机酸、碳酸、硝酸和氢氧化铵等溶液腐蚀岩石;动、植物遗体腐烂可分解出有机酸和气体(CO_2、H_2S)等,溶于水后可对岩石腐蚀破坏;动、植物遗体还原在环境中,可形成含钾盐、磷盐、氮的化合物和各种碳水化合物的腐殖质。腐殖质的存在可促进岩石物质的分解,对岩石起强烈的破坏作用。

岩石、矿物经过物理、化学风化作用以后,再经过生物的化学风化作用,就不再是单纯的无机物组成的松散物质,因为它还具有植物生长必不可少的腐殖质。这种具有腐殖质、矿物质、水和空气的松散物质叫土壤。不同地区的土壤具有不同的结构及物理、化学性质,据此全世界可以划分出许多土壤类型,而每一种土壤类型都是在其特有的气候条件下形成的。例如,在热带气候下,强烈的化学风化和生物风化作用使易溶性物质淋失殆尽,形成富含铁、铝的红土壤。

2. 影响岩石风化的因素

1) 地质因素

如果岩石生成的环境和条件与目前地表环境、条件接近,则岩石抵抗风化能力强,反之则容易风化。因此,喷出岩比浅成岩抗风化能力强,浅成岩又比深成岩抗风化能力强。一般情况下沉积岩比岩浆岩和变质岩抗风化能力强。

组成岩石矿物成分的化学稳定性和矿物种类的多少,是决定岩石抵抗风化能力的重要因素。按照矿物化学稳定性顺序,石英化学稳定性最好,抗风化能力最强;其次是正长石、酸性斜长石、角闪石和辉石;而基性斜长石、黑云母和黄铁矿等矿物是很容易被风化的。一般来说深色矿物风化快,浅色矿物风化慢。各种碎屑岩和黏土岩的抗风化能力强。

一般来说,均匀、细粒结构岩石比粗粒结构岩石抗风化能力强,等粒构造比斑状结构岩石耐风化,而隐晶质岩石最不易风化。从构造上看,具有各向异性的层理、片理状岩石较致密块状岩石容易风化,而厚层、巨厚层岩石比薄层状岩石更耐风化。

岩石的节理、裂隙和破碎带等为各种风化因素侵入岩石内部提供了途径,扩大了岩石与空气、水的接触面积,大大促进了岩石风化。因此在褶曲轴部、断层破碎带及其附近裂隙密集部位的岩石风化程度比完整的岩石严重。

2) 气候因素

气候因素主要体现在气温变化、降水和生物的繁殖情况。地表条件下温度增加10℃,化学反应速度增加一倍;水分充足有利于物质间的化学反应。故气候可控制风化作用的类型和风化速度,在不同的气候区风化作用的类型及其特点有明显的不同。例如,在寒冷的极地和高山区,以物理风化作用(冰冻风化)为主,岩石风化后形成具棱角状的粗碎屑残积物。在湿润气候区各种类型的风化作用都有,但化学风化、生物风化作用更为显著,岩石遭受风化后分解较彻底,形成的残积层厚,且往往发育有较厚的土壤层。在干旱的沙漠区,以物理风化作用(温差风化)为主,岩石风化后形成薄层具棱角状的碎屑残积物。

3) 地形

地形可影响风化作用的速度、深度,风化产物的堆积厚度及分布。地形起伏较大、陡峭、切割较深的地区,以物理风化作用为主,岩石表面风化后岩屑可不断崩落,使新鲜岩石直接露出表面而遭受风化,且风化产物较薄。在地形起伏较小、流水缓慢流经的地区,以化学风化作用为主,岩石风化彻底,风化产物较厚。在低洼有沉积物覆盖的地区,岩石由于有覆盖物的保护不易风化。

岩石风化的结果使原来母岩性质改变,形成不同风化程度的风化岩。按岩石风化的深浅和特性,可将岩石风化分为六级,如表6.1所示。

表6.1 岩石风化等级表

风化程度	野外特性	风化程度参数指标		
		压缩波速度 V_p/(m/s)	波速比 K_v	风化系数 K_f
未风化	岩质新鲜,偶见风化痕迹	$V_p>4000$	$0.9<K_v\leqslant1.0$	$0.9<K_f\leqslant1.0$
微风化	结构基本未变,仅节理面有渲染或略有变色,少量风化痕迹	$3000<V_p\leqslant4000$	$0.8<K_v\leqslant0.9$	$0.8<K_f\leqslant0.9$
中等风化	结构部分破坏,沿节理面有次生矿物、风化裂隙发育,岩体被切割成岩块。用镐难挖,用岩芯钻方可钻进	$1500<V_p\leqslant3000$	$0.6<K_v\leqslant0.8$	$0.4<K_f\leqslant0.8$

续表

风化程度	野外特性	风化程度参数指标		
		压缩波速度 V_p/(m/s)	波速比 K_v	风化系数 K_f
强风化	结构大部分被破坏,矿物成分显著变化,风化裂隙很发育,岩体破碎用镐可挖,干钻不易钻进	$700 < V_p \leq 1500$	$0.4 < K_v \leq 0.6$	$K_f \leq 0.4$
全风化	结构基本被破坏,但尚可辨认,有残余结构强度,可用镐挖,干钻可钻进	$300 < V_p \leq 700$	$0.2 < K_v \leq 0.4$	—
残积土	组织结构全部被破坏,已风化成土状,锹镐易挖掘,干钻易钻进,具有可塑性	$V_p \leq 300$	$K_v \leq 0.2$	—

注:1. 波速比 K_v 为风化岩石与新鲜岩石压缩波速度比。
2. 风化系数 K_f 为风化岩石与新鲜岩石饱和单轴抗压强度之比。
3. 岩石风化程度,除按表列野外特征和定量指标划分外,也可根据当地经验划分。
4. 花岗岩类岩石可采用标准贯入试验划分,$N \geq 50$ 为强风化;$50 > N \geq 30$ 为全风化;$N < 30$ 为残积土。
5. 泥岩和半成岩可不进行风化程度划分。

岩石的风化一般是由表及里的,地表部分受风化作用的影响最显著,由地表往下风化作用逐渐减弱以至消失。因此,在风化剖面的不同深度上,岩石的物理力学性质有明显的差异。从岩石风化程度的深浅,在风化剖面上自下而上可分为4个风化带:微风化带、弱风化带、强风化带和全风化带。

岩石风化带的界限在建筑工程中是一项重要的工程地质资料。许多工程,特别是岩石工程都需要运用风化带的概念来划分地表岩体不同风化带的分界线,作为岩基持力层、基坑开挖、挖方边坡坡度以及采取相应的加固措施的依据之一。但是要确切地划分风化界限尚无有效方法,通常只是根据当地的地质条件并结合实践经验予以确定。况且,由于各地的岩性、地质构造、地形和水文地质条件不同,岩石风化带的分布情况变化很大。并且往往地下存在风化囊而增加风化带界限线划分的难度。所以,划分岩石分化带需要结合实际情况进行综合分析。

3. 岩石风化的勘查评价与防治

岩石受风化作用后,改变了物理化学性质,其变化的情况随着风化程度的轻重而不同。如岩石的裂隙度、孔隙度、透水性、亲水性、胀缩性和可塑性等都随风化程度加深而增加,岩石的抗压和抗剪强度都随风化程度增加而降低,风化产物成分的不均匀性、产状和厚度的不规则性都随风化程度增加而增大。所以,岩石风化程度越强的地区,工程建筑物的地基承载力越低,岩石的边坡越不稳定。

风化程度的强弱对工程设计和施工都有直接影响,如矿山建设、场址选择、水库坝基、大桥桩基和房屋建筑基础等地基开挖深度、浇灌基础应达到的深度和厚度、边坡开挖的坡度以及防护或加固的方法等,都将随岩石风化程度不同而异。因此,工程建设前必须对岩石的风化程度、速度、深度和分布情况进行调查和研究。

1) 岩石风化的调查与评价

(1) 查明风化程度,确定风化层的工程性质,以便考虑建筑物的结构形式和施工的方法。

(2) 查明风化层厚度和分布,以便选择最适当的建筑地点,合理确定风化层的清基和刷方的土石方量,确定加固处理的有效措施。

(3) 查明风化速度和引起风化的主要因素,对那些直接影响工程质量和风化速度快的岩层,必须制定预防风化的正确措施。

(4) 对风化层进行划分,对次生矿物特别是黏土的含量和成分(如蒙脱石)进行必要分析,因为它直接影响地基的稳定性。

2) 岩石风化的防治方法

(1) 挖除法:适用于风化层较薄的情况,当风化层厚度较大时通常只将严重影响建筑物稳定的部分剥除。

(2) 抹面法:用使水和空气不能透过的材料如沥青、水泥、黏土层等覆盖岩层,使岩石与水和空气隔绝。

(3) 胶结灌法:用水泥、黏土等浆液灌入岩层或裂隙中,以增强岩层的强度,降低其透水性。

(4) 排水法:为了减少具有侵蚀性的地表水和地下水对岩石中可溶性矿物的溶解及对岩石强度的影响,适当做一些排水工程。

只有在进行详细调查研究以后,才能提出切合实际的防止岩石风化的处理措施。

6.2 滑坡与崩塌

1. 滑坡的形态

斜坡上的部分岩体和土体在自然或人为因素的影响下沿某一明显的界面发生剪切破坏向下运动的现象称为滑坡。

规模大的滑坡一般是缓慢地、长期地往下滑动,有些滑坡滑动速度很快,其过程分为蠕动变形和滑动破坏阶段,也有一些滑坡表现为急剧的运动,以每秒几米甚至几十米的速度下滑。如1983年3月发生的甘肃东乡洒勒山滑坡的最大滑速可达30~40m/s。滑坡多发生在山地的山坡、丘陵地区的斜坡、岸边、路堤或基坑等地带。大规模的滑坡可以堵塞河道,摧毁公路,破坏厂矿,掩埋村庄,对山区建设和交通设施危害很大。2005年9月正在修建的贵阳至开阳公路三江段山体发生大面积滑坡,数万立方米的巨石将道路截断,7台施工车辆与数台施工机械被埋,所幸未有人员伤亡。贵昆铁路某隧道出口段,由于开挖引起了滑坡,推移和挤裂了已成的隧道,经整治才趋于稳定。

滑坡的基本构造如图6.3所示。

(1) 滑坡体:滑坡发生后,滑动部分和母体完全脱开,这个滑动部分就是滑坡体,它和周围没有滑动部分在平面上的分界线称为滑坡周界。

(2) 滑动面、滑动带和滑坡床:滑坡向下滑动时,它和母体形成一个分界面,这个面称为滑动面。滑动面以上受滑动揉皱的地带称为滑动带,滑动带厚几厘米到几米。滑动面以下没有滑动的岩(土)体称为滑坡床。

(3) 滑坡后壁(滑坡圈谷):滑坡体滑落后,滑坡后部和坡体未动部分之间形成的一个陡度比较大的陡壁称滑坡后壁。滑坡后壁实际上是滑动面在上部的露头。滑坡后壁的左右

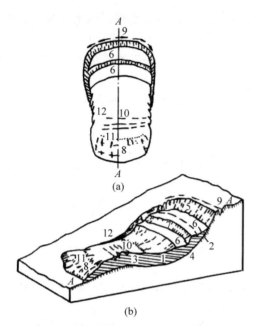

1—滑坡体；2—滑动面；3—滑动带；4—滑坡床；5—滑坡后壁；6—滑坡台地；7—滑坡台地陡坎；8—滑坡舌；9—拉张裂缝；10—滑坡鼓丘；11—扇形张裂缝；12—剪切裂缝；A—A—滑坡主轴。

图 6.3 滑坡的形态示意图
（a）平面图；（b）块状图

呈弧形向前延伸，其形态呈"圈椅状"，称为滑坡圈谷。

（4）滑坡台地：滑坡体滑落后，形成阶梯状的地面称滑坡台地。滑坡台地的台面往往向着滑坡后壁倾斜。滑坡台地前缘比较陡的破裂壁称为滑坡台坎。有两个以上滑动面的滑坡或经过多次滑动的滑坡，经常形成几个滑坡台地。

（5）滑坡鼓丘：滑坡体向前滑动时如受到阻碍，就形成隆起的小丘，称为滑坡鼓丘。

（6）滑坡舌：滑坡体前部向前伸出如舌头状部分，称滑坡舌或滑坡头。

（7）滑坡裂缝：在滑坡运动时，由于滑坡体各部分的移动速度不均匀，在滑坡体内及表面所产生的裂缝称为滑坡裂缝。滑坡后的地表裂缝如图 6.4 所示。根据受力状况不同，滑坡裂缝可分为 4 种。

① 拉张裂缝：在斜坡将要发生滑动时，由于拉力的作用，在滑坡体的后部产生一些张口的弧形裂隙。与滑坡后壁相重合的拉裂缝称主裂缝。坡上拉张裂缝的出现是产生滑坡的前兆。

② 鼓张裂缝：滑坡体下滑的过程中，如果滑动受阻或上部滑动较下部为快，则滑坡下部会向上鼓起并开裂，这些裂缝通常是张口的。鼓张裂缝的排列方向基本上与滑动方向垂直，有时交互排列成网状。

③ 剪切裂缝：滑坡体两侧和相邻不动岩土体发生相对位移时会产生剪切作用；都会形成大体上与滑动方向平行的裂缝。这些裂缝两侧常伴有如羽毛状平行排列的次一级裂缝。

④ 扇形张裂缝：滑坡体下滑时，滑坡舌向两端扩散，形成放射状张开裂缝，称扇形裂缝，也称滑坡前缘放射状裂缝。

（8）滑坡主轴：滑坡主轴也称主滑线，为滑坡体滑动速度最快的纵向线，它代表整个滑坡的滑动方向。

2. 滑坡的分类

为了滑坡的认识和治理，需要对滑坡进行分类。但由于自然界的地质条件和作用因素复杂，各种工程分类的目的和要求又不尽相同，因而可从不同角度进行滑坡分类。根据中国地质调查局地质调查技术标准（DD 2008—2）滑坡按滑坡物质和结构因素分类，见表 6.2，其他分类标准的滑坡分类如表 6.3 所示。

图 6.4 滑坡后的地表裂缝

表 6.2 滑坡物质和结构因素分类

类 型	亚 类	特 征 描 述
堆积层滑坡（土质滑坡）	滑坡堆积体滑坡	由前期滑坡形成的块碎石堆积体,沿下伏基岩或体内滑动
	崩塌堆积体滑坡	由前期崩塌等形成的块碎石堆积体,沿下伏基岩或体内滑动
	崩滑堆积体滑坡	由前期崩滑等形成的块碎石堆积体,沿下伏基岩或体内滑动
	黄土滑坡	由黄土构成,大多发生在黄土体中,或沿下伏基岩面滑动
	黏土滑坡	由具有特殊性质的黏土构成。如昔格达组、成都黏土等
	坡积层滑坡	由基岩风化壳、残坡积土等构成,通常为浅表层滑动
	人工填土滑坡	由人工开挖堆填弃渣构成,次生滑坡
岩质滑坡	近水平层状滑坡	由基岩构成,沿缓倾岩层或裂隙滑动,滑动面倾角≤10°
	顺层滑坡	由基岩构成,沿顺坡岩层滑动
	切层滑坡	由基岩构成,常沿倾向山外的软弱面滑动。滑动面与岩层层面相切,且滑动面倾角大于岩层倾角
	逆层滑坡	由基岩构成,沿倾向坡外的软弱面滑动,岩层倾向山内,滑动面与岩层层面相反
	楔体滑坡	在花岗岩、厚层灰岩等整体结构岩体中,沿多组弱面切割成的楔形体滑动
变形体	危岩体	由基岩构成,受多组软弱面控制,存在潜在崩滑面,已发生局部变形破坏
	堆积层变形体	由堆积体构成,以蠕滑变形为主,滑动面不明显

滑坡与地质结构的关系见图 6.5。

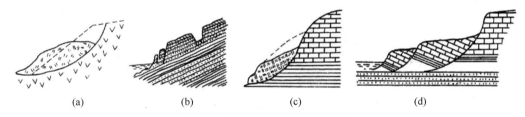

(a)　　　　　(b)　　　　　(c)　　　　　(d)

图 6.5 滑坡与地质结构示意图
(a)均质滑坡;(b)顺层滑坡;(c)沿坡积层与基岩交界面滑坡;(d)切层滑坡

表 6.3 滑坡其他因素分类表

因素	名 称 类 别	特 征 说 明
按坡体厚度 t/m	浅层滑坡	滑坡体厚度 $t \leq 10$
	中层滑坡	$10 < t \leq 25$
	深层滑坡	$25 < t \leq 50$
	超深层滑坡	$t > 50$
按滑坡的规模大小 V/m^3	小型滑坡	滑坡体体积 $V \leq 10 \times 10^4$
	中型滑坡	$10 \times 10^4 < V \leq 100 \times 10^4$
	大型滑坡	$100 \times 10^4 < V \leq 1000 \times 10^4$
	特大型	$100 \times 10^4 < V \leq 10\,000 \times 10^4$
	巨型滑坡	$V > 10\,000 \times 10^4$

续表

因素	名称类别	特征说明
按形成的年代	新滑坡	现今正在发生滑动的滑坡
	老滑坡	全新世以来发生滑动，现今整体稳定的滑坡
	古滑坡	全新世以前发生滑动的滑坡，现今整体稳定的滑坡
按力学条件	牵引式滑坡	滑坡体下部先行变形滑动，上部失去支撑力量，因而随着变形滑动
	推拉式滑坡	上部先滑动、挤压下部引起变形和滑动
按发生原因	工程滑坡	由于施工或加载等人类工程活动引起滑坡。还可细分为： 1. 工程新滑坡：由于开挖坡体或建筑物加载所形成的滑坡 2. 工程复活古滑坡：原已存在的滑坡，由于工程扰动引起复活的滑坡
	自然滑坡	由于自然地质作用产生的滑坡
按现今稳定程度	活动滑坡	发生后仍继续活动的滑坡。后壁及两侧有新鲜擦痕，滑体内有开裂、鼓起或前缘有挤出等变形迹象
	不活动滑坡	发生后已停止发展，一般情况下不可能重新活动，坡体上植被较盛，常有老建筑

滑坡调查的主要内容包括滑坡区调查、滑坡体调查、滑坡成因调查、滑坡危害调查及滑坡防治情况调查。野外调查记录按以上 5 项调查内容填写滑坡野外调查表，调查表不得遗漏滑坡主要要素。

3. 滑坡的发育过程与力学分析

1）滑坡的发育过程

一般来说，滑坡的发生是一个长期的变化过程，通常将滑坡的发育过程分为三个阶段：蠕动变形阶段、滑动破坏阶段和渐趋稳定阶段。

（1）蠕动变形阶段。

在自然条件和人为因素作用下，斜坡的稳定因素受到破坏；在斜坡内部某一部分因抗剪强度小于剪切力而首先变形，产生微小的移动；变形进一步发展，直至坡面出现断续的拉张裂缝；随着拉张裂缝的出现，渗水作用加强，变形进一步发展，后缘拉张，裂缝加宽，两侧剪切裂缝也相继出现。

斜坡在整体滑动之前出现的各种现象叫作滑坡的前兆现象，尽早发现和观测滑坡的各种前兆现象，对于滑坡的预测和预防都是很重要的。

（2）滑动破坏阶段。

滑坡在整体往下滑动的时候，滑坡后缘迅速下陷，滑坡壁越露越高，滑坡体分裂成数块，并在地面上形成阶梯状地形，滑坡体上的树木东倒西歪地倾斜，形成"醉林"（图 6.6）。

随着滑坡体向前滑动，滑坡体向前伸出，形成滑坡舌。

滑坡体滑动时往往伴有巨响并产生很大的气浪，有时造成巨大灾害。

（3）渐趋稳定阶段。

由于滑坡体在滑动过程中具有动能，所以滑坡体能越过平衡位置，滑到更远的地方。

在自重的作用下，滑坡体上松散的岩土逐渐压密，地表的各种裂缝逐渐被充填，滑动带附近岩土的强度由于压密固结又重新增加，这时对整个滑坡的稳定性也大为提高。

经过若干时期后，滑坡体上东倒西歪的"醉林"又重新垂直向上生长，但其下部已不能伸直,因而树干呈弯曲状,有时称它为"马刀树",如图 6.7 所示,这是滑坡趋于稳定的一种现象。

图 6.6　醉林　　　　　　　　　图 6.7　马刀树

滑坡趋于稳定之后,如果滑坡产生的主要因素已经消除,滑坡将不会再滑动,而转入长期稳定。若产生滑坡的主要因素并未完全消除,且不断累积,当累积达到一定程度后,稳定的滑坡便又会重新滑动。

2) 滑坡的力学分析

滑坡是在斜坡上岩土体遭到破坏,使滑坡体沿着滑动面(带)下滑而造成的地质现象。滑动面有平直的、弧形的(图 6.8)、折线形的,如沿层面或接触面滑动的直线型滑动面,均质滑坡的圆弧型滑动面,节理岩体中的滑坡有折线型滑动面。

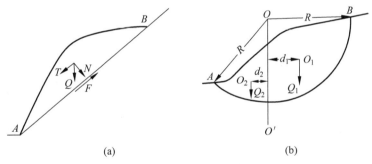

图 6.8　滑坡力学平衡示意图
(a) 平面滑动；(b) 圆弧滑动

(1) 直线型滑动面：在平面滑动情形下(图 6.8(a)),滑坡体的稳定系数 K 为滑动面上的总抗滑力 F 与岩土体重力 Q 所产生的总下滑力 T 之比,即

$$K = \frac{总抗滑力}{总下滑力} = \frac{F}{T} \tag{6.1}$$

当 $K<1$ 时,滑坡发生；当 $K \geqslant 1$ 时,滑坡体稳定或处于极限平衡状态。

(2) 圆弧型滑动面：在圆形滑动情形下(图 6.8(b)),滑动面中心为 O,滑弧半径为 R。过滑动圆心 O 作一铅直线,将滑坡体分成两部分。在线的右部分为滑动部分,其质量为 Q_1,它能绕 O 点形成滑动力矩 $Q_1 d_1$,线的左部分的质量为 Q_2,形成抗滑力矩 $Q_2 d_2$,滑坡的稳定系数 K 为总抗滑力矩与总滑动力矩之比,即

$$K = \frac{总抗滑力矩}{总滑动力矩} = \frac{Q_2 d_2 + \tau l_{AB} R}{Q_1 d_1} \tag{6.2}$$

式中,τ——滑动面上的抗剪强度。

当 $K<1$ 时,滑坡失去平衡,而发生滑坡。

(3)折线型滑动面:在折线滑动情形下,可采用分段的力学分析。如图 6.9 所示,从上至下逐块计算推力,每块滑坡体向下滑动的力与岩体阻挡下滑力之差,也称剩余下滑力,是逐级向下传递的,即

$$E_i = F_s - T_i - N_i f_i - c_i l_i + E_{i-1}\psi \quad (6.3)$$

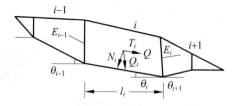

图 6.9 折线滑动面的滑坡稳定计算图

式中,E_i——第 i 块滑坡体的剩余下滑力,kN/m;

E_{i-1}——第 $i-1$ 块滑坡体的剩余下滑力,kN/m;

ψ——传递系数,$\psi = \cos(\theta_{i-1} - \theta_i) - \sin(\theta_{i-1} - \theta_i)\tan\varphi_i$;

T_i——作用于第 i 块滑动面上的滑动分力,kN/m,$T_i = Q_i \sin\theta_i$;

N_i——作用于第 i 块滑动面上的法向分力,kN/m,$N_i = Q_i \cos\theta_i$;

Q_i——第 i 块岩土体重量,kN/m;

f_i——第 i 块滑坡体沿滑动面岩土的内摩擦系数,$f_i = \tan\varphi_i$;

l_i——第 i 滑坡体的长度,m;

φ_i、c_i——分别为第 i 块滑坡体沿滑动面岩土的内摩擦角(°)和内聚力(kN/m²);

θ_i、θ_{i-1}——分别为第 i 块和第 $i-1$ 块滑坡体的滑动面与水平角的夹角,(°);

F_s——安全系数。

当任何一块剩余下滑力为零或负值时,说明该块对下一块不存在滑坡推力。当最终一块岩土体的剩余下滑力为负值或零时,表示整个滑坡体是稳定的;如为正值,则表示不稳定,应按此剩余下滑力设计支挡结构。由此可见,支挡结构设置在剩余下滑力最小位置处较合理。

3)影响滑坡的因素

凡是引起斜坡岩土体失稳的因素称为滑坡因素。这些因素可使斜坡外形改变、岩土体性质恶化以及增加附加荷载等而导致滑坡的发生。概括起来,主要因素如下。

(1)斜坡外形。斜坡的存在,使滑动面能在斜坡前缘临空出露。这是滑坡产生的先决条件。同时,斜坡不同高度、坡度、形状等要素可使斜坡内力状态变化,内应力的变化可导致斜坡稳定或失稳。当斜坡越陡、高度越大以及当斜坡中上部突起而下部凹进,且坡脚无抗滑地形时,滑坡容易发生。

(2)岩性。滑坡主要发生在易亲水软化的土层中和一些软岩中。例如黏质土、黄土和黄土类土、山坡堆积、风化岩以及遇水易膨胀和软化的土层。软岩有页岩、泥岩和泥灰岩、千枚岩以及风化凝灰岩等。

(3)构造。斜坡内的一些层面、节理、断层、片理等软弱面若与斜坡坡面倾向近于一致,则此斜坡的岩土体容易失稳成为滑坡。

(4)水。水的作用可使岩土软化、强度降低,可使岩土体加速风化。若为地表水作用还可以使坡脚侵蚀冲刷;地下水位上升可使岩土体软化、增大水力坡度等。不少滑坡有"大雨大滑、小雨小滑、无雨不滑"的特点,说明水对滑坡作用的重要性。

(5)地震。地震可诱发滑坡,在山区更为普遍。地震首先将斜坡岩土体结构破坏,可使

粉砂层液化,从而降低岩土体抗剪强度;同时地震波在岩土体内传递,使岩土体承受地震惯性力,增加滑坡体的下滑力,促进滑坡的发生。

(6) 人为因素。

① 破坏坡角:在兴建土建工程时,由于切坡不当,斜坡的支撑被破坏。

② 堆载不当:在斜坡上方任意堆填岩土方、兴建工程、增加荷载,会破坏原来斜坡稳定的质地。

③ 破坏排水:人为破坏表层覆盖物,增强地表水下渗,或破坏自然排水系统,使坡体水量增加。

④ 排水不当:引水灌溉或排水管道漏水使水渗入斜坡,促使滑动因素增加。

4. 滑坡的治理

1) 治理原则

滑坡的治理要贯彻以防为主、整治为辅的原则;尽量避开大型滑坡所影响的位置;对大型复杂的滑坡,应尽可能综合治理;整治最危险、最先滑的部位;整治滑坡应先做好排水工程,分析形成滑坡的因素,采取相应措施。

2) 治理措施

(1) 排水。

① 地表排水:主要是设置截水沟和排水明沟系统。截水沟是用来截排来自滑坡体外的坡面径流;排水明沟系统用以汇集坡面径流,将其引导出滑坡体外(图 6.10)。

② 地下排水:设置各种形式的渗沟或盲沟系统,以截排来自滑坡体外的地下水流。

(2) 支挡。

在滑坡体下部修筑挡土墙(图 6.11(a))、抗滑桩或用锚杆加固(图 6.11(b))等工程以增加滑坡下部的抗滑力。在使用支挡工程时,应该明确各类工程的作用。如滑坡前缘有水流冲刷,应首先在岸边做支挡等防护工程,然后再考虑滑体上部的稳定。

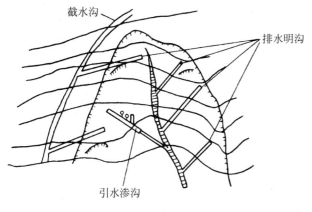

图 6.10 树枝状排水系统

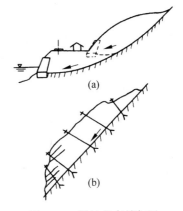

图 6.11 滑坡的支挡加固

(3) 刷方减重。

削减坡角或降低坡高,可以减轻斜坡不稳定部位的质量,从而减少滑坡上部的下滑力。如拆除坡顶处的房屋和搬走重物等。

(4) 改善滑动面(带)岩土性质(增加强度)。

主要是为了改良岩土性质、结构,以及增加破体强度。主要措施:对岩质滑坡采用固结灌浆;对土质滑坡采用电化学加固、冻结、焙烧等。

此外,还应对某些影响滑坡的滑动隐患进行整治,如防水流冲刷、降低地下水位、防止岩石风化等具体措施。

5. 崩塌

在陡峻或极陡斜坡上,某些大块或巨块岩石突然崩落或滑落,顺山坡猛烈地翻滚跳跃,岩块相互撞击破碎,最后堆积于坡脚,这一过程称为崩塌。规模极大的崩塌可称为山崩,而仅个别巨石崩落称坠石。

崩塌会使建筑物,有时甚至整个居民点遭到破坏,使公路和铁路被掩埋。由崩塌带来的损失不单单是建筑物毁坏的直接损失,常因此导致交通中断,给运输带来重大损失。我国兴建天兰铁路时,为了防止崩塌掩埋铁路耗费极大工程量。崩塌有时还会使河流堵塞形成堰塞湖,这样就会将上游建筑物以及农田淹没。在宽河谷中,由于崩塌能使河流改道及改变河流性质,从而造成急湍地段。

1) 崩塌的发生条件

(1) 山坡的坡度及其表面的构造:山坡坡度往往达55°～75°;山坡表面凹凸不平,则沿突出部分可能发生崩塌。

(2) 岩石性质和节理程度:岩石性质不同,其强度、风化程度、抗风化和抗冲刷的能力及其渗水程度不同。软、硬岩层互层组成的陡峻山坡,软岩层属易于风化,硬岩层失去支持而引起崩塌(图6.12)。

(3) 地质构造:岩层倾斜方向和山坡倾向相反,其稳定程度较顺山坡倾斜的岩层大。岩层顺山坡倾斜,其稳定程度的大小还取决于倾角大小和破碎程度。一切构造作用,正断层、逆断层、逆掩断层,特别在地震强烈地带对山坡的稳定程度有着不良影响,而其影响的大小又决定于构造破坏的性质、大小、形状和位置。

2) 崩塌的防治

只有小型崩塌,才能防止其不发生,对于大型崩塌只能选择绕避。路线通过小型崩塌区时,防治方法有防止崩塌及拦挡防御。

(1) 爆破或打楔。将陡崖削缓,并清除易坠的岩石。

(2) 堵塞裂隙或向裂隙内灌浆,以提高崩塌危险岩石的稳定性。

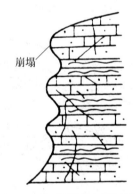

图6.12 软、硬岩层下层软岩石风化后使硬岩石失去支持而引起崩塌

(3) 调整地表水流。在崩塌地区上方修截水沟,以阻止水流流入。

(4) 为防止风化将山坡和斜坡铺砌覆盖(图 6.13),可在坡面上喷浆。

(5) 筑明峒或御塌棚(图 6.14)。

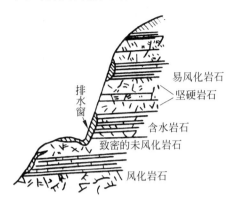

图 6.13 用砌石护面防治易风化岩层裂隙

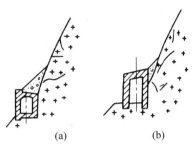

图 6.14 明洞和御塌棚
(a) 明洞;(b) 御塌棚

(6) 筑护墙及围护棚(木的、石的、铁丝网)以阻挡坠落石块,并及时清除围护建筑物中的堆积物。

(7) 在软弱岩石出露处修筑挡土墙,以支持上部岩石的重量(这种措施常用于修建铁路路基而需要开挖很深的路堑时)。

6.3 泥石流

1. 泥石流的类型

泥石流是山区特有的一种自然地质现象。它是由降水(暴雨、融雪、冰川)形成的一种挟带大量泥砂、石块等固体物质的特殊洪流,对地质有强大的破坏力。

泥石流是一种含有大量泥砂石块等固体物质,突然暴发,历时短暂,来势凶猛,对地质有强大破坏力的特殊洪流。泥石流与洪水不同,它暴发时,山谷雷鸣,地面震动,浑浊的泥石流体仗着陡峻的山势,沿着峡谷深涧,前推后涌,冲出山外,往往在顷刻之间给人类造成巨大的灾害。四川省华蓥市溪口镇 1989 年 7 月 9 日至 10 日发生了百年未遇的特大暴雨,降雨量达 886mm/h。溪口镇东侧山体基底的软弱页岩饱水软化、蠕动,导致上覆岩体拉裂、解体。约 100 万 m³ 的岩体于 10 日 13 时 30 分突然起动,以 15km/min 的速度自高程 820m 的斜坡上向高程 300m 左右的溪口镇滑去。在滑动过程中,滑体因碰撞和跳跃而被粉碎,产生"气垫"效应和冲击波,形成碎屑流。滑体所经之处,农田、房屋全被摧毁吞没,掩埋 221 人,直接经济损失几百万元。

泥石流按其物质组成可分为如下三类。

(1) 水石流型泥石流:一般含有非常不均的粗颗粒成分,黏土质细物质含量少,且它们在泥石流运动过程中极易被冲洗掉。所以水石流型泥石流的堆积物常是很粗大的碎屑物质。

(2) 泥石流型泥石流：一般含有很不均匀的粗碎屑物质和相当多的黏土质细粒物质，因而具有一定的黏结性，所以堆积物常形成连接较牢固的土石混合物。

(3) 泥水流型泥石流：固体物质基本上由细碎屑和黏土物质组成。这类泥石流主要分布在我国黄土高原地区。

2. 泥石流的形成条件

泥石流的形成必须具备丰富的松散泥石物质来源，陡峻山坡和较大沟谷以及大量集中水源的地形、地质和水文气象条件。

1) 地形条件

典型泥石流的流域可分为三个区(图 6.15)。

(1) 泥石流形成区(上游)。

该区多为三面环山、一面有出口的瓢状或斗状围谷。这样的地形既有利于承受来自周围山坡的固体物质，也有利于集中水流。山坡坡度多为 30°~60°，坡面侵蚀及风化作用强烈，植被生长不良，山体光秃破碎，沟道狭窄。在严重的塌方地段，沟谷横断面呈 V 形。

(2) 泥石流流通区(中游)。

该区多为狭窄而深切的峡谷或冲沟，谷壁陡峻而纵坡降较大，常出现陡坎和跌水，泥石流进入本区极具冲刷能力。流通区形似颈状或喇叭状。非典型的泥石流沟可能没有明显的流通区。

(3) 泥石流堆积区(下游)。

一般位于山口外或山间盆地的边缘，地形较平缓。泥石流至此速度急剧变小，最终堆积下来，形成扇形、锥状堆积体，有的堆积区还直接成为河漫滩或阶地。

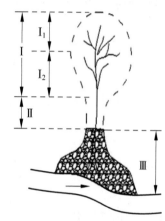

Ⅰ—形成区(Ⅰ$_1$—汇水动力区；Ⅰ$_2$—固体物质供给区)；Ⅱ—流通区；Ⅲ—堆积区。

图 6.15 泥石流流域分区图

2) 地质条件

丰富的固体物质来源决定于地区的地质条件。凡泥石流十分活跃的地区都是地质构造复杂、断裂褶皱发育、新构造运动强烈、地震烈度大的地区。由于这些原因，致使地表岩层破碎，各种不良物理地质现象(如山崩、滑坡、崩塌等)层出不穷，为泥石流丰富的固体物质来源创造了有利条件。

3) 水文气象条件

形成泥石流的水源取决于地区的水文气象条件。我国广大山区形成泥石流的水源主要来自暴雨。暴雨量和强度越大，所形成的泥石流规模也就越大。如我国云南东川地区，一次在 6h 内降雨量达 180mm，形成了历史上少见的特大暴雨型泥石流。在高山冰川分布地区，冰川积雪的强烈消融也能为形成泥石流提供大量水源，冰川湖或由山崩、滑坡堵塞而成的高山湖的突然溃决，往往形成规模极大的泥石流。这样的例子在西藏东南部是很多的。

4) 人类因素

人类工程活动的不当可促进泥石流的发生、发展、复活或加重其危害程度。可能诱发泥石流的人类工程经济活动主要有以下几个方面。

(1) 不合理开挖。修建铁路、公路、水渠以及其他工程建筑的不合理开挖。

有些泥石流就是在修建公路、水渠、铁路以及其他建筑活动时，破坏了山坡表面而形成的。如云南省东川至昆明公路的老干沟，因修公路及水渠，使山体破坏，加之1966年犀牛山地震又形成崩塌、滑坡，致使泥石流更加严重。又如香港多年来修建了许多大型工程和地面建筑，几乎每个工程都要劈山填海或填方，才能获得合适的建筑场地。1972年的一次暴雨，使正在施工的挖掘工程现场120人死于滑坡造成的泥石流。

(2) 不合理的弃土、弃渣、采石。

这种行为形成的泥石流的事例很多。如四川省冕宁县泸沽铁矿汉罗沟，因不合理堆放弃土、矿渣，1972年一场大雨暴发了矿山泥石流，冲出松散固体物质约10万 m^3，淤埋成昆铁路300m和喜(德)—西(昌)公路250m，中断行车，给交通运输带来严重损失。又如甘川公路西水附近，1973年冬在沿公路的沟内开采石料，1974年7月18日发生泥石流，使15座桥涵淤塞。

(3) 滥伐乱垦。

滥伐乱垦会使植被消失、山坡失去保护、土体疏松、冲沟发育，大大加重水土流失，进而山坡的稳定性被破坏，崩塌、滑坡等不良地质现象发育，结果就很容易产生泥石流。例如甘肃省白龙江中游现在是我国著名的泥石流多发区。而在一千多年前，那里竹树茂密、山清水秀，后因伐木烧炭、烧山开荒，森林被破坏，才造成泥石流泛滥。又如甘川公路石坳子沟山上大耳头，原是森林区，因毁林开荒，1976年发生的泥石流，毁坏了下游村庄、公路，造成人民生命财产的严重损失。当地群众说："山上开亩荒，山下冲个光。"

3. 泥石流的防治

掌握泥石流的独有特征和发生发展规律，选择好线路的位置，是防治泥石流的最有效措施。对于大型的严重发育的泥石流地段，一般绕避为好。实在无法绕避的，在调查泥石流活动规律后，选择有利位置，采用适宜的建筑物通过。

1) 拦挡工程

拦挡工程主要用于上游形成区的后缘，主要建筑物是各种形式的坝，它的主要作用是拦泥滞流和护床固坡(图6.16)。

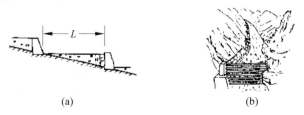

图 6.16 泥石流拦挡措施
(a) 拦挡墙；(b) 格栅坝

2）排导工程

排导工程主要用于下游的洪积扇上,目的是防止泥石流漫流改道,减小冲刷和淤积的破坏以保护附近的居民点、工矿点和交通线路。

排导工程主要包括排导沟、渡槽、急流槽、导流堤、排洪道等。

3）水土保持

水土保持是泥石流的治本措施。其措施包括平整山坡、植树造林,保护植被等,维持较优化的生态平衡。

4．泥石流灾害的预报方法

（1）在典型的泥石流沟进行定点观测研究,力求解决泥石流的形成与运动参数问题。

如对云南省东川地区小江流域蒋家沟、大桥沟等泥石流的观测试验研究;对四川省汉源县沙河泥石流的观测研究等。

（2）调查潜在泥石流沟的有关参数和特征。

（3）加强水文、气象的预报工作,特别是对小范围的局部暴雨的预报。因为暴雨是形成泥石流的激发因素。例如,当月降雨量超过350mm时,日降雨量超过150mm时,就应发出泥石流警报。

（4）建立泥石流技术档案,特别是大型泥石流沟的流域要素、形成条件、灾害情况及整治措施等资料应逐个详细记录。并解决信息接收和传递等问题。

（5）划分泥石流的危险区、潜在危险区或进行泥石流灾害敏感度分区。

（6）开展泥石流防灾警报器的研究及室内泥石流模型试验研究。

6.4　岩溶与土洞

岩溶也称喀斯特（Karst）,是指可溶性岩层,如碳酸盐类岩层（石灰岩、白云岩）、硫酸盐类岩层（石膏）和卤素类岩层（岩盐）等受水的化学和物理作用产生的沟槽、裂隙和空洞,以及空洞顶板塌落使地表产生陷穴、洼地等特殊的地貌形态和水文地质现象作用的总称。岩溶是不断流动着的地表水、地下水与可溶岩相互作用的产物。可溶岩被水溶蚀、迁移、沉积的全过程称"岩溶作用"过程,而由岩溶作用过程产生的一切地质现象称"岩溶现象"。可溶岩表面上的溶沟、溶槽和奇特的孤峰、石林、坡立谷、天生桥、漏斗、落水洞、竖井以及地下的溶洞、暗河、钟乳石、石笋、石柱等皆是岩溶现象。

岩溶作用的结果使可溶性岩体的结构发生变化,岩石的强度大为降低,岩石的透水性明显增大,并富含地下水,因此岩溶对工程建筑兴建及使用往往造成不利的条件,对水工建筑的坝基稳定及坝库渗漏带来严重威胁。在世界建筑史上,有许多建筑在岩溶化岩层上的建筑物,由于没有掌握岩溶的发育规律和进行适当处理,以致造成严重事故。

世界大陆75%为沉积岩,15%为碳酸盐岩,约4000万km^2为可溶岩。我国碳酸盐岩分布面积334万km^2,约占国土面积的36%。川、黔、桂、湘、鄂等地是我国主要的岩溶区。

我国地跨热带、亚热带和温带不同气候区,形成不同气候区独特的岩溶类型及特征。

我国南方地区岩溶以化学作用为主,地貌景观以石芽、石柱峰丛、峰林、大峡谷、溶洞等为特色;我国北方地区气温低,溶蚀速度要慢很多,水不是参与作用的主要原因,而是以断裂、崩塌等物理因素为主的破坏。

1. 岩溶

1) 岩溶的主要形态

岩溶在碳酸盐岩地层分布区最为发育,常见的地表喀斯特地貌有石芽、石林、峰林等喀斯特正地形,还有溶沟、落水洞、盲谷、干谷、喀斯特洼地(包括漏斗、喀斯特盆地)等喀斯特负地形,如图 6.17 所示;地下喀斯特地貌有溶洞、地下河、地下湖等;与地表和地下密切相关联的喀斯特地貌有竖井、天生桥等。

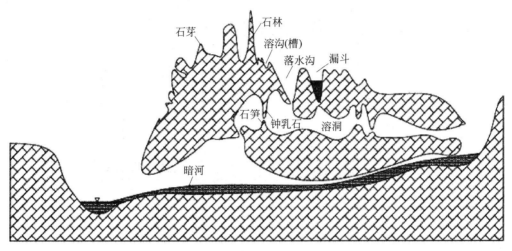

图 6.17 岩溶形态示意图

(1) 石林、溶沟和溶槽。

水沿可溶性岩石的节理、裂隙进行溶蚀和冲蚀所形成的沟槽间突起岩石称石芽。形成的沟槽深度由数厘米至几米,或者更大些,浅者为溶沟,深者为溶槽。沟槽间的底部往往被土及碎石所充填。在质纯层厚的石灰岩地区,可形成巨大的貌似林立的石芽,称为石林,如云南路南石林最高达 50m。

(2) 落水洞。

落水洞是流水沿裂隙进行溶蚀、机械侵蚀以及塌陷形成的近于垂直的洞穴。它是地表水流入喀斯特含水层和地下河的主要通道,形态不一,深度可达十几米到几十米,甚至达百余米。中国各地对落水洞的称谓不同,有无底洞、消水洞、消洞等名称。落水洞进一步向下发育,形成井壁很陡、近于垂直的井状管道,称为竖井,又称天然井。

(3) 溶蚀漏斗。

溶蚀漏斗是地面凹地汇集雨水,沿节理垂直下渗,并溶蚀扩展成漏斗状的洼地,直径一般几米至几十米,底部常有落水洞与地下溶洞相通。

(4) 干谷和盲谷。

喀斯特地区地表水因渗漏或地壳抬升,使原河谷干涸无水而变为干谷,干谷又称死谷。其底部较平坦,常覆盖有松散堆积物,沿干河床有漏斗、落水洞成群地作串球状分布,往往成为寻找地下河的重要标志。盲谷是一端封闭的河谷。河流前端常遇石灰岩陡壁阻挡,石灰岩陡壁下常发育落水洞,遂使地表水流转为地下暗河。这种向前没有通路的河谷称为盲谷,又称断尾河,常发育于地下水水力坡降变陡处,是地下河袭夺地表河所致。

(5) 溶洞。

溶洞的形成是石灰岩地区地下水长期溶蚀的结果。石灰岩的主要成分是碳酸钙($CaCO_3$),在有水和二氧化碳时发生化学反应生成碳酸氢钙($Ca(HCO_3)_2$),后者可溶于水,于是有空洞形成并逐步扩大。在洞内常发育有石笋、钟乳石和石柱等(图 6.18)洞穴堆积。洞中这些碳酸钙沉积琳琅满目,形态万千,一些著名的溶洞,如桂林的七星岩和芦笛岩、贵州的打鸡洞等,均为游览胜地。

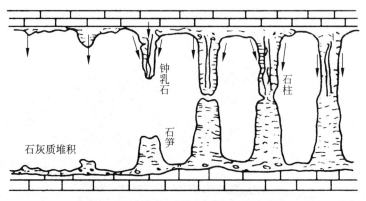

图 6.18 钟乳石、石笋和石柱生成示意图

(6) 暗河与天生桥。

暗河是岩溶地区地下水汇集、排泄的主要通道,其中一部分暗河常与干谷伴随存在,通过干谷底部一系列的漏斗落水洞,使两者相连通,可大致判明地下暗河的流向,近地表的溶洞或暗河顶板塌陷,有时残留一段为塌陷洞顶,形成横跨水流,呈桥状形态,故称为"天生桥"。

2) 碳酸盐岩的溶蚀机理

碳酸盐岩参与岩溶过程中的营力及其所引起的岩溶作用较为复杂。诸如地下水和地表水的溶蚀和沉淀,地表水的侵蚀、剥蚀和堆积,地下洞穴高压空气的冲爆和低压空气的吸蚀,地下水的机械潜蚀、冲蚀与堆积,地下洞穴的重力坍塌、塌陷与堆积等。

其中以地表水和地下水的溶蚀作用最为经常和积极。溶蚀作用不仅直接塑造了各种地表和地下岩溶地貌,同时又是其他岩溶作用的先导和条件。自然界分布的可溶盐岩以碳酸盐岩为主,其岩溶的发育与工程建设的关系极为密切。因此,从工程地质观点研究岩溶的形成机制,应以地下水对碳酸盐岩的溶蚀作用为主。

碳酸盐岩是化学上的难溶盐,形成岩溶的原因如下:地下水并非纯水,而是化学成分十分复杂的溶液,水中除了最常见的碳酸外,还有无机酸、有机酸和其他盐类,这些化学成分对碳酸盐共同起着溶蚀作用。

碳酸盐的溶蚀涉及多相体系化学平衡的复杂溶解过程,同时,又有某些特殊效应使其溶蚀能力加强,致使岩溶发育既有由表及里的趋势,又有地下岩溶优先并强烈发育的现象。

3) 影响岩溶发育的因素

岩溶的发育必须具备几个因素:具有可溶性岩石;岩石是透水的;水必须具有侵蚀性;水在岩石中应处于不断的运动状态中。

(1) 岩体岩性的影响。

岩体首先是可溶的。根据岩石的溶解度，能造成岩溶的岩石可分三大组。

第一组：碳酸盐类岩石，如石灰岩、白云岩和泥灰岩；

第二组：硫酸盐类岩石，如石膏和硬膏；

第三组：卤素岩，如岩盐。

这三组岩石中以碳酸盐类溶解度最低，但当水中含有碳酸时，溶解度将剧烈增加。第二组为硫酸盐岩石，其溶解度远远大于碳酸盐类岩石，硬石膏在蒸馏水中溶解度是方解石的190倍。第三组是卤素岩石，其溶解度比以上两者都大。就我国分布的情况来看，碳酸盐最多，此为石膏和硬石膏，岩盐最少。

岩体不仅是由可溶解的岩石组成，而且岩体必须具有透水性能，这才有发展岩溶的可能。透水性有两方面：一是岩石本身的透水性，二是岩体内要有裂隙。

(2) 气候的影响。

气候是岩溶发育的一个重要因素，它直接影响着参与岩溶作用的水的溶蚀能力，控制岩溶发育的类型、规模和速度，主要表现在气温、降水量、降水性质、降水的季节分布及蒸发量的大小和变化。其中降水量和气温对岩溶发育影响最大。降水量和气温越高，越有利于溶蚀作用，岩溶也越发育。

降水量影响地下水补给的丰缺，进而影响地下水的循环交替条件，降水通过空气，尤其是通过土壤渗透补给地下水的过程中获得的游离CO_2，能够大大加强水对碳酸盐岩的溶蚀能力，因此降水量大的地区比降水量小的地区岩溶发育强烈。

温度高低直接影响各种化学反应速度和生物新陈代谢的快慢，温度较高的地区常比温度较低的地区岩溶发育。

气候类型分为热带地区、亚热带地区、温带地区、湿润气候区、温带干旱气候区等。

热带地区：溶蚀、侵蚀-溶蚀起主导作用，岩溶作用充分而强烈，地表为峰林、丘峰、溶洼及溶原，地下洞穴系统及暗河发育，岩溶泉数量多，水量大。

亚热带地区：以溶丘与溶洼、溶斗为特征，岩溶发育。

温带地区：地表岩溶一般不太发育，为常态侵蚀地形，几乎无岩溶封闭负地形，以规模不大的地下隐伏岩溶为主，岩溶泉数量少，但流量较大而稳定，本区以干谷和岩溶泉为特征。

湿润气候区：有岩溶作用及流水侵蚀作用，在剥蚀面上有封闭的岩溶负地形残留，并在此基础上发育现代岩溶。

温带干旱气候区：现代岩溶作用极其微弱，早期形成的石芽、溶洞、溶沟、溶斗等逐渐受到其风化作用的破坏。

(3) 地形地貌的影响。

地形地貌是影响地下水循环交替条件的重要因素。

区域地貌：表征着地表水文网的发育特点，反映了局部和区域性的侵蚀基准面和地下水排泄基准面的性质和分布，控制地下水的运动趋势和方向，从而也控制了岩溶发育的总趋势。

不同地貌部位发育的岩溶形态不同。

岩溶平原区：垂直渗入带较薄，容易形成埋深较浅的溶洞和暗河。

宽缓切割的分水岭地带：垂直渗入带也较薄，可在不深处发育水平洞穴。

切割较深的山地、高原或高原边缘地带：垂直渗入带很厚，地下水埋藏很深，以垂直岩溶形态为主，水平岩溶形态发育于埋深较大的地下水面附近。

补给区与排泄区高差、距离：补给区与排泄区高差越大，距离越短，则地下水的循环交替条件越好，岩溶发育越强烈，深度也越大。

随高程变化，岩溶形态类型具有明显的垂直分带性，如新几内亚岛高山区岩溶的垂直分带如表6.4所示。

表6.4 新几内亚岛高山区岩溶的垂直分带　　　　　　　　　　　　　　　m

岩溶形态	最大发育带高度	岩溶形态	最大发育带高度
石林	0～200	溶丘与洼地	2500～3700
峰林	0～1500	溶沟	3500～4500

（4）地质构造的影响。

断裂的产状、性质、密度、规模及相互结合的特点，决定着岩溶的形态、规模、发育速度及空间分布。

沿一组优势裂隙可发育成溶沟、溶槽；沿两组或两组以上裂隙可发育成石芽及落水洞。

大型溶蚀洼地的长轴、落水洞和溶斗的平面分布、溶洞和暗河的延伸方向常与断层或某组优势节理裂隙的走向一致。

规模较大的断层常可构成小型或次级断裂的集水通道，其水源补给充沛，混合溶蚀效应条件较好，因此易于形成规模巨大的洞穴。

褶皱的形态、性质及展布方向控制着可溶盐岩及岩溶的空间分布。如褶皱开阔平缓时，碳酸盐岩在地表的分布较广泛，岩溶较为发育，分布也较广泛；在紧密褶皱区，可溶盐岩与非可溶盐岩相间分布，地表侵蚀与溶蚀地貌景观也呈相间分布，地下洞穴系统横向发展受限，岩溶主要沿岩层走向发育。

（5）新构造运动的影响。

新构造运动的性质十分复杂，从对岩溶发育的影响来看，地壳的升降运动关系最为密切。地壳运动的性质、幅度、速度和波及范围控制着地下水循环交替条件的好坏及其变化趋势，从而控制了岩溶发育的类型、规模、速度、空间分布及岩溶作用的变化趋势。

地壳运动的基本形式有相对稳定、上升、下降三种。

① 地壳相对稳定：当地局部排泄基准面与地下水面的位置都比较固定，地下水动力分带现象及剖面上岩溶垂直分带现象都十分明显，有利于侧向岩溶作用，岩溶形态的规模较大。在地表形成溶原、溶洼及峰林地形，在地下各种岩溶通道十分发育，尤其地下水面附近，可形成连通性较好、规模巨大的水平溶洞和暗河。当地壳相对稳定的时间越长，则地表与地下岩溶作用越强烈。

② 地壳上升：控制碳酸盐岩地区的侵蚀基准面，如流经碳酸盐岩分布区的河水位相对下降，则地下水位也相应下降。这时，虽然地下水的径流排泄条件较好，但因地下水位不断下降，侧向岩溶作用较弱，水平溶洞和暗河不发育，而以垂直形态的岩溶（溶隙、垂直管道）为主，岩溶作用深度虽较大，但其差异性和岩溶空间分布的不均匀性都不显著。

③ 地壳下降：地下水的循环交替条件减弱，岩溶作用也减弱。当地壳下降幅度较大时，已经形成的岩溶可能被新的沉积物所覆盖，成为隐伏岩溶。当覆盖层厚度数米至数十米

时为覆盖型岩溶；当覆盖层厚度数十米至数百米时为掩埋型岩溶。这时新的岩溶作用微弱甚至停止发育。

2．土洞与潜蚀

土洞因地下水或者地表水流入地下土体内，将颗粒间可溶成分溶滤，带走细小颗粒，使土体被掏空成洞穴而形成。这种地质作用的过程称为潜蚀。当土洞发展到一定程度时，上部土层发生塌陷，破坏地表原来形态，危害建(构)筑物安全和使用。

1) 土洞的形成条件

土洞的形成主要是潜蚀作用导致的。潜蚀是指地下水流在土体中进行溶蚀和冲刷的作用。

(1) 溶滤潜蚀：如果土体内含有可溶成分，地下水流先将土中可溶成分溶解，而后将细小颗粒从大颗粒间的孔隙中带走，因而这种具有溶滤作用的潜蚀称为溶滤潜蚀。溶滤潜蚀主要是因溶解土中可溶物而使土中颗粒间的联结性减弱和破坏，从而使颗粒分离和散开，为机械潜蚀创造条件。例如黄土，含碳酸盐、硫酸盐或氯化物的砂质土和黏质土等。

(2) 机械潜蚀：如果土体内不含有可溶成分，则地下水流仅将细小颗粒从大颗粒间的孔隙中带走，这种现象我们称为机械潜蚀。其实机械潜蚀也是冲刷作用之一，也称内部冲刷。

机械潜蚀的发生，除了土体中的结构和级配成分能容许细小颗粒在其中搬运移动外，地下水的流速是搬运细小颗粒的动力。

能起动颗粒的流速称为临界流速，不同直径大小的颗粒具有一定的临界流速。当地下水流速大于临界流速时，就要注意发生潜蚀的可能性。

2) 土洞的类型

土洞可分为由地表水下渗发生机械潜蚀作用形成的土洞和岩溶水流潜蚀作用形成的土洞。

(1) 由地表水下渗发生机械潜蚀作用形成的土洞，主要形成因素有三点。

① 土层的性质：土层的性质是造成土洞发育的根据。最易发育成土洞的土层性质和条件是含碎石的亚砂土层。

② 土层底部必须有排泄水流和土粒的良好通道。

③ 地表水流能直接渗入土层中。地表水渗入土层内有三种方式：第一种是利用土中孔隙渗入；第二种是沿土中的裂隙渗入；第三种是沿一些洞穴或管道流入。

(2) 由岩溶水流潜蚀作用形成土洞。

这类土洞与岩溶水有水力联系，它分布于岩溶地区基岩面与上覆的土层(一般是饱水的松软土层)接触处。

这类土洞的生成是由于岩溶地区的基岩面与上覆土层接触处分布有一层饱水程度较高的软塑至半流动状态的软土层，当地下水在岩溶的基岩表面附近活动时，水位的升降可使软土层软化，地下水的流动能在土层中产生潜蚀和冲刷，可将软土层的土粒带走，使基岩表面冲刷成洞穴，这就是土洞形成过程。

本类土洞发育的快慢主要取决于以下因素。

① 基岩面上覆土层性质：如为软土或高含水量的稀泥，则基岩面容易被水流潜蚀和

冲刷。
② 地下水的活动强度。
③ 基岩面附近岩溶和裂隙的发育程度。

3. 岩溶和土洞的防治

岩溶和土洞的防治应首先设法避开有威胁的岩溶和土洞区,实在不能避开时,再考虑其他处理方案。

(1) 挖填即挖除软弱充填物,回填以碎石、块石或混凝土等,并分层夯实。
(2) 跨盖是指采用长梁式基础或刚性大平板等方案跨越。
(3) 灌注是指溶洞可采用水泥或水泥黏土混合灌浆于岩溶裂隙中;土洞可在洞体范围内的顶板打孔灌砂或砂砾,应注意灌满和密实。
(4) 排导即防止自然降雨和生产用水下渗,一般采用截排水措施,将水引导至他处排泄。
(5) 打桩是指土洞埋深的桩基处理,其目的除提高支承能力外,并有桩来挤压挤紧土层和改变地下水渗流。

6.5 地震

1. 地震的成因与分布

地震是一种地质现象,是地壳构造运动的一种表现。地下深处的岩层由于某种原因突然破裂、塌陷以及火山爆发等而产生振动,并以弹性波的形式传递到地表,这种现象称为地震。

强烈地震瞬时之间可使很大范围的城市和乡村沦为废墟,是一种破坏性很强的自然灾害。因此,在规划各种工程活动时,都必须考虑地震这样一个极其重要的环境地质因素,而在修建各种建筑物时,都必须考虑可能遭受更强的地震并采取相应的防震措施。

中国最早有记载的地震:尧舜时代(公元前23世纪),发生在蒲州(现称)的地震。

世界上第一台地动仪的发明人:我国东汉科学家张衡,于138年记录到陇西大地震。

世界上引起最大火灾的地震:1923年9月1日的日本关东8.3级大地震,木屋居多的东京有36.6万户房屋被烧毁,死亡和下落不明者达14万人,其中多数人是被地震引发的大火烧死的;横须贺市有3.5万户房屋被烧毁;横滨市有5.8万户房屋被烧毁。

中国引起最大水灾的地震:1786年6月1日发生在中国康定南的7.5级地震,因山崩使大渡河截流,10日后决口,发生了特大洪水,造成几十万人死亡。

世界历史上最大的地震:1960年5月22日19时11分发生在南美智利的地震,震级达到8.9级。从5月22日开始,一个月内发生的地震,3次超过8级,10次超过7级,其规模之大,释放能量之多,实为罕见。

黑龙江省地处东北地震区北部,是中国少有的深源地震区,虽然历史上也发生过多次较大地震,但均未造成较大灾害。自1900年以来,黑龙江省发生破坏性最大的浅源地震是1941年5月5日绥化县(现绥化市北林区)6级地震,绥化地震造成房屋倒塌、铁轨扭曲、地面隆起下降，并有地裂缝和喷砂冒水现象，共造成132人死亡，302人受伤，绥化地震打破了东北无破坏性地震的传统认识。

世界上第一次成功预报并取得明显减灾实效的地震：1975年2月4日海城7.3级地震，被世界科技界称为"地震科学史上的奇迹"。

死亡人数最多的地震：1556年1月23日陕西华县的8.3级地震，死亡人数83万多人。死亡人数排名前十的地震如表6.5所示。

表6.5 死亡人数排名前十的地震

排　名	地　点	时间	死亡人数	震　级
1	中国陕西	1556年	830 000	8.3
2	印度加尔各答	1737年	300 000	未知
3	中国河北唐山	1976年	242 000	7.9
4	叙利亚阿勒坡	1138年	230 000	未知
5	伊朗达姆甘	856年	200 000	未知
6	中国甘肃海源	1920年	200 000	8.2
7	中国南山	1927年	200 000	8.3
8	伊朗阿尔达比勒	893年	150 000	未知
9	日本关东	1923年	142 000	8.3
10	中国河北仁河	1290年	100 000	未知

1）地震形成的原因

形成地震的原因是多种多样的。地震按其成因，可分为构造地震、火山地震、陷落地震和人工诱发地震。

（1）构造地震。

由于地质构造作用产生的地震称为构造地震。这种地震与构造运动的强弱直接有关，它分布于新生代以来地质构造运动最为剧烈的地区。构造地震是地震的最主要类型，约占地震总数的90%。构造地震中最为普遍的是由地壳断裂活动而引起的地震。这种地震绝大部分都是浅源地震，由于它距地表很近，对地面的影响最显著，一些巨大的破坏性地震都属于这种类型。一般认为这种地震的形成是由岩层在大地构造应力的作用下产生的应变，即岩层积累了大量的弹性应变能，当应变一旦超过极限数值，岩层就突然破裂和位移而形成大的断裂，同时释放出大量的能量，以弹性波的形式引起地壳的振动，从而产生地震。此外，在已有的大断层上，当断裂的两盘发生相对运动时，如在断裂面上有坚固的大块岩层伸出，能够阻挡滑动作用，两盘的相对运动在那里就会受阻，局部的应力就越来越集中，一旦超过极限，阻挡的岩块被粉碎，地震就会发生。

（2）火山地震。

由火山喷发和火山下面岩浆活动而引发的地面震动称为火山地震。在世界一些大火山带都能观测到与火山活动有关的地震。火山活动有时相当猛烈，但地震波及的地区多局限于火山附近数十千米的范围。火山地震在我国很少见，主要分布在日本、印度尼西亚及南美等地。火山地震约占地震总数的7%。如1960年5月智利大地震就引起了火山的重新喷发。

（3）陷落地震。

由洞穴崩塌、地层陷落等引发的地震称为陷落地震。这种地震能量小，震级小，发生次数也很少,仅占地震总数的5%。在岩溶发育地区,由溶洞陷落而引起的地震危害小,影响范围不大,为数亦很少。在一些矿区,当岩层比较坚固完整时,采空区并不立即塌落,而是待悬空面积相当大以后方才塌落,因而造成矿山陷落地震。由于此类地震总是发生在人烟稠密的工矿区,对地面上的破坏不容忽视,对安全生产有很大威胁,所以也是地震研究的一个课题。

(4) 人工诱发地震。

人工诱发地震的原因有两点:一是由于水库蓄水或向地下大量灌水,使地下岩层增大负荷,如果地下有大断裂或构造破碎带存在,断层面浸水润滑,加上水库荷载等共同作用,使断层复活而引起地震。二是由于地下核爆炸或地下大爆破,巨大的爆破力量对地下产生强烈的冲击,促使地壳小构造应力的释放,从而诱发地震。

2) 地震分布

地震并不是均匀分布于地球的各个部分,而是集中于某些特定的条带或板块边界。这些地震集中分布的条带称为地震活动带或地震带。

(1) 世界地震分布。

全球主要地震活动带有三个:环太平洋地震带、欧亚地震带、大洋海岭地震带。

① 环太平洋地震带:沿南北美洲西海岸,向北至阿拉斯加,经阿留申群岛至堪察加半岛,转向西南沿千岛群岛至日本列岛,然后分为两支,一支向南经马里亚纳群岛至伊利安岛;另一支向西南经我国台湾、菲律宾、印度尼西亚至伊利安岛,两支汇合后经所罗门至新西兰。这一地震带的地震活动性最强,是地球上最主要的地震带。全世界80%的浅源地震、90%的中源地震和全部的深源地震集中于此带,其释放出来的地震能量约占全球所有地震释放能量的76%。

② 欧亚地震带:主要分布于欧亚大陆,又称地中海-喜马拉雅地震带,西起大西洋亚速尔岛,经地中海、希腊、土耳其、印度北部、我国西部与西南地区,过缅甸至印度尼西亚与环太平洋地震带汇合。这一地震带的地震很多,也很强烈,其释放出来的能量约占全球所有地震释放能量的22%。

③ 大洋海岭地震带:分布在太平洋、大西洋、印度洋中的海岭(海底山脉)。

(2) 我国地震分布。

我国的地震活动主要分布在5个地区的23条地震带上,这5个地区是:第一,台湾省及其附近海域;第二,西南地区,主要是西藏、四川西部和云南中西部;第三,西北地区,主要在甘肃河西走廊、青海、宁夏、天山南北麓;第四,华北地区,主要在太行山两侧、汾渭河谷、阴山—燕山一带、山东中部和渤海湾;第五,东南沿海的广东、福建等地。

2. 地震震级与烈度

地震时震源释放的应变能以弹性波的形式向四面八方传播,这就是地震波。地震波使地震具有巨大的破坏力,也使人们得以研究地球内部。地震波包括两种在介质内部传播的体波和两种限于界面附近传播的面波。

体波有纵波与横波两种类型(图6.19)。纵波(P波)是由震源传出的压缩波,质点的振动方向与波的前进方向一致,一疏一密向前推进,所以又称疏密波,周期短、振幅小。其传播速度是所有波中最快的一个,震动的破坏力较小。横波(S波)是由震源传出的剪切波,质点的振动方向与波的前进方向垂直,传播时介质体积不变,但形状改变,周期较长、振幅较大。

其传播速度较小,为纵波速度的 0.5~0.6 倍,但震动的破坏力较大。

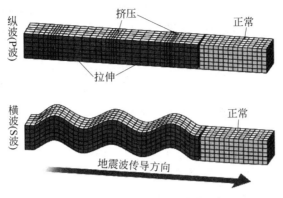

图 6.19 P 波和 S 波的运动形态

面波(L 波)是体波达到界面后激发的次生波,只是沿着地球表面或地球内的边界传播。面波向地面以下迅速消失。面波随着震源深度的增加而迅速减弱,震源越深面波越不发育。一般情况下,横波和面波到达时振动最强烈。建筑物破坏通常是由横波和面波造成的。

地震能否使某一地区的建筑物受到破坏,主要取决于地震本身的大小和该区距震中的远近,距震中越远则受到的振动越弱,所以需要有衡量地震本身大小和某一地区振动强烈程度的两个尺度,这就是震级和烈度,它们之间有一定联系,但却是两个不同的尺度,不能混淆起来。

1) 地震震级

地震震级是表示地震本身大小的尺度,是由地震释放出来的能量大小决定的。释放出来的能量越大则震级越大。因为一次地震释放的能量是固定的,所以每次地震只有一个震级。

地震释放能量大小可根据地震波记录图的最高振幅来确定。由于远离震中,波动要衰减,不同地震仪的性能不同,记录的波动振幅也不同,所以必须以标准地震仪和标准震中距的记录为准。

李希特-古登堡震级的定义:震级是 μm 为单位(1mm 的千分之一)来表示离开震中 100km 的标准地震仪所记录的最大振幅,并用对数来表示,这里所说的标准地震仪是指周期为 0.8s、衰减常数约等于 1、放大倍数为 2800 倍的地震仪。

例如在离震中 100km 处的地震仪,其记录纸上的振幅是 10mm,以 μm 为单位是 $10\,000\mu m$,取其对数则等于 4,根据定义,这次地震是 4 级。

地震的能量(E)与地震的震级(M)之间有一定关系:$\lg E = 11.8 + 5M$,具体换算后的数值见表 6.6。

表 6.6 地震能量(E)与地震震级(M)的关系

震 级	$E/10^{-7}$ J	震 级	$E/10^{-7}$ J
1	2.00×10^{13}	6	6.31×10^{20}
2	6.31×10^{14}	7	2.00×10^{22}
3	2.00×10^{16}	8	6.31×10^{23}
4	6.31×10^{17}	8.5	3.55×10^{24}
5	2.00×10^{19}	8.9	1.41×10^{25}

一次 1 级地震所释放出来的能量相当于 2×10^6 J。震级每增大一级，能量约增加 30 倍。一个 7 级地震相当于近 30 个 2 万吨级原子弹的能量。小于 2 级的地震，人们感觉不到，称为微震；2~4 级地震称为有感地震；5 级以上地震开始引起不同程度的破坏，统称为破坏性地震或强震；7 级以上的地震称为强烈地震或大震。已记录的最大地震震级未有超过 8.9 级的，这是由于岩石强度不能积蓄超过 8.9 级的弹性应变能。

2）地震烈度

地震烈度是指地震引起的地面震动及其影响的强弱程度。地震烈度划分为 12 等级，用罗马数字（Ⅰ~Ⅻ）或阿拉伯数字（1~12）表示，地震烈度表见表 6.7，其中，地震动是地震引起的地面运动。震害指数是房屋震害程度的定量指标（以 0.00~1.00 的数字表示由轻到重的震害程度）。平均震害指数是指同类房屋震害指数的加权平均值（平均震害指数即各级震害的房屋所占比率与其相应的震害指数的乘积之和）。

评定烈度的房屋类型：用于评定烈度的房屋，包括以下 5 种类型。

① A1 类：未经抗震设防的土木、砖木、石木等房屋；
② A2 类：穿斗木构架房屋；
③ B 类：未经抗震设防的砖混结构房屋；
④ C 类：按照Ⅶ度（7 度）抗震设防的砖混结构房屋；
⑤ D 类：按照Ⅶ度（7 度）抗震设防的钢筋混凝土框架结构房屋。

房屋破坏等级及其对应的震害指数。房屋破坏等级划分为基本完好、轻微破坏、中等破坏、严重破坏和毁坏 5 个等级，其定义和对应的震害指数如下：

① 基本完好：承重和非承重构件完好，或个别非承重构件轻微损坏，不加修理可继续使用。对应的震害指数范围为 $0.00\leqslant d<0.10$，可取 0.00。
② 轻微破坏：个别承重构件出现可见裂缝，非承重构件有明显裂缝，不需要修理或稍加修理即可继续使用。对应的震害指数范围为 $0.10\leqslant d<0.30$，可取 0.20。
③ 中等破坏：多数承重构件出现轻微裂缝，少数有明显裂缝，个别非承重构件破坏严重，需要一般修理后可使用。对应的震害指数范围为 $0.30\leqslant d<0.55$，可取 0.40。
④ 严重破坏：多数承重构件破坏较严重，非承重构件局部倒塌，房屋修复困难。对应的震害指数范围为 $0.55\leqslant d<0.85$，可取 0.70。
⑤ 毁坏：多数承重构件严重破坏，房屋结构濒于崩溃或已倒毁，已无修复可能。对应的震害指数范围为 $0.85\leqslant d\leqslant 1.00$，可取 1.00。

地震烈度等级和评定地震烈度的房屋类别，以及地震烈度评定方法。评定指标包括房屋震害、人的感觉、器物反应、生命线工程震害、其他震害现象和仪器测定的地震烈度（表 6.7）。评定方法为综合运用宏观调查和仪器测定的多指标方法。不具备仪器测定地震烈度条件的地区，应使用宏观调查评定地震烈度；具备仪器测定地震烈度条件的地区，宜采用仪器测定的地震烈度。

震级和烈度既有联系，又有区别，它们各有自己的标准，不能混为一谈。震级是反映地震本身大小的等级，只与地震释放的能量有关，而烈度则表示地面受到的影响和破坏的程度。一次地震只有一个震级，而烈度则各有不同。烈度不仅与震级有关，同时还与震源深度、震中距以及地震波通过的介质条件（如岩石的性质，岩层的构造等）等多种因素有关。根据经验，震级和烈度的关系大致如表 6.8 所示。

表 6.7 地震烈度表

地震烈度	房屋震害		人的感觉	器物反应	生命线工程震害	其他震害现象	仪器测定的地震烈度 I_1	合成地震动的最大值	
	类型	震害程度	平均震害指数					加速度 /(m/s²)	速度 /(m/s)
Ⅰ(1)	—	—	—	无感	—	—	—	$1.0 \leq I_1 < 1.5$	1.80×10^{-2} ($<2.57 \times 10^{-2}$)	1.21×10^{-3} ($<1.77 \times 10^{-3}$)
Ⅱ(2)	—	—	—	室内个别静止中的人有感觉,个别较高楼层中的人有感觉	—	—	—	$1.5 \leq I_1 < 2.5$	3.69×10^{-2} ($2.58 \times 10^{-2} \sim 5.28 \times 10^{-2}$)	2.59×10^{-3} ($1.78 \times 10^{-3} \sim 3.81 \times 10^{-3}$)
Ⅲ(3)	—	门、窗轻微作响	—	室内少数静止中的人有感觉,少数较高楼层中的人有明显感觉	悬挂物微动	—	—	$2.5 \leq I_1 < 3.5$	7.57×10^{-2} ($5.29 \times 10^{-2} \sim 1.08 \times 10^{-1}$)	5.58×10^{-3} ($3.82 \times 10^{-3} \sim 8.19 \times 10^{-3}$)
Ⅳ(4)	—	门、窗作响	—	室内多数人有感觉,室外少数人有感觉,少数人睡梦中惊醒	悬挂物明显摆动,器皿作响	—	—	$3.5 \leq I_1 < 4.5$	1.55×10^{-1} ($1.09 \times 10^{-1} \sim 2.22 \times 10^{-1}$)	1.20×10^{-2} ($8.20 \times 10^{-3} \sim 1.76 \times 10^{-2}$)
Ⅴ(5)	—	门窗、屋顶、屋架颤动作响,灰土掉落,个别房屋墙体抹灰出现细微裂缝,个别老旧 A1 类或 A2 类房屋墙体出现轻微裂缝或原有裂缝扩展,个别屋顶烟囱掉砖、个别檐瓦掉落	—	室内绝大多数、室外多数人有感觉,多数人睡梦中惊醒,少数人惊逃户外	悬挂物大幅度晃动,少数架上小物品、个别顶部沉重或放置不稳定器物摇动或翻倒,水晃动并从盛满的容器中溢出	—	—	$4.5 \leq I_1 < 5.5$	3.19×10^{-1} ($2.23 \times 10^{-1} \sim 4.56 \times 10^{-1}$)	2.59×10^{-2} ($1.77 \times 10^{-2} \sim 3.80 \times 10^{-2}$)

续表

地震烈度	评定指标							合成地震动的最大值	
	房屋震害			人的感觉	器物反应	生命线工程震害	其他震害现象	仪器测定的地震烈度 I_I	加速度 /(m/s²)	速度 /(m/s)
	类型	震害程度	平均震害指数						
VI(6)	A1	少数轻微破坏和中等破坏，多数基本完好	0.02～0.17	多数人站立不稳，多数人惊逃户外	少数轻家具和物品移动，少数顶部沉重的器物翻倒	个别梁桥挡块破坏，个别拱桥主拱圈出现裂缝及桥台开裂；个别主变压器跳闸；个别老旧支线管道有破坏，局部水压下降	河岸和松软土地出现裂缝，饱和砂层出现喷砂冒水；个别独立砖烟囱轻度裂缝	5.5≤I_I<6.5	6.53×10⁻¹ (4.57×10⁻¹～9.36×10⁻¹)	5.57×10⁻² (3.81×10⁻²～8.17×10⁻²)
	A2	少数轻微破坏和中等破坏，大多数基本完好	0.01～0.13							
	B	少数轻微破坏，大多数基本完好	≤0.11							
	C	少数或个别轻微破坏，绝大多数基本完好	≤0.06							
	D	少数或个别轻微破坏，绝大多数基本完好	≤0.04							

续表

地震烈度	房屋震害			评定指标					合成地震动的最大值	
	类型	震害程度	平均震害指数	人的感觉	器物反应	生命线工程震害	其他震害现象	仪器测定的地震烈度 I_I	加速度 /(m/s²)	速度 /(m/s)
Ⅶ(7)	A1	少数严重破坏和毁坏,多数中等破坏和轻微破坏	0.15~0.44	大多数人惊逃户外,骑自行车的人有感觉,行驶中的汽车乘人员有感觉	物品从架子上掉落,多数顶部沉重的器物翻倒,少数家具倾倒	少数梁桥挡块破坏,个别拱桥主拱圈出现明显裂缝和变形以及少数桥台开裂;个别变压器的套管破坏,少数瓷柱型高压电气设备破坏,少数支线管道破坏,局部停水	河岸出现塌方,饱和砂层常见喷水冒砂,松软土地上地裂缝较多;大多数独立砖烟囱中等破坏	$6.5 \leq I_I < 7.5$	1.35(9.37× 10^{-1}~1.94)	1.20×10⁻¹ (8.18×10⁻²~ 1.76×10⁻¹)
	A2	少数中等破坏,多数轻微破坏和基本完好	0.11~0.31							
	B	少数中等破坏,多数轻微破坏和基本完好	0.09~0.27							
	C	少数轻微破坏,多数基本完好	0.05~0.18							
	D	少数轻微破坏,大多数基本完好	0.04~0.16							

续表

地震烈度	房屋震害			评定指标				仪器测定的地震烈度 I_I	合成地震动的最大值	
	类型	震害程度	平均震害指数	人的感觉	器物反应	生命线工程震害	其他震害现象		加速度/(m/s²)	速度/(m/s)
Ⅷ(8)	A1	少数毁坏,多数中等破坏和严重破坏	0.42~0.62	多数人摇晃颠簸,行走困难	除重家具外,室内物品大多数倾倒或移位	少数梁桥梁体移位、开裂及多数挡块破坏,少数拱桥主拱圈开裂严重;少数套管器的管体变压破坏,个别或少数瓷柱型高压电气设备破坏;多数支线管道及少数干线管道破坏,部分区域停水	干硬土地上出现裂缝,饱和砂层绝大多数喷砂冒水,大多数独立砖烟囱严重破坏	$7.5 \leq I_I < 8.5$	2.79(1.95~4.01)	2.58×10^{-1} (1.77×10^{-1} ~ 3.78×10^{-1})
	A2	少数严重破坏,多数中等破坏和轻微破坏	0.29~0.46							
	B	少数严重破坏,多数中等破坏和轻微破坏	0.25~0.50							
	C	少数严重破坏,多数轻微破坏和基本完好	0.16~0.35							
	D	少数中等破坏,多数轻微破坏和基本完好	0.14~0.27							

续表

地震烈度	房屋震害			评定指标				仪器测定的地震烈度 I_I	合成地震动的最大值	
	类型	震害程度	平均震害指数	人的感觉	器物反应	生命线工程震害	其他地震害现象		加速度 /(m/s²)	速度 /(m/s)
IX(9)	A1	大多数毁坏和严重破坏	0.60~0.90	行动的人摔倒	室内物品大多数倾倒或移位	个别梁桥桥墩局部压溃或落梁,个别拱桥跨塌或濒于跨塌;多数变压器移位、脱轨,少数砸坏;多数瓷柱型高压电气设备破坏;各类供水管道破坏、渗漏广泛发生,大范围停水	干硬土地上多处出现裂缝,可见基岩裂缝、错动,滑坡、塌方常见;独立砖烟囱多数倒塌	$8.5 \leq I_I < 9.5$	5.77(4.02~8.30)	5.55×10⁻¹ (3.79×10⁻¹~8.14×10⁻¹)
	A2	少数毁坏,多数严重破坏和中等破坏	0.44~0.62							
	B	少数毁坏,多数严重破坏和中等破坏	0.48~0.69							
	C	多数严重破坏和中等破坏,少数轻微破坏	0.33~0.54							
	D	少数严重破坏,多数中等破坏和轻微破坏	0.25~0.48							
X(10)	A1	绝大多数毁坏	0.88~1.00	骑自行车的人会摔倒,处于不稳定状态的人会摔离原地,有抛起感	—	个别梁桥桥墩压溃或折断,少数落梁,少数拱桥跨塌或濒于跨塌;绝大多数变压器移位、脱轨,套管断裂漏油,多数瓷柱型高压电气设备破坏;供水管网毁坏,全区域停水	山崩和地震断裂出现;大多数独立砖烟囱从根部破坏或倒毁	$9.5 \leq I_I < 10.5$	1.19×10¹ (8.31~1.72×10¹)	1.19(8.15×10⁻¹~1.75)
	A2	大多数毁坏	0.60~0.88							
	B	大多数毁坏	0.67~0.91							
	C	大多数严重破坏和毁坏	0.52~0.84							
	D	大多数严重破坏和毁坏	0.46~0.84							

续表

地震烈度	房屋震害			评定指标				合成地震动的最大值	
	类型	震害程度	平均震害指数	人的感觉	器物反应	生命线工程震害	其他震害现象	仪器测定的地震烈度 I_I	加速度 /(m/s²)	速度 /(m/s)
XI(11)	A1	绝大多数毁坏	1.00	—	—	地震断裂延续很大；大量山崩滑坡	$10.5 \leq I_I < 11.5$	2.47×10^1 $(1.73 \times 10^1 \sim 3.55 \times 10^1)$	$2.57(1.76 \sim 3.77)$
	A2		0.86~1.00						
	B		0.90~1.00						
	C		0.84~1.00						
	D		0.84~1.00						
XII(12)	各类	几乎全部毁坏	1.00	—	—	地面剧烈变化，山河改观	$11.5 \leq I_I \leq 12.0$	$>3.55 \times 10^1$	>3.77

注："—"表示无内容。
表中给出的合成地震动的最大值为所对应的仪器测定的地震烈度中值，加速度和速度数值分别对应三分向合成地震动加速度和速度记录的最大值；括号内为变化范围。

表 6.8　震级和地震烈度的关系

震级	3 以下	3	4	5	6	7	8	8 以上
地震烈度	1～2	3	4～5	6～7	7～8	9～10	11	12

地震烈度的本身又可分为基本烈度、场地烈度和设计烈度。

（1）基本烈度是指在今后一定时期内，某一地区在一般场地条件下可能遭遇的最大地震烈度。基本烈度所指的地区并不是某一具体工程场地，而是指一较大范围，如一个区、一个县或更广泛的地区，因此基本烈度又常常称为区域烈度。

（2）场地烈度是指建设地点在工程有效使用期间内，可能遭遇的最高地震烈度，是在基本烈度的基础上，考虑了小区域地震烈度异常的影响后确定的。工程场地条件对建筑破坏程度的影响很复杂，特别是软弱地基上的建筑物破坏。场地烈度比基本烈度更符合于工程建设地点的实际情况，可作为抗震设防的具体依据。

（3）设计烈度是指在场地烈度的基础上，考虑工程的重要性、抗震性和修复的难易程度，根据规范进一步调整，得到设计烈度，也称设防烈度。设防烈度是指国家审定的一个地区抗震设计实际采用的地震烈度，一般情况下，可采用基本烈度。

3. 地震对建筑物的影响

在地震作用下，地面会出现各种震害和破坏现象，也称为地震效应，即地震的破坏作用。它主要与震级大小、震中距和场地的工程地质条件等因素有关。地震破坏作用可分为振动破坏和地面破坏两个方面。前者主要是地震力和振动周期的破坏作用，后者则包括地面破裂、斜坡破坏及地基强度失效。

1）地震力效应

地震力即地震波传播时施加于建筑物的惯性力。假如建筑物所受重力为 W，质量为 W/g，g 为重力加速度，则在地震波的作用下，建筑物所受到的最大水平惯性力（P）为

$$P = W/g \cdot a_{\max} = W \cdot a_{\max}/g = WK_c \tag{6.4}$$

式中，$a_{\max}/g$——水平地震系数，K_c。

当 K_c 不小于 1/100 时，相当于烈度为 8 度，建筑物即开始被破坏。地震最大加速度 $a_{\max}$ 与 K_c 值是两个重要的数据指标，各种烈度的对应数值详见抗震规范。

由于地震波的垂直加速度分量较水平的小，仅为其 1/3～1/2，且建筑物竖向安全贮备一般较大，所以在设计时，一般只考虑水平地震作用。因此，水平地震系数也称地震系数。

建筑物地基受地震波冲击而振动，同时也引起建筑物的振动。当二者振动周期相等或相近时就会引起共振，使建筑物振幅增大，导致其倾倒破坏。建筑物的自振周期取决于所用的材料、尺寸、高度以及结构类型，可用仪器测定或据公式计算。据统计，1～2 层结构物约为 0.2s；4～5 层结构物约为 0.4s；11～12 层结构物约为 1s。建筑物越高，自振周期越长。

地震持续的时间越长，建筑物的破坏也越严重。土质越软弱、土层越厚，振动历时也越长。软土场地可比坚硬场地历时长几秒至十几秒。

2）地面破裂与斜坡破坏效应

地面破裂效应是指地震形成的地裂缝以及沿破裂面可能产生较小的相对错动，但不是发震断层或活断层。地裂缝多产生在河、湖、水库的岸边及高陡悬崖上边，在平原地区松散

沉积层中尤为多见。在岸边地带出现的裂缝大多顺岸边延伸,可由数条至十几条大致平行排列。如1965年河北省邢台地震时,在震中区附近滏阳河边广泛分布大致平行排列的数条大裂缝,最大宽度可达1m以上,长可达数百米。裂缝分布范围垂直于河流方向可达数十米,使河岸及附近建筑遭受严重破坏。

斜坡破坏效应是指在地震作用下斜坡失稳,发生崩塌、滑坡现象。大规模的边坡失稳不仅可以造成道路、房屋、堤坝等各种建筑物的毁坏,而且可以堵塞江河。如1933年四川叠溪发生7.5级大地震,沿岷江及其支流发生多处大的崩塌、滑坡。崩石堆积堵塞岷江,形成两个堰塞湖,当地称海子。大海子长约7km,最大水深94m;小海子长约4km,最大水深91m。一个多月后,堆石坝溃决,使下游又遭受严重水灾。

3) 地基失效

地基失效主要是指地基土体产生震动压密、下沉、地基液化及松软地层的塑流变形等,使地基失效造成建筑物的破坏,最常见的地基失效是地震液化现象。

地震液化是指饱水砂土受强烈震动后而呈现出流动状态的现象。当液化现象出现后,砂土的抗剪强度完全丧失,失去承载能力,从而导致建筑物破坏。砂土液化现象还可导致地面喷水冒砂、地面下沉、地下掏空等现象。地震液化主要发生在粉、细砂层中,强烈地震时,粉质黏、中砂层中也可出现。

此外,海啸对沿岸港口、码头等建筑也可造成很大的破坏。

本章学习要点

(1) 风化作用是地球表面最普遍的一种外力地质作用。风化作用有物理、化学和生物风化三种。影响风化作用的因素主要有温度、岩石释重、水、氧、地形和地质条件等。由于风化作用导致岩土的工程性质发生变化,使岩石的强度和稳定性降低,变形增加,直接影响建筑场地的工程特性。因此在工程建设前必须对岩石的风化情况进行认真的调查和处理。

(2) 斜坡是一种极为常见的地表形态,由此引起的不良地质现象——滑坡和崩塌也并不罕见。斜坡的存在为地球的重力作用提供了广阔的空间,滑动是其中最重要的一类。由于斜坡坡度、物质组成和结构的不同,使得其在重力作用下的运动方式也不一样,影响斜坡稳定性的因素多种多样,有内因也有外因,而水起着重要的作用。

(3) 泥石流是山区特有的一种自然地质现象。它是由于降雨(暴雨、融雪、冰川)而形成的一种挟带大量泥砂、石块等固体物质的特殊洪流,具有强大的破坏力。泥石流是爆发突然、历时短暂、来势凶猛、具有强大破坏力的特殊洪流。严重危害山区的工农业生产和人民生活,故对泥石流及其防治的研究具有重要意义。

(4) 岩溶是石灰岩地区特有的水文和地貌现象。岩溶现象的发生及特有的地质条件与地表和地下水密切相关。因此,岩溶地貌的组合规律研究对岩溶区工程地质问题的分析和解决显得尤为重要。

(5) 地震是地壳构造运动的一种表现,属于不良地质现象,强烈地震是一种破坏性很强的自然灾害。因此,在规划各种工程活动时,都必须考虑地震这样一个极其重要的环境地质因素,而在修建各种建筑物时,都必须考虑可能遭受的地震强度并采取相应的防震措施。

不忘初心:习近平总书记指出:同自然灾害抗争是人类生存发展的永恒课题。要更加自觉地处理好人和自然的关系,正确处理防灾减灾救灾和经济社会发展的关系,不断从抵御各种自然灾害的实践中总结经验、落实责任、完善体系、整合资源、统筹力量,提高全民防灾抗灾意识,全面提高国家综合防灾减灾抗灾能力。

牢记使命:习近平总书记教诲:树立安全发展理念,弘扬生命至上、安全第一的思想,健全公共安全体系,完善安全生产责任制,坚决遏制重特大安全事故,提升防灾减灾救灾能力。

习题

1. 影响风化作用的因素有哪些?风化作用对岩石工程性质有何影响?
2. 何谓滑坡?其主要形态特征是什么?
3. 形成滑坡的条件是什么?影响滑坡发生的因素有哪些?
4. 滑坡的防治原则是什么?滑坡的防治措施有哪些?
5. 什么是崩塌?崩塌的发生条件主要包括哪些?崩塌有哪些防治措施?
6. 什么是泥石流?泥石流如何分类?
7. 泥石流的形成应具备哪几个条件?
8. 泥石流有哪些防治措施?
9. 什么是岩溶?岩溶有哪些形态特征?
10. 岩溶的发生条件有哪些?岩溶有哪些发育和分布规律?
11. 岩溶地区有哪些工程地质问题?如何进行防治?
12. 什么是地震?震源、震源深度、震中、震中距、等震线的定义是什么?
13. 什么是地震波?地震波分为哪几种?各有什么特点?
14. 地震按震源深度和成因如何分类?
15. 什么是地震震级?地震震级与震源释放能量的关系如何?什么是地震烈度?地震烈度怎样分类?地震烈度如何鉴定?
16. 地震有哪几种破坏方式?各种破坏方式的机理是什么?

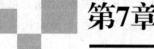

第7章

工程地质分析

7.1 工程地质原位测试

岩土测试就是在工程勘探的基础上,为了进一步了解所勘探岩土的物理、力学性能,获取其基本性能指标而采取的测定试验。按照场地不同,岩土测试可分为原位测试和室内测试。原位测试就是指在岩土体原生的位置上,在保持岩土体原有结构、含水量及应力状态的尽量不被扰动和破坏条件下进行岩土各种物理力学性能指标测定;室内测试则是将从野外所采取的试样尽量维持其天然状态下的性能送到室内进行测试。原位测试是在现场条件下直接测定岩土的性质,避免岩土样在取样、运输及室内准备试验过程中被扰动,因而所得的指标参数更接近于岩土体的天然状态,一般在重大工程采用;室内测试的方法比较成熟,所取试样体积小,与自然条件有一定的差异,因而成果不够准确,但对于一般工程能够满足需要。原位测试与室内测试的区别如表 7.1 所示。

表 7.1 原位测试与室内测试的区别

项目	原 位 测 试	室 内 测 试
试验对象	1. 测定土体范围大,能反映微观、宏观结构对土性的影响,代表性好。 2. 对难以取样的土层仍能试验。 3. 对试验土层基本不扰动或少扰动。 4. 有的能给出连续的土性变化剖面,可以确定分层界限。 5. 测试土体边界条件不明显	1. 试样尺寸小,不能反映宏观结构、非均质性对土的影响,代表性较差。 2. 对难以或无法取样的土层无法试验,只能人工制备土样进行试验。 3. 无法避免钻进取样对土样的扰动。 4. 只能对有限的若干点取样试验,点间土样变化是推测的。 5. 试验土样边界条件明显
应力条件	1. 基本上在原位应力条件下试验。 2. 试验应力路径无法很好控制。 3. 排水条件不能很好控制。 4. 试验时应力条件有局限性	1. 在明确、可控制的应力条件下试验。 2. 试验应力路径可以事先预定。 3. 能严格控制排水条件。 4. 可模拟各种应力条件进行试验
应变条件	1. 应变场不均匀。 2. 应变速率一般大于实际工程条件下的应变速率	1. 试样内应变场比较均匀。 2. 可以控制应变速率
岩土参数	反映实际状态下的基本特性	反映取样点上在室内控制条件下的特性
试验周期	周期短,效率高	周期较长,效率较低

工程地质现场原位测试的主要方法有静力荷载试验、触探试验、剪切试验和地基土动力特性试验等。选择现场原位测试试验方法应根据建筑类型、岩土条件、设计要求、地区经验和测试方法的适用性等因素参照表7.2选用。

表7.2 原位测试方法的适用范围表

测试方法	试用土类							所提岩土参数										
	岩石	碎石土	砂土	粉土	黏性土	填土	软土	鉴别土类	剖面分层	物理状态	强度参数	模量	固结特征	孔隙水压力	侧压力系数	超固结比	承载力	判别液化
平板荷载试验(PLT)	+	++	++	++	++	++	++			+		++				+	++	
螺旋板荷载试验(SPLT)			+	++	++	+	+			+		++				+	++	
静力触探试验(CPT)			+	++	+		++	++	++	+	++	+					++	++
圆锥动力触探试验(DPT)		++	++	+				+	++	+	+						+	
标准贯入试验(SPT)			++	+	++			++	++	+	+	+					+	++
十字板剪切试验(VST)					+		++				++							
扁铲侧胀试验(DMT)			+	++	++		+		+	+		+			+			
旁压试验(PMT)	+	+	+	++	++				+			+					++	
波速测试(WVT)	+	+	+	+	+	+	+		+			+						+
现场直剪试验(FDST)	++	++	+		+						++							
块体基础振动台试验																		

注:"++"表示很适用,"+"表示适用。

1. 静力荷载试验

静力荷载试验包括平板荷载试验(PLT)和螺旋板荷载试验(SPLT)。平板荷载试验适用于浅部各类地层,螺旋板荷载试验适用于深部或地下水位以下的地层。静力荷载试验可用于确定地基土的承载力、变形模量、不排水抗剪强度、基床反力系数以及固结系数等。下面主要以平板荷载试验为例介绍静力荷载试验的基本原理和方法。

1) 静力荷载试验装置和基本技术要求

静力荷载试验的主要设备有三个部分,即加荷与传压装置、变形观测系统及承压板(图7.1)。试验时将试坑挖到基础的预计埋置深度,整平坑底,放置承压板,在承压板上施加荷重来进行试验。基坑宽度不应小于承压板的宽度或直径的3倍。注意保持试验土层的原状结构和天然温度。承压板应为刚性圆形板或方形板,其面积为$0.25\sim0.50\mathrm{m}^2$。加荷等级不应小于8级,最大加载量不少于荷载设计值的两倍。每级加载后按时间间隔10min、10min、10min、15min、15min测读沉降量,以后每隔30min测读一次沉降量。当连续2h内,每小时的沉降量小于0.1mm时,则认为已趋稳定,可加下一级荷载。当出现下列情况之一时,即可终止加载。

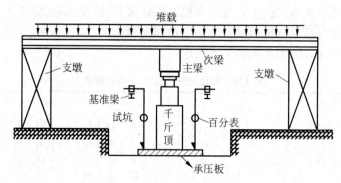

图 7.1 地基荷载试验装置

(1) 压板周围的土明显侧向挤出；
(2) 沉降量(s)急剧增大,荷载-沉降曲线(p-s 曲线)出现陡降段；
(3) 在某一级荷载下,24h 内沉降速率不能达到稳定标准；
(4) 相对沉降量 $s/b \geq 0.06$(b 为承压板的宽度或直径)时。

2) 静力荷载试验资料的应用

(1) 确定地基承载力。

根据静力荷载试验成果绘制出的 p-s 曲线(图 7.2),按下述方法确定地基承载力。

当 p-s 曲线上有明显的比例界限时,取该拐点所对应的荷载值 p_a 作为地基承载力基本值。

当极限荷载 p_b(p_u)能够确定,且该值小于对应的比例界限 p_a 的 2 倍时,取极限荷载值的一半作为地基承载力基本值。

不能按上述两点确定时,如承压板面积为 $0.25 \sim 0.50 \text{m}^2$,对于低压缩性土和砂土,可取 $s/b = 0.01 \sim 0.015$ 所对应的荷载值作为地基承载力基本值。对于中高压缩性土,可取 $s/b = 0.02$ 所对应的荷载值作为地基承载力基本值。

(2) 确定地基土的变形模量。

可用下列公式计算变形模量 E_0。

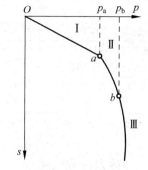

Ⅰ—压密阶段；Ⅱ—塑性变形阶段；
Ⅲ—破坏阶段。

图 7.2 荷载试验 p-s 曲线

$$E_0 = (1-\mu^2) \frac{b\pi}{4} \cdot \frac{\Delta p}{\Delta s} \tag{7.1}$$

式中,b——承压板的直径,m,当采用方形板时,$b = 2\sqrt{\dfrac{A}{\pi}}$,$A$ 为方形板的面积,m^2；

$\dfrac{\Delta p}{\Delta s}$——$p$-$s$ 曲线直线段的斜率,kPa/m；

μ——地基土的泊松比。

(3) 估算地基土的不排水抗剪强度 C_u。对于饱和的软黏土层,可按式(7.2)计算：

$$C_u = (p_u - \sigma_0)/N_c \tag{7.2}$$

式中,p_u——快速荷载试验所得的极限压力,kPa；

σ_0——承压板周边外的超载或土的自重压力,kPa；

N_c——承压板系数。

2. 单桩竖向静荷载试验

1) 单桩竖向静荷载试验的基本要求

现场静荷载试验的装置设备主要有荷载系统和观测系统两部分,根据加载方式不同分为堆载法和锚桩法(图7.3)。

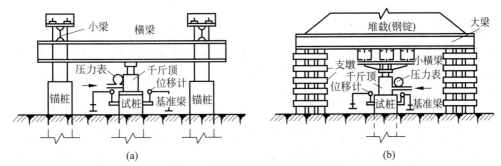

图 7.3　单桩竖向静荷载试验装置
(a) 堆载法；(b) 锚桩法

对于预制桩,规范规定在砂土中入土 7d 之后,黏土中不得少于 15d 方可试桩。对于灌注桩应在桩身混凝土强度达到设计强度后方可进行静荷载试验。

每级荷载值约为单桩承载力设计值的 1/8~1/5,逐级等量加载。每级加载后隔 5min、10min、15min 各测读桩沉降量一次,以后每隔 15min 测读一次,累计 1h 后每隔半小时测读一次。每级荷载作用下,桩的沉降量在每小时小于 0.1mm 时,则认为本级荷载下桩的沉降达到稳定,可以施加下一级荷载。当出现下列情况之一时,试桩即可以终止加载。

(1) 当 p-s 曲线上有可判断的极限承载力的陡降段,且桩顶总沉降量超过 40mm；

(2) 桩顶总沉降量达到 40mm 后,继续增加二级或二级以上仍无陡降段；当桩顶支撑在坚硬层上时,桩的沉降量很小,最大加载量不应小于设计荷载的两倍。

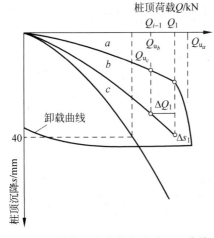

图 7.4　单桩竖向静荷载试验 Q-s 曲线

2) 单桩竖向静荷载试验成果的应用

根据《建筑基桩检测技术规范》(JGJ 106—2014),单桩竖向抗压极限承载力应按下列方法分析确定：

(1) 根据沉降随荷载变化的特征确定：对于陡降型 Q-s 曲线,应取其发生明显陡降的起始点对应的荷载值；

(2) 根据沉降随时间变化的特征确定：应取 s-$\lg t$ 曲线尾部出现明显向下弯曲的前一级荷载值；

(3) 某级荷载作用下,桩顶沉降量大于前一级荷载作用下的沉降量的 2 倍,且经 24h 尚未达到试桩沉降相对稳定标准：每一小时内的桩顶沉降量不得超过 0.1mm,并连续出现两次(从分级荷载施加后的第 30min 开始,按 1.5h 连续 3 次每 30min 的沉降观测值计算)；宜

取前一级荷载值;

(4) 对于缓变型 Q-s 曲线,宜根据桩顶总沉降量,取 s 等于 40mm 对应的荷载值;对 D(D 为桩端直径)大于等于 800mm 的桩,可取 s 等于 $0.05D$ 对应的荷载值;当桩长大于 40m 时,宜考虑桩身弹性压缩;

(5) 不满足以上第(1)~(4)款情况时,桩的竖向抗压极限承载力宜取最大加载值。

3. 静力触探试验

静力触探试验是利用准静力,以一恒定的贯入速率将圆锥探头通过一系列探杆压入土中,根据测得的探头贯入阻力大小来间接判定土的物理力学性质的原位试验。

1) 静力触探试验仪器组成

静力触探试验使用的静力触探仪主要由三部分组成。

(1) 贯入装置(包括反力装置),其基本功能是可控制等速压贯入;

(2) 传动系统,主要有液压和机械两种系统;

(3) 量测系统,这两部分包括探头、电缆和电阻应变仪或电位差计自动记录仪等。

常用的静力触探探头分为单桥探头和双桥探头(图 7.5),规格如表 7.3 所示。

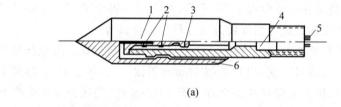

(a)

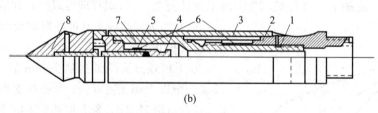

(b)

(a):1—传力杆;2—电阻应变片;3—传感器;4—密封垫圈套;5—四芯电缆;6—外套筒。
(b):1—传力杆;2—摩擦传感器;3—摩擦筒;4—锥尖传感器;5—顶柱;6—电阻应变器;7—钢珠;8—锥尖头。

图 7.5 静力触探探头示意图
(a) 单桥探头结构;(b) 双桥探头结构

表 7.3 静力触探探头规格

锥头截面积 /cm²	探头直径 d /mm	锥角 α/(°)	单桥探头	双桥探头	
			有限侧壁长度 L /mm	摩擦筒侧壁面积 /cm²	摩擦筒长度 L /mm
10	35.7	60	57	200	179
15	43.7		70	300	219
20	50.4		81	300	189

(1) 单桥探头。

单桥探头能测定 1 个触探指标——比贯入阻力 p_s(kPa),计算如式(7.3)所示。

$$p_s = P/A \tag{7.3}$$

式中，P——总贯入阻力，kN；

A——探头锥尖底面积，m^2。

这一贯入阻力对应于一定几何形状的探头，因此是相对贯入阻力。经大量实验研究，按表 7.3 确定的探头规格，触探结果不受探头规格的影响。

(2) 双桥探头。

双桥探头能测定 3 个触探指标——锥尖阻力 q_c(kPa)、侧壁摩阻力 f_s(kPa) 和摩阻比 R_f，计算如式 (7.4)～式 (7.6) 所示。

$$q_c = Q_c/A \tag{7.4}$$

$$f_s = P_f/A_f \tag{7.5}$$

$$R_f = f_s/q_c \times 100\% \tag{7.6}$$

式中，Q_c、P_f——分别为锥尖总阻力和侧壁总摩阻力，kN；

A、A_f——分别是锥尖底面积和锥身侧面积，m^2。

2) 静力触探试验成果的应用

(1) 按贯入阻力进行土层分类。

利用静力触探进行土层分类，由于不同类型的土可能有相同的 p_s、q_c 或 f_s 值，因此单靠某一个指标是无法对土层进行正确分类的。可以利用两个指标来区分土层类别。表 7.4 是利用该方法分类的一些经验数据。

表 7.4 按静力触探指标划分土类

土的名称	单位或国别							
	原铁道部		原交通部一航局		原一机部勘察公司		法国	
	q_c、f_s/q_c 值							
	q_c/MPa	f_s/q_c/%	q_c/MPa	f_s/q_c/%	q_c/MPa	f_s/q_c/%	q_c/MPa	f_s/q_c/%
淤泥质土及软黏性土	0.2～1.7	0.5～3.5	<1	10～13	<1	>1	≤6	>6
黏土	1～1.7	3.8～5.7	1～1.7	3.8～5.7	1～7	>3	>30	4～8
粉质黏土			1.4～3	2.2～4.8				
粉土	2.5～20	0.6～3.5	3～6	1.1～1.8	>1	0.5～3		2～4
砂类土	2～32	0.3～1.2	>6	0.7～1.1	>4	<1.2	>30	0.6<0.2

(2) 评定地基土的强度参数。

对于黏性土，由于静力触探试验的贯入阻力较快，因此对量测黏性土的不排水抗剪强度是一种可行的方法。其典型的实用关系式如表 7.5 所示。

表 7.5 用静力触探估算黏性土的不排水抗剪强度

实用关系式	适用条件	来源
$C_u = 0.071q_c = 1.28$	$q_c < 700$ kPa 的滨海相软土	同济大学
$C_u = 0.039q_c + 2.7$	$q_c < 800$	铁道部
$C_u = 0.0308q_c + 4.0$	$q_c = 100 \sim 1500$ 新港软黏土	一般设计研究院
$C_u = 0.0696q_c - 2.7$	$q_c = 300 \sim 1200$ 饱和软黏土	武汉静探联合组
$C_u = 0.1q_c$	$q_c = 0$ 纯黏土	日本
$C_u = 0.105q_c$		Meyerhof

(3) 评定地基土的承载力。

关于用静力触探的比贯入阻力确定地基土的承载力基本值的方法,我国开展了大量的研究工作,但没有形成一个统一的公式来确定各地区的地基承载力。表 7.6 仅反映了我国部分地区一般土类的地基承载力基本值的经验关系。

表 7.6 用 p_s 值确定地基土承载力基本值

实用公式	适用条件	来源
$f_0 = 0.075 p_s + 42$	上海硬壳层	同济大学
$f_0 = 0.070 p_s + 37$	上海淤泥质黏性土	同济大学
$f_0 = 0.075 p_s + 38$	上海灰色黏性土	同济大学
$f_0 = 0.055 p_s + 45$	上海粉土	同济大学
$f_0 = 0.05 p_s + 73$	一般黏性土 $1500 \leqslant p_s \leqslant 6000$	原建设部综勘院
$f_0 = 0.104 p_s + 25.9$	淤泥质土、一般黏性土、老黏性土 $300 \leqslant p_s \leqslant 6000$	武汉联合试验组
$f_0 = 0.083 p_s + 54.6$	淤泥质土、一般黏性土 $300 \leqslant p_s \leqslant 3000$	武汉联合试验组
$f_0 = 0.097 p_s + 76$	老黏性土 $3000 \leqslant p_s \leqslant 6000$	武汉联合试验组
$f_0 = 5.25 \sqrt{p_s} - 103$	中、粗砂 $1000 \leqslant p_s \leqslant 10\,000$	武汉联合试验组
$f_0 = 0.02 p_s + 59.5$	粉、细沙 $1000 \leqslant p_s \leqslant 15\,000$	武汉联合试验组
$f_0 = 0.02 p_s + 50$	长江中下游粉、细砂 $500 \leqslant p_s$	武汉冶金勘察公司
$f_0 = 150 \lg p_s - 355$	黏质粉土 $300 \leqslant p_s \leqslant 3600$	河南省设计院

此外,静力触探试验结果还可用于划分土层,评定土的变性指标,估算单桩承载力等。

4. 圆锥动力触探试验

圆锥动力触探试验是利用一定质量的落锤,以一定高度的自由落距将标准规格的圆锥形探头打入土层中,根据探头贯入的难易程度(可用贯入度、锤击数或探头单位面积动贯入阻力来表示)判定土层性质的一种原位测试,简称动力触探或动探。

该试验具有设备简单、操作及测试方法简便、适用性广等优点,对难以取样的砂土、粉土、碎石类土,对静力触探难以贯入的土层,动力触探是一种非常有效的探测手段。它的缺点是不能对土进行直接鉴别描述,实验误差大。

1) 圆锥动力触探试验的实验设备和类型

实验设备主要有导向杆、穿心锤、锤座、探杆以及探头五部分,见图 7.6。

国外使用的动力触探设备种类繁多,国内按其锤击能量划分为轻型、重型、超重型三种类型的动力触探设备(表 7.7)。

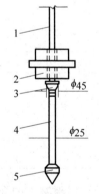

1—导向杆;2—穿心锤;3—锤座;
4—探杆;5—探头。

图 7.6 轻型动力触探设备

表 7.7 圆锥动力触探设备的类型和规格

规格		圆锥动力触探设备类型		
		轻型(DPT)	重型(DPH)	超重型(DPSH)
探头规格	直径/mm	40	74	74
	截面面积/cm²	12.6	43	43
	锥角/(°)	60	60	60

续表

规格		圆锥动力触探设备类型		
		轻型（DPT）	重型（DPH）	超重型（DPSH）
落锤	锤质量/kg	10±0.1	63.5±0.5	120±1
	自由落距/cm	50±1	76±2	100±2
探杆直径/mm		25	42	60
触探指标/击		贯入30cm锤击数 N_{10}	贯入10cm锤击数 $N_{63.5}$	贯入10cm锤击数 N_{120}
最大贯入深度/m		4~6	12~16	20
主要适用土类		浅部填土、砂土、粉土和黏性土	砂土、中密以下的碎石土和极软岩	密实和很密的碎石土、极松岩、软岩

锤击能量用能量指数来衡量，能量指数 n_d 的计算见式（7.7）。

$$n_d = \frac{MH}{A}g \tag{7.7}$$

式中，M——锤的质量，kg；

H——锤的落距，m；

A——探头的截面面积，cm^2。

2) 圆锥动力触探试验的技术要求

（1）采用自动落锤装置；

（2）触探杆最大偏斜度不应超过2%，锤击贯入应连续进行；同时防止锤击偏心、探杆倾斜和侧向晃动，保持垂直度；锤击速率宜为每分钟15~30击；

（3）每贯入1m，宜将探杆转动一圈半；当贯入深度超过10m，每贯入20m宜转动探杆一次；

（4）对轻型动力触探，当 $N_{10}>100$ 或贯入15cm锤击数超过50时，可停止试验；对重型动力触探，当连续3次 $N_{63.5}>50$ 时，可停止试验或改用超重型动力触探。

3) 圆锥动力触探试验的成果应用

（1）确定砂土和碎石土的密实度。

北京市勘察设计研究院的研究成果表明，N_{10} 与砂土密实度有一定的对应关系，见表7.8。

表7.8 北京市勘察设计研究院 N_{10} 与土密实度的关系

N_{10}	<10	10~20	21~30	31~50	51~90	>90
密实度	疏松	稍密	中下密	中密	中上密	密实

（2）确定地基土承载力。

《铁路工程地质原位测试规程》（TB 10018—2018）提出的 $N_{63.5}$ 与土的承载力基本值 f_0 之间的关系见表7.9，且可以将 N_{120} 按式（7.8）换算成 $N_{63.5}$ 后查该表。

$$N_{63.5} = 3N_{120} - 0.5 \tag{7.8}$$

表7.9 各类土的 $N_{63.5}$ 与 f_0 关系

土类	f_0/kPa										
	2	3	4	5	6	7	8	9	10	12	14
粉细砂	80	110	142	165	187	210	232	255	277	321	—
中砂、砾砂	—	120	150	180	220	260	300	340	380	—	—
碎石土	—	140	170	200	240	280	320	360	400	480	540

续表

土类	f_0/kPa									
	16	18	20	22	24	26	28	30	35	40	—
碎石土	600	660	720	780	830	870	900	930	970	1000

(3) 确定单桩承载力。

根据动力触探与单桩竖向静荷载试验得到单桩承载力之间结果的对比,可以得到单桩承载力标准值锤击数之间的经验关系。这些经验关系带有一定的地区性。这是沈阳市桩基小组得到的经验公式。

$$R_k = 24.3\overline{N}_{63.5} + 365.4 \tag{7.9}$$

式中,R_k——打入桩单桩承载力标准值,kN;

$\overline{N}_{63.5}$——从地面至桩尖,修正后 $N_{63.5}$ 的平均值。

(4) 确定土的变形模量。

原铁道部第二勘测设计院提出对圆砾、卵石的变形模量可用式(7.10)确定:

$$E_0 = 4.48 N_{63.5}^{0.7654} \tag{7.10}$$

5. 标准贯入试验

1) 标准贯入试验设备及技术要求

标准贯入试验是动力触探类型之一。它是利用一定的锤击动能,将一定规格的贯入器打入钻孔孔底的土层中,根据打入土层中所需的能量来评价土层和土的物理性质。标准贯入试验中所需的能量用贯入器贯入土层中30cm的锤击数 $N_{63.5}$ 来表示,一般写作 N,称为标贯击数。

标准贯入试验设备主要由贯入器、贯入探杆(钻杆)和穿心锤(落锤)三部分组成。它应满足表 7.10 的要求。

表 7.10 标准贯入试验设备规格

落锤		锤的质量/kg	63.5
		落距/cm	76
贯入器	对开管	长度/mm	>500
		外径/mm	51
		内径/mm	35
	管靴	长度/mm	50~76
		刃口角度/(°)	18~20
		刃口单刃厚度/mm	1.6
钻杆		直径/mm	42
		相对弯曲	<1/1000

标准贯入试验的技术要求应符合以下规定。

(1) 标准贯入试验孔采用回转钻进,并保持孔内水位略高于地下水位。当孔壁不稳定时,可用泥浆护壁,钻至试验标高以上15cm处,清除孔底残土再进行试验。

(2) 采用自动脱钩的自由落锤法进行锤击,并减小导向杆与锤间的摩阻力,避免锤击时的偏心和侧向晃动,保持贯入器、探杆、导向杆连接后的垂直度,锤击速率应小于 30 击/min。

(3) 贯入器打入土中 15cm 后,开始记录每打入 10cm 的锤击数,累计打入 30cm 的锤击数为标准贯入试验锤击数 N。当锤击数已达 50 击,而贯入深度未达 30cm 时,可记录 50 击的实际贯入深度,按式(7.11)换算成相当于 30cm 的标准贯入试验锤击数 N,并终止试验。

$$N = \frac{30 \times 50}{\Delta S} \tag{7.11}$$

式中,ΔS——对应 50 击时的贯入度。

2) 标准贯入试验成果应用

(1) 判断砂土的密实度和相对密实度 D_r。

直接根据 N 确定砂土密实度,见表 7.11。

表 7.11 SPT 确定砂土密实度表

国际标准			《铁路工程地质勘察规范》(TB 10012—2019)			《建筑地基基础设计规范》(GB 50007—2011)	
密实度	N	D_r	密实度	N	D_r	密实度	N
极松	$0<N\leq 4$	$0<D_r\leq 0.20$	极松	<5	<0.20	松散	≤ 10
松	$4<N\leq 10$		稍松	5~9	$0.20\leq D<0.33$		
稍密	$10<N\leq 15$	$0.20<D_r\leq 0.33$	—	—	—	稍密	$10<N\leq 15$
中密	$15<N\leq 30$	$0.33<D_r\leq 0.67$	中密	10~29	$0.33\leq D<0.67$	中密	$15<N\leq 30$
密实	$30<N\leq 50$	$0.67<D_r\leq 1.00$	密实	30~50	≥ 0.67	密实	>30
极密	$N>50$		—	—	—		

(2) 判断黏性土的稠度状态。

太沙基和佩克、武汉冶金勘测公司提出的 N 与黏性土状态关系分别见表 7.12 和表 7.13。

表 7.12 黏性土 N 与稠度状态关系

N	$N<2$	$2\leq N<4$	$4\leq N<8$	$8\leq N<15$	$15\leq N<30$	$N>30$
稠度状态	极软	软	中等	硬	很硬	坚硬
q_u/kPa	$q_u<25$	$25\leq q_u<50$	$50\leq q_u<100$	$100\leq q_u<200$	$200\leq q_u\leq 400$	$q_u>400$

表 7.13 N 与 I_L 稠度状态的关系

N	$N<2$	$2\leq N<4$	$4\leq N<7$	$7\leq N<18$	$18\leq N\leq 35$	$N>35$
I_L	$I_L>1$	$0.75<I_L\leq 1$	$0.5<I_L\leq 0.75$	$0.25<I_L\leq 0.5$	$0\leq I_L\leq 0.25$	$I_L<0$
稠度状态	流动	软塑	软可塑	硬可塑	硬塑	坚硬

(3) 确定地基承载力。

《建筑地基基础设计规范》(GB 50007—2011)规定用 N 值确定砂土与黏性土的承载力标准值,见表 7.14 和表 7.15,读者可根据此表格结合当地实践经验确定。

表 7.14 砂土承载力标准值

土 类	N			
	10	15	30	50
中、粗砂	180	250	340	500
粉、细砂	140	180	250	340

表 7.15 黏性土承载力标准值

N	3	5	7	9	11	13	15	17	19	21	23
f_k/kPa	105	145	190	235	280	325	370	430	515	600	680

（4）标准贯入试验还可以评定土的强度指标，评定土的变形模量 E_0 和压缩模量 E_s，也可估算单桩承载力。

6. 十字板剪切试验

十字板剪切试验是用插入软黏土中的十字板头，以一定的速率旋转，测出土的抵抗力矩，然后换算成土的抗剪强度的一种测试方法。它是一种原位测定饱和软黏土抗剪强度的方法；它所测得的抗剪强度值，相当于天然土层试验深度处在上覆压力作用下的固结不排水抗剪强度，在理论上它相当于室内三轴不排水抗剪的总强度或无侧限抗压强度的一半（$\varphi=0$）。

该方法可以很好地模拟地基土的不排水条件和天然受力状态，对试验土层扰动性小，测试精度高。严格地讲，该方法只适用于内摩擦角 $\varphi=0$ 的饱和软黏土。

1）十字板剪切试验的原理

对压入黏土中的十字板头施加扭矩，使十字板头在土层中形成圆柱形的破坏面，测定剪切破坏时对抵抗扭矩的最大力矩，通过计算可得到土体的抗剪强度 τ_f。

图 7.7 为圆柱形的破坏面，令 τ_V 和 τ_H 分别表示破坏圆柱体侧面和上、下面的抗剪强度，则在旋转过程中，土体产生的最大抵抗扭矩 M 由圆柱侧面的抵抗力矩 M_1 和圆柱上、下面的抵抗力矩 M_2 组成，计算如式（7.12）～式（7.14）所示。

$$M_1 = \pi DH \frac{D}{2} \tau_V = \frac{1}{2}\pi D^2 H \tau_V \tag{7.12}$$

$$M_2 = 2 \frac{\pi D^2}{4} \frac{D}{3} \tau_H = \frac{1}{6}\pi D^3 \tau_H \tag{7.13}$$

$$M = M_1 + M_1 = \frac{1}{2}\pi D^2 H \tau_V + \frac{1}{6}\pi D^3 \tau_H \tag{7.14}$$

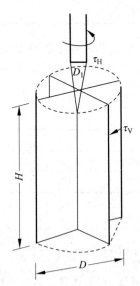

图 7.7 十字板剪切试验原理示意图

假定土体各向同性，因此 $\tau_V = \tau_H = \tau_f$，则有：

$$\tau_f = \frac{2M}{\pi D^2 \left(H + \dfrac{D}{3}\right)} \tag{7.15}$$

式中：M——剪切破坏时的扭力矩，$kN \cdot m$；

τ_V、τ_H——分别为剪切破坏时的圆柱体侧面和上、下面的抗剪强度，kPa；

H、D——分别为十字板的高度和直径，m。

2）十字板剪切试验的基本技术要求

（1）十字板尺寸：常用的十字板尺寸为矩形，高径比 $H/D=2$。国外使用的十字板尺寸与国内常用的十字板尺寸不同，见表7.16。

表7.16　十字板尺寸

十字板尺寸	H/mm	D/mm	厚度/mm
国内	100	50	2～3
	150	75	2～3
国外	125±12.5	62.5±12.5	2

（2）对于钻孔十字板剪切试验，十字板插入孔底以下的深度应不小于钻孔或套管直径的3～5倍。

（3）十字板插入土中与开始扭剪的间歇时间应小于5min。

（4）一般应控制的扭剪速率为$(1°\sim2°)/10s$，并应在测得峰值强度后继续测记1min。

（5）重塑土的不排水抗剪强度，应在峰值强度或稳定值强度出现后，顺剪切扭转方向连续转动6圈后测定。

3）十字板剪切试验的成果应用

一般认为，实验得到的不排水抗剪强度 C_u 偏高，需要修正后才能用于设计计算；Daccal等建议用塑性指数 I_p 确定修正系数 μ 来折减，见图7.8。图中曲线2适用于液性指数大于1.1的土，曲线1适用于其他软黏土。

按照中国建筑科学研究院、华东电力设计院的经验，地基容许承载力 q_a 可按式(7.16)计算：

$$q_a = 2C_u + \gamma h \qquad (7.16)$$

式中，C_u——修正后的不排水抗剪强度，kPa；

γ——土的重度，kN/m^3；

h——基础埋深，m。

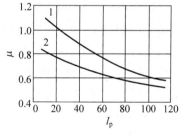

图7.8　修正系数 μ

7. 现场直剪试验

现场直剪试验适用于求测各类岩土体软弱结构面和岩土体与混凝土接触面的抗剪强度，可分为土体现场直剪试验和岩体现场直剪试验。下面仅介绍岩体现场直剪试验。

1）岩体现场直剪试验的实验目的与设备

岩体现场直剪试验的目的是测定其抵抗剪切破坏的能力，为地（坝）基、地下建筑物和边坡的稳定计算分析提供抗剪强度参数（摩擦系数和黏聚力）。岩体现场直剪试验的实验设备如表7.17所示。

表 7.17　岩体现场直剪试验仪器设备

项目	内容	数量	规格	说明
试体制备设备	手风钻(或切石机)、模具、人工开挖工具	各一套	—	切石机、模具应符合试体尺寸要求
加载设备	液压千斤顶(或液压钢枕)	≥2	500~3000kN (10~20MPa)	出力容量根据试验要求确定行程不小于70mm
	液压泵(手动或电动)附压力表、高压管路、测力计等	—	—	与液压千斤顶(或液压钢枕)配套使用
传力设备	传力柱(木、钢或混凝土制品)、钢垫块(板)、滚轴排	—	—	传力柱宜具有足够的刚度
	岩锚、钢索、螺夹或钢梁等	一套	—	在露天或基坑试验时使用
量测设备	百分表 千分表	≥6 ≥6	0.01mm,量程不小于50mm; 0.001mm,量程不小于2~5mm	数量与百分表(或千分表)配套
	磁性表座和万能表架,测量标点	—	—	—
	量表支架	≥2	—	支杆长度应超过试验影响范围
其他	仪器、仪表安装工具,混凝土浇捣工具,地质描述仪器,照相、照明设备,文具、记录用品	一套	—	—
	水泥、砂、石子	—	—	用量根据浇筑混凝土试体和试体处理要求而定

2) 岩体现场直剪试验试体的制备

(1) 一般规定：同一组试验的试体不少于 5 块。试体剪切面积一般为 70cm×70cm,并不小于 50cm×50cm。试体高度为其边长之半。试体间距应便于试体制备和仪器设备安装,但不应小于剪切面边长的 1.5 倍,以免试验过程中互相影响。在岩洞内进行试验时,试验部位的洞顶应先开挖成大致平整的岩面,以便浇注混凝土(或砂浆)反力垫层。在施加剪力的后座部位,应按液压千斤顶(或液压钢枕)的形状和尺寸开挖。

(2) 混凝土与岩体胶结面直剪试验试体制备在试点部位用人工(不准爆破)挖除表层松动岩石,形成平整岩面。在试点,按剪切方向立模并浇注混凝土试体。有时在浇混凝土试体之前,按设计要求,在岩面上先浇注一层厚约 5cm 的砂浆垫层。在浇注砂浆垫层和混凝土试体的同时,浇制一定数量的砂浆(7cm×7cm×7cm)和混凝土(15cm×15cm×15cm)试块,试块与试体在相同条件下养护,以测定其不同龄期的强度。

(3) 岩体弱面、软弱岩体直剪试验的试体制备,开挖试点部位后,在岩面上按剪切方向定出剪切面积。用风钻或切石机或人工沿剪切面积周边将试体与周围岩体切开。对于岩体弱面的试体,应使弱面处在预定的剪切部位。

(4) 倾斜岩体弱面直剪试验的试体制备,可制备成楔形试体。在探明倾斜岩体弱面的部位和产状后,制备试样,采取措施,防止试体下滑。

为防止制备过程中因吸(浸)水、应力松弛或扰动而导致试体膨胀,可采用以下方法:首先,切断地下水来源;其次,用水泥砂浆抹试体顶面,而后在其上施加一定的垂直荷载;最后,为避免在安装垂直、水平(剪切)加载系统和试验过程中损坏试体,可在试体上浇注钢筋混凝土保护罩,其底部应处在预定的剪切面以上。

3) 岩体现场直剪试验试体描述

(1) 试验前描述。

① 试验地段岩石名称、风化破碎程度。

② 岩体弱面的成因、类型、产状、分布状况及其间充填物的性状(厚度、颗粒组成、泥化程度和含水状态等)。在岩洞内,记录岩洞编号、位置、洞线走向、洞底高程。试验地段岩洞和试点部位的纵、横地质剖面。在露天或基坑内,记录试点位置、高程及其周围的地形、地质。

③ 试验地段开挖情况和试体制备方法。

④ 试体岩性、编号、位置、剪切方向和剪切面尺寸;试验地段地下水类型、化学成分、活动规律和流量等。

(2) 试验后描述。

① 测量剪切面尺寸。

② 记录剪切破坏形式。

③ 剪切面起伏差。

④ 擦痕方向和长度。

⑤ 碎块分布状况。

同时描述剪切面上充填物的性状,必要时取样测定其含水量、液限、塑限以及颗粒组成,对剪切面照相。

4) 岩体现场直剪试验成果整理

(1) 剪切面应力计算。

(2) 绘制剪应力与剪切位移关系曲线。根据同一组直剪试验结果,以剪应力为纵轴,剪切位移为横轴,绘制每一试验的剪应力与剪切位移关系曲线,而后从曲线上选取剪应力的峰值和残余值。也可从曲线的线性比例极限点或屈服点选取剪应力值。

(3) 绘制剪应力与垂直压应力关系曲线。根据剪应力峰值(或屈服值、残余值等)与相应的垂直压应力,以剪应力为纵轴,垂直压应力为横轴,绘制关系曲线。

(4) 确定抗剪强度参数。抗剪强度参数包括摩擦系数和黏聚力,可按图解法和最小二乘法确定。

8. 试验指标的选取

工程地质实验数据往往是离散的,需要进行分析和整理,使这些数据更好地反映岩土性质和变化规律,并求出代表性指标供工程设计使用。

1) 数据特性

数据是指试验或观测时记录的原始资料及其整理后的量值。测定的数据对于真值来说存在误差。

误差可以分为三类:过失误差、系统误差和偶然误差。过失误差是观测人由于过失而出现的误差;系统误差是由仪器存在缺陷、试验环境变化和试验测读方法不当造成的;而偶然误差是无法控制的,但偶然误差服从统计规律,工程地质勘察实验数据的统计分析就是基于偶然误差的统计规律进行的。

2) 数据的统计

数据统计的目的就是通过某项数据测定值 x_i,求其近似值的最佳值。

(1) 算术平均值和中值的计算。

一般用算术平均值来代表一组数据,算术平均值用 $\bar{x}$ 表示。

$$\bar{x} = (x_1 + x_2 + \cdots + x_n) = \frac{1}{N}\sum_{i=1}^{n}(x_i - \bar{x})^2 \quad (7.17)$$

也可用中值来代表一组数据。测定值按数据大小顺序排列,按次序数到 n 次的一半的测定值称为中值。

(2) 数据离散特征参数计算。

均方差

$$\sigma = \sqrt{\frac{1}{n-1}\sum_{i=1}^{n}(x_i - \bar{x})^2} \quad (7.18)$$

变异系数

$$\delta = \sigma/\bar{x} \quad (7.19)$$

(3) 算术平均值可靠性的计算。

$$a = \bar{x} \pm t_\beta m_{\bar{x}} \quad (7.20)$$

式中 $m_{\bar{x}} = \frac{\sigma}{\sqrt{N}}$,$t_\beta = \frac{-a + \bar{x}}{m_{\bar{x}}}$。

7.2 工程地质现场监测

1. 现场监测的任务

现场监测是工程地质勘察中的一项重要工作。现场监测是指对施工过程中及完成后由施工运营引起岩石性状和周围环境条件发生变化而进行的各种观测工作。

现场监测的目的是了解由施工引起的影响程度以及监视其变化和发展规律,以便在设计、施工时及时采取相应的防治措施。在施工阶段的检验与监测工作中,如发现场地或地基条件与预期条件有较大的差别,应修改岩土工程设计或采取相应的处理措施。

现场监测常见的有地基沉降与位移观测以及地基中应力观测两大类,其主要内容如图 7.9 所示。

2. 建筑物的沉降观测

建筑物的沉降观测能反映地基的实际变形对建筑物的影响程度,是分析地基事故及判别施工质量的重要依据,也是检验勘察资料的可靠性、验证理论计算正确性的重要资料。《岩土工程勘察规范》(2009 年版)(GB 50021—2001)规定,下列建筑物宜进行沉降观测。

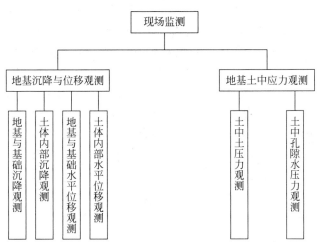

图 7.9 现场监测主要内容

(1) 一级建筑物;
(2) 不均匀或软弱地基上的重要二级及以上建筑物;
(3) 加层、接建或地基变形、局部失稳而使结构产生裂缝的建筑物;
(4) 受邻近深基坑开挖施工影响或受场地地下水等环境因素影响的建筑物;
(5) 需要积累建筑经验或要求通过反分析求参数的工程。

建筑物沉降观测试验应注意以下几个要点。

(1) 基准点的设置以保证其稳定可靠为原则,故宜布置在基岩,或设置在压缩性较低的土层。水准基点的位置宜靠近观测对象,但必须在建筑物所产生压力影响范围以外。在一个观测区内,水准基点不应少于 3 个。

(2) 观测点的布置应全面反映建筑物的变形并结合地质情况确定,数量不宜少于 6 个。

(3) 水准测量宜采用精准水平仪和钢尺。对于一个观测对象宜固定测量工作,固定人员,观测前仪器必须严格校验。测量精度宜采用二级水准测量,视线长度宜为 20~30m,视线高度不宜低于 0.3m。水准测量应采用闭合法。

另外,观测时应随时记录气象资料。观测次数和时间应根据具体情况确定。一般情况下,民用建筑每施工完一层应观测一次;工业建筑按不同荷载阶段分次观测,但施工阶段的观测次数不应小于 4 次。建筑物竣工后的观测,第一年不少于 3~5 次,第二年不少于 2 次,以后每年 1 次直到沉降稳定为止。对于突然发生严重裂缝或大量沉降等特殊情况时,应增加观测次数。

3. 地下水的监测

地下水的动态变化包括水位的季节变化和多年变化、人为因素造成的地下水的变化、水中化学成分的运移。对工程的安全和环境的保护,地下水的监测常常是最重要且关键的因素。因此,对地下水进行监测有重要意义。《岩土工程勘察规范》(2009 年版)(GB 50021—2001)规定,下列情况应进行地下水监测。

(1) 地下水位升降影响岩土稳定时;
(2) 地下水位上升产生浮托力对地下室或地下构筑物的防潮、防水或稳定性产生较大影响时；

（3）施工降水对拟建工程或相邻工程有较大影响时；

（4）施工或环境条件改变，造成的孔隙水压力、地下水压力变化，对工程设计或施工有较大影响时；

（5）地下水位的下降造成区域性地面沉降时；

（6）地下水位升降可能使岩土产生软化、湿陷、胀缩时；

（7）需要进行污染物运移对环境影响的评价时。

地下水位的监测一般可设置专门的地下水位观测孔，或利用水井、地下水天然露头进行。监测工作的布置可根据监测目的、场地条件、工程要求以及水文地质条件等进行确定。孔隙水压力和地下水压力的监测应特别注意设备的埋设和保护，建立长期稳定而良好的工作状态。水质监测每年不少于4次，原则上可以每季度1次。

7.3 工程地质勘探

1. 工程地质勘探的任务

工程地质勘探是在工程地质测绘的基础上，为了详细查明地表以下的工程地质问题，取得地下深部岩土层的工程地质资料而进行的勘察工作。常用的工程地质勘探手段有地球物理勘探、钻孔勘探和坑探。

工程地质勘探的主要任务有4项。

（1）探明建筑场地的岩性及地质构造，即研究各地层的厚度、性质及其变化；划分地层并确定其接触关系；研究基岩的风化程度、划分风化带；研究岩层的产状、裂隙发育程度及其随深度的变化；研究褶皱、断裂、破碎带以及其他地质构造的空间分布和变化。

（2）探明水文地质条件，即含水层、隔水层的分布、埋藏、厚度、性质及地下水位。探明地貌及物理地质现象，包括河谷阶地、冲洪积扇、坡积层的位置和土层结构；岩溶的规模及发育程度；滑坡及泥石流的分布、范围、特性等。

（3）为深部取样及现场试验提供条件。从勘探工程中，便于采集岩石样及水样供室内试验、分析。同时，勘探形成的坑孔可为现场原位试验，如为岩土性质试验、地应力量测、水文地质实验等提供场所。

（4）利用勘探坑孔可以进行某些项目的长期观测以及不良地质现象处理。

下面分别论述工程地质勘探中常用的几种方法。

2. 工程地质的地球物理勘探

地球物理勘探简称物探，是利用专门仪器来探测地壳表层各种地质体的物理场，包括电场、磁场、重力场、辐射场、弹性波的应力场等，通过测得的物理场特性和差异来判明地下各种地质现象，获得某些物理性质参数的一种勘探方法。由于组成地壳的各种岩层介质的密度、导电性、磁性、弹性、反射性及导热性等方面存在差异，这些差异将引起相应的地球物理场的局部变化，通过测量这些物理场的分布和变化特性，结合已知的地质资料进行分析和研究，就可以推断地质体的性状。这种方法兼有勘探和试验两种功能。与钻孔勘探相比，物探具有设备轻便、成本低、效率高和工作空间广的优点,但是,不能取样直接观察,故常与钻孔勘探配合使用。

物探按照利用岩土物理性质的不同可分为电法勘探、地震勘探、声波探测、重力勘探、磁力勘探及核子勘探等。在工程地质勘探中采用较多的主要是前三种方法。下面重点介绍前两种。

1) 电法勘探

电法勘探是利用天然或人工电场(直流或交流电)来勘查地下地质现象的物探方法之一。在工程地质勘探中,常用的直流电探测方法为电阻率法,下面介绍这种方法。

(1) 岩土的电阻率。

电阻率是岩土的一个重要电学参数,它表示岩土的导电特性。不同的岩土有不同的电阻率,也就是说,不同的岩土体有不同的导电性。电阻率在数值上等于电流在材料里均匀分布时该种材料单位立方体所呈现的电阻,单位一般采用欧姆米,记作 $\Omega \cdot m$。岩土的电阻率变化范围很大,火成岩的电阻率最高,变质岩次之,沉积岩最低。各种岩土的电阻率(ρ)变化范围如表 7.18 所示。

表 7.18 常见岩土电阻率变化范围表　　　　$\Omega \cdot m$

名称	ρ					
	10^0	10^1	10^2	10^3	10^4	10^5
火成岩						
变质岩						
黏土						
软页岩						
硬页岩						
砂						
砂岩						
多孔灰岩						
致密灰岩						

影响岩土电阻率大小的因素很多,主要是岩石成分、结构、构造、孔隙裂隙、含水性等。如第四纪的松散土层中,干的砂砾石电阻率高达几百至几千欧姆·米,饱水的砂砾石电阻率只有几十欧姆·米,电阻率显著降低。在同样的饱水条件下,粗颗粒的砂砾石电阻率比细颗粒的细砂、粉砂高。正是因为存在电阻率的差异,才能采用电阻率法来勘探砂砾石与岩土层的分布。

(2) 电阻率法的基本原理和方法。

电阻率法是向地下输入直流电,制造人工电场,通过测量岩土体电阻率大小变化来判断地质现象的方法。由于地质体往往为不均质体,所测电阻率是不均质体的综合反映,所以称其为视电阻率。其测量装置及工作原理如图 7.10(a)所示,通过 A、B 两供电电极向地下供入强度为 I 的电流,同时在 M、N 两侧量出该两点间的电位差 ΔU_{MN},所测的视电阻率 ρ_s 为

$$\rho_s = K \Delta U_{MN} / I \tag{7.21}$$

式中,K 为装置常数,与 A、B、M、N 4 个电极装置距离有关。

如图 7.10(b)所示,ρ_s 一般介于 ρ_1 与 ρ_2 之间,它反映两层电阻率变化的综合值。当 AB 距离一定时,大部分电流从上部介质中流过,所测视电阻率主要反映上部介质的电性;

加大 AB 至某一距离,大部分电流会从深部某层位流过,所测视电阻率主要反映深部某层介质的电性特征。当 A、B、M、N 四极间距固定不变,沿某一方向平行移动,可测得某一层在剖面方向上电阻率变化,这种测量方法称为电测剖面法。测量点固定不变,按一定方式增大 A、B、M、N 之间距离,便可测得该点介质随深度的电阻率变化,称此测量方法为电测深法。采用其他装置形式,则可构成其他测量方法,工程地质工作中常用电测剖面法与电测深法。

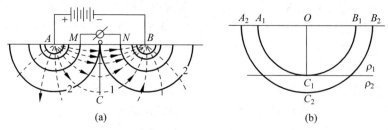

A、B—供电电极;M、N—测量电极;O—测点;1—电流线;2—等位线;
C_1—地层 1;C_2—地层 2;ρ_1—地层 1 的电阻率;ρ_2—地层 2 的电阻率。

图 7.10 视电阻率法的人工电场示意图
(a) 电流线分布(均质岩层);(b) 电极距加大,测深加大

电测剖面法:通过沿剖面方向的逐点测量,可以得到沿剖面水平方向的视电阻率变化曲线,据此曲线特征便可推断覆盖层以下基岩面形状、古河道、溶洞、地质结构等地质现象。采用四极对称装置了解基岩起伏情况(图 7.11(a)),利用复合四极对称装置探测溶洞发育情况(图 7.11(b)),都取得了令人满意的结果。该测量方法适用于地形坡度小于 15°,地质体倾角较大,覆盖层厚度较小的条件。

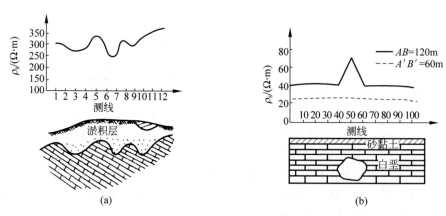

图 7.11 利用对称电测剖面法探测基岩面和溶洞
(a) 基岩面;(b) 溶洞

电测深法:电测深法可以获得测点处随着深度变化的视电阻率曲线,由此,便可了解竖直方向上地质条件变化的特征。将各测点资料连成剖面,获得物探电测剖面。工程地质勘探常用对称四极电测深法,探测有明显电阻率差异的地质现象,以了解地下地质结构和地下水位(图 7.12)。

电测深法要求地形平坦(坡度小于 30°),测层倾角较小(小于 20°);各层分布稳定,且电性差异较大。

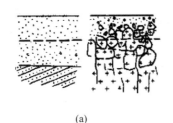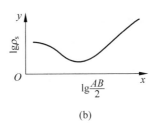

图 7.12　根据电测深曲线判定地下水位

(a) 均匀砂砾石层中地下水位；(b) 基岩风化壳中地下水位

2) 地震勘探

地震勘探是利用地质介质的波动性来探测地质现象的一种物探方法。其原理是利用爆炸或敲击方法向岩体内激发地震波，根据不同介质弹性波传播速度的差异来判断地质情况现象。

根据波的传递方式，地震勘探又可分为直达波法、反射波法和折射波法。直达波就是由地下爆炸或敲击直接传播到地面接收点的波，直达波法就是利用地震仪器记录直达波传播到地面各接收点的时间和距离，然后推算地基土的动力参数，如动弹性模量、动剪切模量和泊松比等；而反射波或折射波则一般是由地面产生激发的弹性波在不同地层的分界面发生反射或折射而返回到地面的波，反射波法或折射波法就是利用反射波或折射波传播到地面各接收点的时间，并研究波的振动特性，确定引起反射或折射的地层界面的埋藏深度、产状岩性等。地震勘探直接利用地下岩石的固有特性，如密度、弹性等，较其他物探方法准确，且能探测地表以下很大的深度，因此该勘探方法可用于了解地下深部地质结构，如基岩面、覆盖层厚度、风化壳、断层带等地质情况。

3. 工程地质的钻孔勘探

钻孔勘探简称钻探。钻探就是利用钻进设备打孔，通过采集岩芯或观察孔壁来探明深部地层的工程地质资料，补充和验证地面测绘资料的勘探方法。钻探是工程地质勘探的主要手段，但是钻探费用较高，因此，一般是在开挖勘探不能达到预期目的和效果时才采用这种勘探方法。

钻探的钻进方式可以分为回转式、冲击式、振动式、冲洗式四种。每种钻进方法各有独自特点，分别适用于不同的地层。根据《岩土工程勘察规范》(2009 年版)(GB 50021—2001)的规定，钻进方法可根据地层类别及勘察要求按表 7.19 进行选择。

表 7.19　钻探方法的适用范围

钻探方法		钻进地层					勘察要求	
		黏性土	粉土	砂土	碎石土	岩石	直观鉴别、采取不扰动试样	直观鉴别、采取扰动试样
回转	螺旋钻探	++	+	+	−	−	++	++
	无岩芯钻探	++	++	++	++	++	−	−
	岩芯钻探	++	++	++	++	++	++	++
冲击	冲击钻探	−	+	++	++	−	−	−
	锤击钻探	++	++	++	+	−	++	++

续表

钻探方法	钻进地层					勘察要求	
	黏性土	粉土	砂土	碎石土	岩石	直观鉴别、采取不扰动试样	直观鉴别、采取扰动试样
振动钻探	++	++	++	+	—	+	++
冲洗钻探	+	++	++	—	—	—	—

注:"++"表示适用;"+"表示部分适用;"—"表示不适用。

根据《岩土工程勘察规范》(2009年版)(GB 50021—2001)中的规定,钻探应符合以下规定:

(1) 钻进深度和岩土分层深度的量测精度,不应低于±5cm。

(2) 应严格控制非连续钻进的回次进尺,使分层精度符合要求。

(3) 对鉴别地层天然湿度的钻孔,在地下水位以上应进行干钻;当必须加水或使用循环液时,应采用双层岩芯管钻进。

(4) 岩芯钻探的岩芯采取率,对完整和较完整墙体不应低于80%。较破碎和破碎岩体不应低于65%;对需重点查明的部位(滑动带、软弱夹层等)应采用双层岩芯管连续取芯。

(5) 当需确定岩石质量指标RQD时,应采用75mm口径(N型)双层岩芯管和金刚石钻头。

钻孔的记录和编录应符合下列要求:

(1) 野外记录应由经过专业训练的人员承担;记录应真实及时,按钻进回次逐段填写,严禁事后追记。

(2) 钻探现场可采用肉眼鉴别和手触方法,有条件或勘察工作有明确要求时,可采用微型贯入仪等量化、标准化的方法。

(3) 钻探成果可用钻孔野外柱状图或分层记录表示;岩土芯样可根据工程要求保存一定期限或长期保存,亦可摄取岩芯、土芯彩照,纳入勘察成果资料。

4. 工程地质的坑探

坑探是由地表向深部挖掘坑槽或坑洞,以便地质人员直接深入地下了解有关地质现象或进行试验等地下勘探工作。勘探中常用的勘探工程包括探槽、探井、探坑等(图7.13),它们的适用条件如表7.20所示。

(1) 探坑就是用锹镐或机械来挖掘在空间上三个方向的尺寸相近的坑洞的一种明挖勘探方法。坑探的深度一般为1~2m,适于不含水或含水量较少的较稳固的地表浅层,主要用来查明地表覆盖层的性质和采取原状土样。

(2) 探槽就是在地表挖掘成长条形且两壁常为倾斜上宽下窄沟槽,进行地质观察和描述的明挖勘探方法。探槽的宽度一般为0.6~1.0m,深度一般

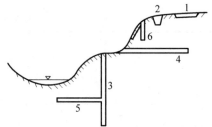

1—探槽;2—试坑;3—竖井;4—平洞;
5—石门;6—浅井。

图7.13 工程地质常用的坑探类型

表 7.20 坑探工程类型及适用条件

类型	特　　点	适 用 条 件
探槽	沿垂直于岩层走向及构造线走向挖掘条形槽子,深度为 2~5m	剥除地表覆土,揭露基岩,划分地层岩性,研究断层破碎带,取原状岩土样
探坑	由地表向下挖掘的方形或圆形探坑,深度一般为 3~5m	剥除覆土,揭露基岩,确定地层岩性,做荷载试验、渗水试验,取原状土样
浅井	地表向下铅直的方形或圆形井,深度为 5~15m	确定覆盖土层及风化岩层的岩性及厚度,可做荷载试验,取原状土样,了解地层构造及断裂带
竖井(斜井)	形状与浅井相似,但深度大于 15m,有时是倾斜的	了解覆盖层的厚度及性质、风化带的厚度及岩性、软弱夹层的分布、断层破碎带及岩溶发育的情况、滑坡体结构及滑动面等
平硐	水平向的坑道,往往进入山体较深,有时在竖井底再打平硐	可用于调查斜坡的地质结构及地层岩性、软弱夹层的厚度及性质、断层破碎带及风化岩层的厚度,还可采用原状试样进行原位岩体力学试验及地应力量测等

小于 3m,长度则视情况确定。探槽的断面有矩形、梯形和阶梯形等多种形式,一般采用矩形,当探槽深度较大时,常用梯形的;当探槽深度很大且探槽两壁地层稳定性较差时,则采用阶梯形断面,必要时还要对两壁进行支护。槽探主要用于追索地质构造线、断层、断裂破碎带宽度、地层分界线、岩脉宽度及其延伸方向,探查残积层、坡积层的厚度和岩石性质及采取试样等。

(3) 探井就是指勘探挖掘空间的平面长度方向和宽度方向的尺寸相近,而其深度方向大于长度和宽度的一种挖探方法。探井的深度一般为 3~20m,其断面形状有方形(1m×1m、1.5m×1.5m)、矩形(1m×2m)和圆形(直径一般为 0.6~1.25m)。掘进时遇到破碎的井段须进行井壁支护。井探用于了解覆盖层厚度及性质、构造线、岩石破碎情况、岩溶、滑坡等,当岩层倾角较缓时效果较好。

7.4 工程地质勘察

工程地质勘察是运用地质、工程地质及有关学科的理论知识和各种勘察测试技术手段和方法,在建设场地及其附近进行调查研究,为工程建设的正确规划、设计、施工和运行等提供可靠的地质资料,以保证工程建筑物的安全稳定、经济合理和正常运用。

1. 工程地质勘察的任务

建筑工程是根据设计要求和建筑场区的工程地质条件进行建设的。而工程地质勘察是工程建设的先行工作,其成果资料是工程项目决策、设计和施工等的重要依据。

工程地质勘察的任务从总体上来说是为工程建设规划、设计、施工提供可靠的地质依据,以充分利用有利的自然和地质条件,避开或改造不利的地质因素,以保证建筑物的安全和正常使用。具体而言,工程地质勘察的任务可归纳为以下几点。

(1) 查明建筑场地的工程地质条件,选择地质条件优越合适的建筑场地。

(2) 查明场区内崩塌、滑坡、岩溶、岸边冲刷等物理地质作用和现象,分析和判明它们对建筑场地稳定性的危害程度,为拟定改善和防治不良地质条件的措施提供地质依据。

(3) 查明建筑物地基岩土的地层时代、岩性、地质构造、土的成因类型及其埋藏分布规律。测定地基岩土的物理力学性质。

(4) 查明地下水类型、水质、埋深及分布变化。

(5) 根据建筑场地的工程地质条件,分析研究可能发生的工程地质问题,提出拟建建筑物的结构形式、基础类型及施工方法的建议。

(6) 对于不利于建筑的岩土层,提出切实可行的处理方法或防治措施。

虽然各类建筑工程对勘察设计阶段划分的名称不尽相同,但是勘察设计各个阶段的实质内容则是大同小异。一般工程地质勘察阶段分为可行性研究勘察阶段、初步勘察阶段、详细勘察阶段和施工勘察阶段。对于工程地质条件复杂或有特殊施工要求的重要建筑物地基,应进行可行性及施工勘察;对于地质条件简单、建筑物占地面积不大的场地,或有建设经验的地区,也可适当简化勘察阶段。下面简述各勘察阶段的任务和工作内容。

(1) 可行性研究勘察阶段:可行性研究勘察阶段对于大型工程是非常重要的环节,其目的在于从总体上判定拟建场地的工程地质条件能否适宜工程建设。一般通过几个候选场址的工程地质资料进行对比分析,对拟选场址的稳定性和适宜性做出工程地质评价。该阶段的具体工作内容有如下几项。

① 搜集区域地质、地形地貌、地震、矿产和附近地区的工程地质资料及当地的建筑经验;

② 在搜集和分析已有资料的基础上,通过踏勘,了解场地的地层、构造、岩石和土的性质、不良地质现象及地下水等工程地质条件;

③ 对工程地质条件复杂,已有资料不能符合要求,但其他方面条件较好且倾向于选取的场地,应根据具体情况进行工程地质测绘及必要的勘探工作。

选择场址时,应进行技术经济分析,一般情况下宜避开下列工程地质条件恶劣的地区或地段:不良地质现象发育,对场地稳定性有直接或潜在威胁的地段;地基土性质严重不良的地段;对建筑抗震不利的地段,如设计地震烈度为8度或9度且邻近发震断裂带的场区;洪水或地下水对建筑场地有威胁或有严重不良影响的地段;地下有未开采的有价值矿藏或不稳定的地下采空区上的地段。

可行性研究阶段的主要勘察方法是:①对拟建地区大、中比例尺工程地质图的测绘;②进行较多的勘探工作,包括在控制工程点做少量的钻探;③进行较多的室内试验工作,并根据需求进行必要的野外现场试验;④应在重要的工程地段及可能发生不利地质作用的地址进行长期观测工作;⑤进行必要的物探。

(2) 初步勘察阶段:初步勘察阶段是在选定的建设场地上进行的。根据选址报告书了解建设项目的类型、规模、建筑物的高度、基础的形式及埋置深度和主要设备等情况。初步勘察的目的是对场地内建筑地段的稳定性做出评价;为确定建筑总平面布置、主要建筑物地基基础设计方案以及不良地质现象的防治工程方案做出工程地质论证。该阶段的主要工作有如下几项。

① 搜集本项目可行性研究报告(附有建筑场区的地形图,比例尺为1∶2000～1∶5000)、有关工程性质及工程规模的文件。

② 初步查明地层、构造、岩石和土的性质；地下水埋藏条件、冻结深度、不良地质现象的成因和分布范围及其对场地稳定性的影响程度和发展趋势。当场地条件复杂时，应进行工程地质测绘与调查。

③ 对抗震设防烈度为 7 度或 7 度以上的建筑场地，应判定场地和地基的地震效应。

初步勘察时，在搜集分析已有资料的基础上，根据需要和场地条件还应进行工程勘探、测试以及地球物理勘探工作。

(3) 详细勘察阶段：在初步设计完成之后进行详细勘察，为施工图设计提供资料。此时场地的工程地质条件已基本查明。所以详细勘察阶段的目的是提出设计所需的工程地质条件的各项技术参数，对建筑地基做出岩土工程评价，为基础设计、地基处理和加固、不良地质现象的防治工程等具体方案做出论证和结论。该阶段的主要工作内容有如下几项。

① 取得附有坐标及地形的建筑物总平面布置图，各建筑物的地面整平标高、建筑物的性质和规模，可能采取的基础形式与尺寸和预计埋置的深度，建筑物的单位荷载和总荷载、结构特点和对地基基础的特殊要求。

② 查明不良地质现象的成因、类型、分布范围、发展趋势及危害程度，提出评价与整治所需的岩土技术参数和整治方案建议。

③ 查明建筑物范围各层岩土的类别、结构、厚度、坡度、工程特性，计算和评价地基的稳定性和承载力。

④ 对需进行沉降计算的建筑物，提出地基变形计算参数，预测建筑物的沉降、差异沉降或整体倾斜。

⑤ 对抗震设防烈度大于或等于 6 度的场地，应划分场地土类型和场地类别。对抗震设防烈度大于或等于 7 度的场地，应分析预测地震效应，判定饱和砂土和粉土的地震液化可能性，并对液化等级做出评价。

⑥ 查明地下水的埋藏条件，判定地下水对建筑材料的腐蚀性。当需基坑降水设计时，应查明水位变化幅度与规律，提供地层的渗透性系数。

⑦ 提供为深基坑开挖的边坡稳定计算和支护设计所需的岩土技术参数，论证和评价基坑开挖、降水等对邻近工程和环境的影响。

⑧ 选择桩的类型、长度，确定单桩承载力，计算群桩的沉降以及选择施工方法，提供岩土技术参数。

详细勘察的主要手段以勘探、原位测试和室内土工试验为主。详细勘察的勘探工作量应按场地类别、建筑物特点及建筑物的安全等级和重要性来确定。对于复杂场地，必要时可选择具有代表性的地段布置适量的探井。

(4) 施工勘察阶段：施工勘察主要是与设计、施工单位相结合进行的地基验槽，深基础工程与地基处理的质量和效果的检测，施工中的岩土工程监测和必要的补充勘察，解决与施工有关的岩土工程问题，并为施工阶段路基路面或地基基础设计变更提供相应的地基资料，具体内容视工程要求而定。

需要指出的是，并不是每项工程都严格遵守上述阶段进行勘察，有些工程项目的用地有限，没有场地选择的余地，如遇到地质条件不是很好时，则通过采取地基处理或其他的措施来改善，这时施工阶段的勘察尤为重要。此外，有些建筑等级要求不高的工程项目，可根据邻近的已建工程的成熟经验，根本就不需要任何勘察亦可兴建，如 1~3 层工业与民用建筑工程项目。

2. 工程地质测绘

工程地质测绘是工程地质勘察中一项最重要、最基本的勘察方法,也是诸勘察工作中走在前面的一项勘察工作。它是运用地质、工程地质理论对与工程建设有关的各种地质现象进行详细观察和描述,以初步查明拟定建筑区内工程地质条件的空间分布和各要素之间的内在联系,并按照精度要求将它们如实地反映在一定比例尺的地形设计图上。配合工程地质勘探、试验等所取得的资料编制成工程地质图,作为工程地质勘察的重要成果提供给建筑物规划、设计和施工部门参考。

在切割强烈的基岩裸露山区,很好地进行工程地质测绘,就有可能较全面地阐明该区的工程地质条件,得到岩土工程地质性质的形成和空间变化的初步概念,判明物理地质现象和工程地质现象的空间分布、形成条件和发育规律。即使在第四系覆盖的平原区,工程地质测绘也仍然有着不可忽视的作用,只不过这时的测绘工作重点应放在研究地貌和松软土上。由于工程地质测绘能够在较短时间内查明广大地区的工程地质条件而费资不多,在区域性预测和对比评价中能够发挥重大作用,在其他工作配合下能够顺利地解决建筑区的选择和建筑物的合理配置等问题,所以在工程设计的初期阶段,往往是工程地质勘察的主要手段。

通过工程地质测绘对地面地质情况有了深入了解、对地下地质情况有了较准确的判断,初步掌握了某些地质规律和需要研究的问题,这就为进行其他类型的勘察工作奠定了基础,从而节省勘察工作量、提高勘察工作的效率。

工程地质测绘可分为两种:一种是以全面查明工程地质条件为主要目的的综合性测绘;另一种是对某一工程地址要素进行调查的专门性测绘。无论何者,都服务于建筑物的规划、设计和施工,使用时都有特定的目的。

在工程地质测绘过程中,应自始至终以查明场地及其附近地段的工程地质条件和预测建筑物与地质环境间的相互作用为目的。因此,工程地质测绘研究的主要内容是工程地质条件的诸要素。此外,还应搜集和调查自然地理以及已建建筑物的有关资料,例如对已有建筑区和采掘区的调查,对已有建筑物的观察实际上相当于一次 1∶1 的原型试验。根据建筑物变形、开裂情况分析场地工程地质条件及验证已有评价的可靠性(表 7.21)。某一地质环境内建筑经验和建筑兴建后出现的所有工程地质现象,都是极其宝贵的资料,应予以收集和调查。工程地质测绘是在测区实地进行的地面地质调查工作,那么,工程地质条件中各有关研究内容,凡能野外地质调查解决的,都属于工程地质测绘的研究范围。

表 7.21 建筑场地调查分析内容

地质环境	建筑物变形	调查分析研究重点
不良	有	1. 分析变形原因、控制因素;2. 已有防治措施的有效性
不良	无	1. 分析工程地质评价是否合理; 2. 如评价合理,则说明建筑物结构设计合理,可适应不良地质条件
有利	有	1. 是否与建材或施工质量有关;2. 是否存在隐蔽的不良地质因素
有利	无	1. 如建筑物未采取任何特殊结构,表明该地区地质条件确实良好; 2. 如建筑物因采取特殊结构而未出现变形,应进一步研究是否存在某种不良地质因素

另外,工程地质测绘宜在可行性研究或初步勘察阶段进行,在详细勘察阶段可对某些专门地质问题做补充调查。

1) 工程地质测绘的主要内容

(1) 地貌条件:查明地形、地貌特征及其与地层、构造、不良地质作用的关系,并划分地貌单元。

(2) 地层岩性:查明地层岩性是研究各种地质现象基础、评价工程地质的一种基本因素。因此应调查地层岩土的性质、成因、年代、厚度和分布,对岩层应确定其风化程度,对土层应区分新近沉积土、各种特殊性土。

(3) 地质构造:主要研究测区内各种构造形迹的产状、分布、形态、规模及结构面的位置,分析所属构造体系,明确各类构造岩的工程地质特性。分析其对地貌形态、水文地质条件、岩体风化等方面的影响,还应注意新构造活动的特点及其与地震活动的关系。

(4) 水文地质条件:查明地下水的类型,补给来源,排泄条件及径流条件,井、泉的位置,含水层的岩性特征,埋藏深度,水位变化,污染情况及其与地表水体的关系。

(5) 不良地质现象:查明岩溶、土洞、滑坡、泥石流、崩塌、冲沟、断裂、地震灾害和岸边冲刷等不良地质现象的形成、分布、形态、规模、发育程度及其对工程建设的影响;调查人类工程活动对场地稳定性的影响,包括人工洞穴、地下采空、大挖大填、抽水排水及水库诱发地震等;监测建筑物变形,并搜集邻近工程建筑的经验。

2) 工程地质测绘范围

在规划建筑区进行工程地质测绘,选择的范围过大会增大工作量,范围过小不能有效查明工程地质条件,满足不了建筑物的要求。因此,需要合理选择测绘范围,建筑物的类型、规模不同,对地质环境的作用方式、强度、影响范围也就不同;工程地质条件复杂而地质资料不充足的地区,测绘范围应比一般情况下适当扩大。总而言之,一般情况下考虑以下因素。

(1) 建筑类型:对于工业与民用建筑,测绘范围应包括建筑场地及其邻近地段,对于渠道和各种线路,测绘范围应包括线路及轴线两侧一定宽度范围内的地带;对于洞室工程的测绘,不仅包括洞室本身,还应包括进洞山体及其外围地段。

(2) 建筑物的工艺要求:对于尾矿设施的测绘,由于其工艺要求不同,对干(不回水)和湿(回水)尾矿池的测绘范围也有所不同。

(3) 工程地质条件复杂程度:主要考虑动力地质作用可能影响的范围。例如,建筑物拟建在靠近斜坡的地段,测绘范围则应考虑到邻近斜坡可能产生不良地质现象的影响地带。

3) 工程地质测绘比例尺

工程地质测绘比例尺主要取决于勘察阶段、建筑类型、规模和工程地质条件的复杂程度。初期阶段,工程设计对地质条件要求不高,一般较大范围内的小比例尺测绘便可满足要求。随着设计阶段的提高,设计方案越来越具体,需要更充分详细的地质资料,因此,必须进行大比例尺工程地质测绘。同一勘察阶段,当其地质条件比较复杂,工程建筑物又很重要时,测绘比例尺应适当放大。

工程地质测绘采用以下比例尺:可行性研究勘察阶段、城市规划或工业布局时,可选用 1:5000~1:50 000 的小比例尺;初步勘察阶段可选用 1:2000~1:10 000 的比例尺;详细勘察阶段可选用 1:500~1:2000 的大比例尺;条件复杂时,比例尺可适当放大。

对工程有重要影响的地质单元体(如滑坡、断层、软弱夹层、洞穴等),可采用扩大比例尺表示。

地质界线和地质观测点的测绘精度,在图上不应低于3mm。工程地质测绘的精度指在工程地质测绘中对地质现象观察描述的详细程度,以及工程地质条件各因素在工程地质图上反映的详细程度,为了保证工程地质图的质量,工程地质测绘的精度必须与工程地质图的比例尺相适应。测绘的精度主要取决于单位面积观察点的多少,在地质复杂地区,观察点的分布就多一些,简单地区则少一些,观察点应布置在反映工程地质条件各因素的关键位置。为了保证工程地质图的详细程度,还要求工程地质条件各因素的单元划分与图的比例尺相适应,一般规定岩层厚度在图上的最小投影宽度大于2mm的应按比例尺反映在图上。厚度或宽度小于2mm的重要工程地质单元,如软弱夹层,能反映构造特征的标志层,重要的物理地质现象等,则应采用比例尺或符号的办法在图上标示出来。

工程地质测绘和调查的成果资料宜包括实际材料图、综合工程地质图、工程地质分区图、综合地质柱状图、工程地质剖面图以及各种素描图、照片和文字说明等。

4) 工程地质测绘方法

工程地质测绘有相片成图法和实地测绘法。

(1) 相片成图法是利用地面摄影或航空(卫星)摄影的相片,在室内根据判释标志,结合所掌握的区域地质资料,把判明的地层岩性、地质构造、地貌、水系和不良地质现象等调绘在单张相片上,并在相片上选择需要调查的若干地点和线路,然后据此做实地调查,进行核对、修正和补充。将调查的结果转绘在地形图上形成工程地质图。

(2) 当该地区没有航测等相片时,工程地质测绘主要依靠野外工作,即实地测绘法。常用的实地测绘法有三种。

① 路线法:它是沿着一定的路线穿越测绘场地,将沿线所观测或调查的地层界线、构造线、地质现象、水文地质现象、岩层产状和地貌界线等填绘在地形图上,路线可为直线形或折线形。观测路线应选择在露头及覆盖层较薄的地方。观测路线方向大致与岩层走向、构造线方向及地貌单元相垂直,这样就可以用较少的工作量获得较多的工程地质资料。

② 布点法:它是根据地质条件复杂程度和测绘比例尺的要求,预先在地形图上布置一定数量的观测路线和观测点。观测点一般布置在观测路线上,但要考虑观测目的和要求,如为了观察研究不良地质现象、地质界线、地质构造及水文地质等。布点法是工程地质测绘中的基本方法,适用于大、中比例尺的工程地质测绘。

③ 追索法:它是沿地层走向或某一地质构造线,或某些不良地质现象界线进行布点追索,主要目的是查明局部的工程地质问题。追索法通常是在布点法或路线法的基础上进行的,是一种辅助方法。

3. 工程地质勘察报告

工程地质勘察报告是工程地质勘察的正式成果。它将现场勘察得到的工程地质资料进行统计、归纳和分析,编制成图件、表格并对场地工程地质条件和问题做出系统的分析和评价,以全面正确地反映场地的工程地质条件和提供地基土物理力学设计指标,供建设单位、设计单位和施工单位使用,并作为存档文件长期保存。

为了确切地反映某一地区的工程地质勘察成果,单用叙述的方式是不够的,必须有图件配合。为了将某一工程地区内的工程地质条件和问题确切而直观地反映出来,最好的方法是编制工程地质图。

1）工程地质图的类型

工程地质图是工程地质工作全部成果的综合表达，工程地质图的质量标志着编图者对工程地质问题的预测水平，工程地质图是工程地质学家（技术人员）提供给规划、设计、施工和运行人员直接应用的主要资料，它对工程的布局、选址、设计及工程进展起到决定性的影响。

根据多年来实际出现的类型，工程地质图的类型大致可按内容和用途分类如下。

（1）工程地质图按内容分类。

① 工程地质条件图（基本工程地质图）。

此图综合反映工作区的工程地质条件，以及对条件的总体评价，但不做分区。它表示各类建筑物区的基本工程地质条件及综合评价，有时也可针对某类建筑的特点，有选择地表示某些条件或因素，以便使用图件重点突出，便于生产部门使用。

② 工程地质分析图（分析图）。

这是针对某一重要的专门工程地质问题，分析有关因素的变化规律的图件。图中只反映某一种因素或某一种岩、土指标的变化规律，常以等值线图的形式出现。如建筑物持力层顶板埋深或高程等值线图、地下水等水位线图、岩土渗透性（K 值）等值线图，岩土 c、ϕ 值，压缩系数 a，变形模量 E 等值线图等。显然，编制这类图件需要大量数据，一般在详细勘察阶段才有可能编制。分析图常作为重要工程地质图件的辅助图件。

③ 工程地质分区图。

此图按照工程地质条件中各要素的主次顺序相似程度分区，并可做几级划分，图面上只有分区界限和区的代号，各区的工程地质特征在所附的说明表中说明，并做出评价。工程地质分区图常与工程地质条件图相互配合使用，适用于中、小比例尺，大范围。

④ 综合分区图。

此图既表示工程地质条件的有关资料，又有分区，并对各区的建筑适宜性做出评价，是生产部门中常用的形式，这种图件适于条件简单或中等复杂程度的地区，对于条件复杂地区，则图中内容过多，重点不突出，适用于大比例尺、小范围。

（2）工程地质图按用途分类。

① 通用工程地质图以表示工程地质条件为主要内容，以岩土类型及其工程地质性质为主体，综合地质结构、水文地质等因素，并提出一般性工程地质评价。通用工程地质图可为各种工程建设服务，应用范围广而精度低，适用于小比例尺、大范围，用于区域规划。（如中华人民共和国自然地图集 1∶1000 万，中国工程地质图 1∶400 万）

② 专用工程地质图。

专用工程地质图为某一类工程建筑服务，具有专门性，在全面反映工程地质条件的基础上，根据具体建筑的需要和存在的工程地质问题，加以筛选，使重点突出，避免因反映因素过多而使图面复杂化。这种图可有各种比例尺，但是小比例尺专用工程地质图收集的资料精度较低，实际上只能反映基本条件，因而趋于通用工程地质图，用于规划阶段。中大比例尺所反映的数据精度较高，专用性加强，因而专用工程地质图应以中、大比例尺为主。

2）工程地质图的内容

（1）地形地貌：包括地形起伏变化、高程和相对高差；地面切割情况，例如冲沟的发育程度、形态、方向、密度、深度及宽度；场地范围山坡形状、高度、陡度及河流冲刷和阶地情况等。

(2) 岩土类型及其工程性质：是工程地质条件中比较重要和根本的方面。其中，应特别注重反映的是第四纪沉积物的年代、成因类型及岩相变化与分布方面，因为工程上最常涉及的第四纪沉积物的工作性质与其沉积环境、固结、成岩条件以及后来一系列变化有密切关系。

(3) 地质构造：一般包括各种岩土层的分布范围、产状、褶曲轴线、断层破碎带的位置、类型及其活动性等。

(4) 水文地质条件：一般有地下水位，包括潜水水位及对工程有影响的承压水、测压水位及其变化幅度；地下水的化学成分及侵蚀性。

(5) 物理地质现象：包括各类物理地质现象的形态、发育强度的等级及其活动性。各种物理地质现象的形态类型一般用符号在其主要发育地段笼统表示。在较大比例尺的图上对规模较大的主要物理地质现象的形态，可按实际情况绘在图上，并对其活动性专门说明。

3) 工程地质分区

按工程地质条件各个要素的相似性，对研究区进行逐级划分区段，以反映条件的差别，便于应用。

分区目的：同一区段内工程建筑和使用条件以及勘察条件上具有相似性，不同区段其工程地质条件和评价不同。

分区标志：指分区所依据的准则——工程地质条件、工程地质评价。

以工程地质条件为分区标志，如表 7.22 所示。

表 7.22 以工程地质条件分区

级别	名称	表达方式	分区标志	评价方式	工程地质特征
一级	区域	颜色	大地构造、地貌、地质结构的差异性	定性↓定量	少↓多
二级	地区	色调	地貌、新构造运动的差异		
三级	区	线条	岩土类型及工程性质、岩土均质性、岩土组合结构特征		
四级	地段	图例符号	水文地质条件的差异性		
五级	二级地段	按比例符号	自然地质作用、工程地质作用与现象，天然建筑材料		

以工程地质评价作为分区标志：具有发展前景，按工程需求出现新的分区标志，通过定性或定量评价标准，结合工程设计的需要进行分区。分区标志的目的在于表示对工程建筑的有利或不利因素及其程度，专门性分区标志的选择应结合主要工程地质问题的分析，不同勘察阶段，分区标志及侧重点有所不同。

4) 工程地质图的编制方法

编制工程地质图需要一套相应比例尺的有关图件，这些图件为：①工程地质图或第四纪地质图；②地貌及物理地址现象图；③水文地质图；④各种工程地质剖面图、钻孔柱状图；⑤各种原位测试及室内试验成果图表等。

图上应画出许多界线，主要有不同年代、不同成因类型和土性的土层界线，地貌分区界线，物理地质现象分布界线及各级工程地质分区界线等(图 7.14)。这些界线有许多是彼此重合的,因为工程地质条件各个方面往往是密切联系的。工程地质分区界线无论分区标志如何,都必须与其主要的工程地质条件密切相关,因此这些界线往往重合。对于工程地质分区图,首先应保证分区界线能完整地表示出来。

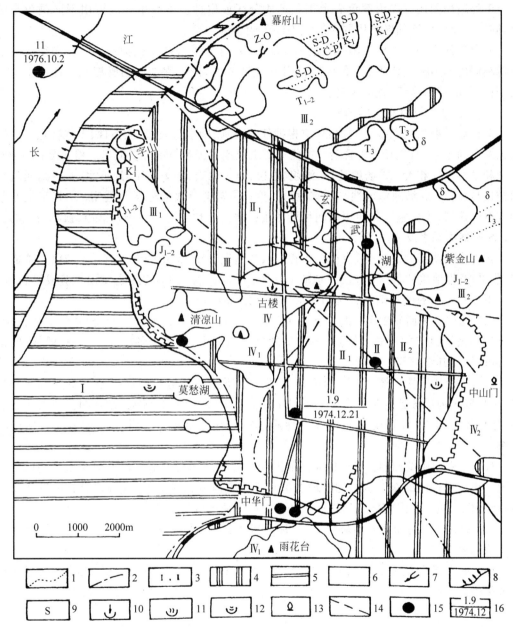

1—地层界限；2—分区界限；3—分区代号；4—Q_h多层结构；5—Q_h双层结构；6—Q_h单一结构；7—滑坡；8—坍岸；9—地层代号；10—地面沉降；11—地热异常点；12—高灵敏黏土；13—膨胀土；14—断层；15—微震中心；16—震级/发震时间；Ⅰ—长江漫滩；Ⅱ—古河道；Ⅱ₁—古河道；Ⅱ₂—古湖泊；Ⅲ—北盆地；Ⅲ₁—低岗阶地；Ⅲ₂—低山丘陵高阶地；Ⅳ—南盆地；Ⅳ₁—低岗坳沟低阶地；Ⅳ₂—丘陵高阶地。

图 7.14 南京市工程地质综合分区图(罗国煜、王培清等,1990)

各种界线的绘制方法,一般是肯定的用实线,不肯定的用虚线。工程地质分区的区级之间可用线的粗细来区别,高级区线条粗,低级区线条细。

工程地质图还可用各种花纹、线条、符号、代号来区分各种岩性、断层线、物理地质现象、土的成因类型等,有时还可用小柱状图表示一定深度范围内土层的变化。

工程地质图还可以用颜色表示工程地质分区或岩性。不同单元区可用不同颜色来表示,同一单元区内不同区可用同一颜色不同色调表示。

复杂条件下的工程地质图反映的内容比较多,符号线条会比较拥挤。所以必须注意恰当地利用色彩、花纹、线条等,妥善安排,分区疏密浓淡,使工程地质图既能充分说明工程地质条件,又能清晰易读,整洁美观。

5) 工程地质勘察报告的编写

工程地质勘察成果报告的内容,应根据任务要求、勘察阶段、地质条件、工程特点等具体情况综合确定,一般包括以下内容:①任务要求及勘察工程概况;②拟建工程概况;③勘察方法和勘察工作布置;④场地地形、地貌、地层、地质构造、岩土性质、地下水、不良地质现象的描述与评价;⑤场地稳定性与适宜性的评价;⑥岩土参数的分析与选用;⑦提出地基基础方案的建议,工程施工和使用期间可能发生的岩土工程问题的预测及监控、预防措施的建议;⑧勘察成果表及所附图件。

报告中所附图表的种类,应根据工程的具体情况而定,常用的图表有:①勘察点平面布置图;②工程地质柱状图;③工程地质剖面图;④原位测试成果表;⑤室内试验成果表等。

下面将常用的图表编制方法和要求简单介绍如下。

(1) 勘察点平面布置图:勘察点平面布置图是在建筑场地地形图上,把建筑物的位置,各类勘探及测试点的位置、编号用不同的图例表示出来,并注明各勘探、测试点的标高、深度、剖面线及其编号等。

(2) 工程地质柱状图:为了简明扼要地表示所勘察的地层的层序及其主要特征和性质,可将该区地层按新老次序自上而下以 $1:50\sim1:200$ 的比例绘成柱状图。图上注明层厚、地质年代,并对岩石或土的特征和性质进行概括性描述。这种图件称为综合地层柱状图。

(3) 工程地质剖面图:工程地质剖面图反映某一勘探线上地层沿竖向和水平向的分布情况。由于勘探线的布置常与主要地貌单元或地质构造轴线垂直,或与建筑物的轴线相一致,故工程地质剖面图能最有效地标示场地工程地质条件。

(4) 原位测试成果表:如荷载试验、标准贯入试验、十字板剪切试验、静力触探试验等测试成果表。

(5) 室内试验成果表:如岩土物理性质试验、压缩试验、抗剪强度试验、动力试验等试验成果表。

本章学习要点

建设工程的程序是勘察、设计、施工、监理。可见,岩土工程勘察(engineering geological investigation)是整个建设工程工作的重要组成部分之一,也是一项基础性的工作。只有进行详细的岩土工程勘察才能对工程项目选择合适的基础形式,并确保工程的安全。

因此本章着重介绍了岩土工程勘察的基本要求、工程地质测绘、勘探与取样、室内土工试验分析以及现场原位测试,包括静力荷载试验、静力触探、动力触探与标贯、十字板剪切试验、现场直剪试验等方法的特点与应用,另外还介绍了现场沉降、位移、水位监测技术、岩土工程勘察的数据整理与分析、岩土工程勘察报告编写、岩土工程分析评价等内容。

不忘初心:习近平总书记指出,弘扬科学精神,秉持科学态度,遵循科学规律。

牢记使命:习近平总书记教诲,科学无国界,科学家有祖国。我国科技事业取得的历史性成就,是一代又一代矢志报国的科学家前赴后继,接续奋斗的结果。

习题

1. 岩土工程勘察的目的和任务是什么?
2. 岩土工程勘察的基本方法有哪些?
3. 室内土工试验主要有哪些内容?土工试验的成果有哪些?
4. 岩土工程勘察中所采用的原位测试方法主要有哪些?各种方法的原理是什么?适用范围是什么?
5. 现场沉降、位移、水位监测技术应注意哪些要点?
6. 工程地质勘察报告有哪几部分内容?如何对数据进行整理与分析?

工程地质技能训练项目

本系列工程地质的训练项目,旨在通过实践使学生对工程地质研究的主要内容和特点有一个比较全面的、概括性的了解,巩固和掌握工程地质课的基本内容和学习方法,初步具备分析、解决工程实际中出现的简单条件下的地质问题的能力,为以后的工作实践打下坚实的基础。

本系列技能训练项目主要包括以下内容:土体类别的确定、土体密度和含水量的确定、矿物和岩石标本的认识与鉴定、滑坡成因分析及边坡治理措施、特殊土地基的处理以及地质图的识读等内容。

实训项目一 土的分类

现有 A、B、C 三种土,它们的粒径分布曲线如附图 1 所示。已知 B 土的液限为 38%,塑限为 19%;C 土的液限为 47%,塑限为 24%。试对这三种土进行分类。

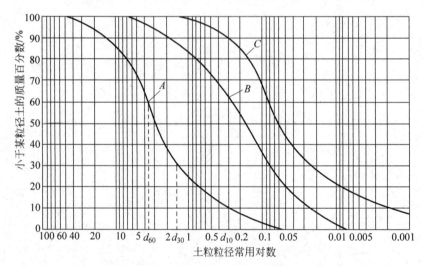

附图 1 土颗粒成分累计曲线

【解】

1. 《公路土工试验规程》(JTG 3430—2020)分类法

1) 对 A 土进行分类

(1) 由曲线 A 查得粒径大于 60mm 的巨粒含量为零,故该土不属于巨粒土和含巨粒土。

(2) 粒径大于 0.075mm 的粗粒含量为 98%,大于 50%,所以 A 土属于粗粒土。

(3) 粒径大于 2mm 的砾粒含量为 63%,大于 50%,所以 A 土属于砾粒土。

(4) 粒径小于 0.075mm 的细粒含量为 2%,少于 5%,所以 A 土属于砾。

(5) 从附图 1 中曲线 A 查得 d_{10}、d_{30} 和 d_{60} 分别为 0.32mm、1.65mm 和 3.55mm。
不均匀系数
$$C_u = d_{60}/d_{10} = 3.55/0.32 \approx 11.0 > 5$$
曲率系数
$$C_c = d_{30}^2/(d_{10} \cdot d_{60}) = 1.65^2/(0.32 \times 3.55) \approx 2.40$$
由于 $C_u > 5$，$1 < C_c < 3$，所以 A 土属于级配良好砾（GW）。

2) 对 B 土进行分类

(1) 从曲线 B 中查得大于 0.075mm 的粗粒含量为 72%，大于 50%，所以 B 土属于粗粒土。

(2) 从附图 1 中查得大于 2mm 的砾粒含量为 9%，小于 50%，所以 B 土属于砂类土，但小于 0.075mm 的细粒含量为 28%，属于 15%~50%，因而 B 土属于细粒土质砂。

(3) 由于 B 土的液限为 38%，塑性指数 $I_P = \omega_L - \omega_P = 38 - 19 = 19$。$A$ 线：$I_P = 0.73 \times (\omega_L - 20) = 0.73 \times (38 - 20) = 13.14$，按塑性图，该土的 I_P 值落在图中 CL 区，故 B 土最后应定名为黏土质砂，符号 SC。

3) 对 C 土进行分类

(1) 从曲线 C 中查得大于 0.075mm 的粗粒含量为 43%，属于 25%~50%，所以 C 土属于含粗粒的细粒土。

(2) 从附图 1 中查得大于 2mm 的砾粒含量为零，该土属于含砂细粒土。

(3) 由于 C 土的液限为 47%，塑性指数 $I_P = \omega_L - \omega_P = 47 - 24 = 23$。$A$ 线：$I_P = 0.73 \times (\omega_L - 20) = 0.73 \times (47 - 20) = 19.71$，按塑性图，该土的 I_P 值落在图中 CL 区，故 C 土最后应定名为含砂低液限黏土，符号 CLS。

2.《公路桥涵地基与基础设计规范》(JTG 3363—2019)分类法

1) 对 A 土进行分类

(1) 粒径大于 2mm 的砾粒含量为 63%，大于 50%，故该土属于碎石土。

(2) 粒径大于 200mm 的土粒含量为零，故该土不属于漂石（块石）。

(3) 粒径大于 20mm 的土粒含量为 6%，小于 50%，则该土不属于卵石（碎石）。

(4) 故 A 土属圆（角）砾土。

2) 对 B 土进行分类

(1) 粒径大于 2mm 的砾粒含量为 9%，小于 50%；粒径大于 0.075mm 的土粒含量为 72%，大于 50%，故该土属于砂土。

(2) 粒径大于 0.075mm 的土粒含量为 72%，小于 85%，故 B 土属细砂。

3) 对 C 土进行分类

(1) 粒径大于 0.075mm 的土粒含量为 43%，少于 50%，塑性指数 $I_P = \omega_L - \omega_P = 47 - 24 = 23 > 10$，故该土属于黏性土。

(2) 塑性指数 $I_P = 23 > 17$，故 C 土属黏土。

实训项目二　土的密度测定

1. 基本原理

环刀法是用已知质量及容积的环刀，切取土样，称量后减去环刀质量，即得土的质量，环刀的容积即为土的体积。进而可求得土的密度。

2. 仪器设备

（1）环刀：内径为 6～8cm，高度为 2～5.4cm，壁厚 1.5～2.2mm。
（2）天平：感量为 0.1g。
（3）其他：切土刀、钢丝锯、凡士林、玻璃板等。

3. 试验步骤

（1）测定环刀的质量及体积：用卡尺测量环刀的内径及高度，计算环刀的容积，然后称环刀的质量。在环刀内壁上涂以薄层凡士林。
（2）切取土样：将环刀刃口向下置于土样上，将环刀垂直下压，并用切土刀沿环刀外侧切削土样，边压边削至土样高出环刀，然后平整环刀两端土样。
（3）擦净环刀外壁，称环刀加土样质量。
（4）按式（Ⅰ-1）计算土的密度 $\rho(g/cm^3)$。

$$\rho = \frac{m_1 - m_2}{V} \tag{Ⅰ-1}$$

式中，m_1——环刀加土样质量，g；
m_2——环刀质量，g；
V——环刀的容积，cm^3。

（5）本试验应进行两次平行测定，平行差值不得大于 $0.03g/cm^3$，取其算数平均值，精确至 $0.01g/cm^3$。

4. 试验报告内容

记录并整理试验记录表格，计算土的密度。

实训项目三　土的含水量测定

1. 基本原理

含水量是指土中水分质量与干土质量之比值，湿土在温度 100～105℃ 的长时间烘烤下，土中水分完全蒸发，土样减轻的质量与烘干后土的质量之比的百分数，即土的含水量。

测定含水量的方法很多，其区别是使土样干燥的方法不同，常用的有如下两种方法。
（1）烘干法：将土样置于烘箱中烘烤，除去水分。它一般适用于细粒土、砂类土和有机质土类。本试验主要介绍这种方法。
（2）炒干法：将土样放在铝盒中置于电炉上炒干，测其含水量。炒干法一般适用于砂类土。

2. 仪器设备

（1）电热烘箱或红外线烘箱；

（2）铝盒；

（3）感量为 0.01g 的天平。

3．试验步骤

（1）称湿土质量：取代表性土样约 15g，放入已知质量的铝盒内，盖紧盒盖，称湿土加盒质量。

（2）烘干土样：打开盒盖，将盒放入烘箱内，在温度 100~105℃下烘干，烘干时间一般为 6~8h。

（3）称干土质量：自烘箱中取出铝盒盖上盒盖，立即放入干燥器中，冷却后称干土加盒质量。

（4）按式（Ⅰ-2）计算土的含水量 ω（％）。

$$\omega = \frac{m_1 - m_2}{m_2 - m_0} \times 100\% \qquad （Ⅰ-2）$$

式中，m_1——铝盒加湿土的质量，g；

m_2——铝盒加干土的质量，g；

m_0——铝盒的质量，g。

（5）本试验需进行两次平行测定，当 $\omega<40\%$ 时，其平行差值不得大于 1％；当 $\omega \geqslant 40\%$ 时，其平行差值不得大于 2％，取两次测值的平均值，精确至 0.1％。

4．试验报告内容

记录并整理试验记录表格，计算土的含水量。并根据试验测得某土样的 ρ_s、ρ 及 ω，计算土的干密度 ρ_d、孔隙度 n、孔隙比 e 及饱和度 S_r。

实训项目四　矿物的认识与鉴定

1．试验目的

通过试验，在老师的指导下学会描述和肉眼鉴定矿物的基本方法，掌握常见造岩矿物的鉴定特征。本试验的目的不是学会鉴定所有矿物，而是学会鉴定方法，为以后的学习工作打下基础。

2．内容与方法

可以根据所选择的标本认识矿物，如书上所列矿物或其他矿物（如石英、赤铁矿、褐铁矿、石膏等）。主要试验器材及用具包括矿物标本、矿物薄片、磁铁、小刀、放大镜及小铁锤等。

3．试验步骤

主要在肉眼下借助简单的工具（放大镜、小刀、条痕板、磁铁等）对照矿物基本特征进行鉴定。

(1) 辨别矿物,描述特征。一块标本往往有几种矿物共生在一起,从中辨别矿物的形态和物理性质,边看边记录,描述其特征。

对于单矿物,描述其形态、晶面条纹等。对于集合体,可观察矿物的光学性质,先描述其颜色,若为深色,硬度小于 5 的矿物,再用条痕板试其条痕色后选择矿物的新鲜面,仔细观察描述矿物的光泽和透明度;还可描述矿物的力学性质,如解理、断口、硬度;描述矿物的其他特征。有些矿物如碳酸盐类,需要用简易化学方法,观察其与稀盐酸的反应加以区别。

(2) 仔细对比,找共性。

(3) 找个性。对矿物进行类比,找出对比矿物的各项特征——从共性中求得个性,并从本质上(成分、结构、成因条件等)寻求其个性根源,以便在理解的基础上记忆,同时注意矿物的共生组合关系。

注意区别:黄铁矿与黄铜矿、方解石与萤石、辉石与角闪石、正长石与斜长石。

总之,矿物鉴定是通过各种物理化学方法对矿物加热、熔化或与其他物质反应,或者在不同环境中的变化特征来认识矿物、鉴定矿物。熟练掌握矿物综合鉴定是研究的基本方法。

4. 试验要求及试验报告

试验前应对相关内容预习,并写出预习报告。试验要求独立完成,试验完毕后要求写出简单的鉴定报告。

实训项目五　岩石的认识与鉴定

1. 试验目的与要求

通过试验,在老师的指导下学会描述和肉眼鉴定岩石的方法,先鉴定矿物,再根据矿物组合、岩石结构构造等粗略判定岩石名称,认识最常见的岩石。

2. 内容与方法

认识岩石,可以根据所选择的标本,如书上所列岩石或其他岩石等。主要试验器材及用具包括岩石标本、稀盐酸、小刀、放大镜、小铁锤等。

3. 观察步骤

第一步:观察。所用工具为放大镜等。用放大镜观察岩石标本,看看岩石表面有什么矿物,有几种,其颜色、大小、硬度、结晶程度如何,含量多少。

第二步:试一试。所用材料为盐酸、小刀、滴管、锤子、铁钉、铜钥匙等。

(1) 用锤子、铁钉、铜钥匙敲打和刻划岩石,判定岩石中矿物的硬度。

(2) 用滴管在岩石的表面上滴几滴盐酸,看看岩石表面有什么变化,是否起泡。

第三步：确定岩石的名称。根据上述分析，结合岩石的结构和构造特征，定出岩石的名称。

(1) 岩浆岩：通过观察，首先确定主要矿物和次要矿物，最后根据主要矿物确定岩石的基本名称，次要矿物参与命名。

例如，花岗岩，肉红色，等粒结构，块状构造。其中肉红色颗粒是正长石，粒粗，硬度6，可见解理面；一种白色颗粒是斜长石，玻璃光泽，硬度6，可见解理面；另一种白色颗粒是石英，油脂光泽，硬度7，无解理；黑色的是云母。该花岗岩主要由前三种矿物组成，含量均超过20%，黑云母是次要矿物，最后命名为黑云母花岗岩。

(2) 沉积岩：通过观察、分析其结构，确定沉积岩的类别，最后根据沉积岩的矿物成分的含量比来确定基本名称。

例如，石灰岩，灰色或灰白色，俗称"青石"，结晶结构，层理构造。主要矿物为方解石，硬度3，遇盐酸剧烈冒泡。

(3) 变质岩：通过观察、分析其构造，确定是片理状岩类还是块状岩类，然后根据观察到的结构、主要矿物和次要矿物，最后以构造定出基本名称。

4. 试验报告

试验要求独立完成，试验完毕时提交简单的鉴定报告。

实训项目六 滑坡形成的原因及边坡治理措施

根据下述资料分析滑坡形成的原因并提出边坡治理措施。

1. 工程简介

广东省韶关坪乳公路洋碰路段西滑坡区位于K69+140～K69+300段以北的斜坡上。滑坡形成于1996年雨期，东西长210m，南北宽75m。滑坡呈北向南急剧散开的扇形，顶端宽45m，南缘宽约150m，滑坡后缘清晰可见，呈一高差约2m陡坎，滑动方向为南西方向。

2. 工程地质概况

该滑坡区为山前斜坡地貌，坡度约17°，坡高30m。滑坡区露出为不同成因类型的第四系及晚近时代松散堆积。松散堆积主要是较近时期形成的残积、坡积和滑坡堆积物，各岩土层性质分述如下：

(1) 坡积层：浅黄色含碎石粉质黏土和黏土，干燥后坚硬，潮湿时可塑，碎石局部含量高，形成碎石土层，该层厚度为6.8～8.8m。

(2) 残积层：灰黄色、灰白色黏土，含碎石，局部碎石集中，呈不等层夹层，黏土稍湿，可塑，厚度为3.4～14.5m。

(3) 厚度不同的灰黄色千枚岩、夹砂岩，其下为泥盆系黑色角砾状灰岩。

根据原状土样试验结果，对所有土样的物理力学指标分层进行统计，列于附表1中，从表中可看出表层土为高液限黏性土,含水量偏高,容重和抗剪强度指标略偏小。

附表 1 土工试验结果综合指标

地质分层	岩性	含水量/%	天然容重/(kN/m³)	干容重/(kN/m³)	液限/%	塑限/%	塑性指数	黏聚力/kPa	内摩擦角/(°)
坡积层	粉质黏土、碎石土、黏土	27.8	18.7	14.5	53.4	33.2	20.2	36.0	20.4
残积层	粉质黏土、黏土	36.6	19.5	14.3	—	—	—	40.09	16.0
滑坡土层	黏土	26.5	19.0	15.0	54.1	33.6	20.5	—	—
平均值	—	30.3	19.1	14.6	53.8	33.4	20.4	38.5	18.2

实训项目七　特殊土地基

资料:通(辽)让(胡路)铁路大部分位于吉林省西部和黑龙江省南部,全长421km,其中嫩江浸水路堤长8.4km,堤高8~14m,穿越五处常年浸水的江岔和水泡子地段,基底土以第四纪河流冲积层为主,主要地层为淤泥质砂土、淤泥质黏土及粉细砂等。

淤泥质砂土为灰色及灰绿色,流塑状,含大量粉细砂及砂的夹层或包裹体,局部夹淤泥质黏土,一般厚度为2.0~10.0m。淤泥质黏土为灰绿色,含砂量高,局部夹砂土透镜体,分布零散,厚度不定,一般为0~4.0m。粉细砂饱和中密,含少量淤泥质土。

根据上述资料,分析此地基属哪种特殊土,可采用哪些加固措施。

实训项目八　阅读地质图

现以宁陆河地区地质图为例,阅读、分析地质图(附图2、附图3)。

本区最低处在东南部宁陆河谷,高程300多米,最高点在二龙山顶,高程达800多米,全区最大相对高差近500m。宁陆河在十里沟以北地区,从北向南流,至十里沟附近,折向东南。区内地貌特征主要受岩性及地质构造条件的控制。一般在页岩及断层带分布地带多形成河谷低地,而在石英砂岩、石灰岩及地质年代较新的粉细砂岩分布地带则形成高山。山脉多沿岩层走向大体南北向延伸。

本区出露地层有:志留系(S)、泥盆系上统(D_3)、二叠系(P)、中下三叠系(T_{1-2})、辉绿岩墙(V_X)、侏罗系(J)、白垩系(K)及第四系(Q)。第四系主要沿宁陆河分布,侏罗系及白垩系主要分布于红石岭一带。从附图2中可以看出,本区泥盆系与志留系地层间虽然岩层产状一致,但缺失中下泥盆系地层,且上泥盆系底部有底砾岩存在,说明两者之间为平行不整合接触。二叠系与泥盆系地层之间缺失石炭系,所以也为平行不整合接触。图中的侏罗系与泥盆系上统、二叠系及中下三叠纪三个地质年代较老的岩层接触,且产状不一致,所以为角度不整合接触。第四系与老岩层间也为角度不整合接触。辉绿岩是沿F_1张性断裂呈岩墙状侵入二叠系及三叠系石灰岩中,所以辉绿岩与二叠系、三叠系地层为侵入接触,而与侏

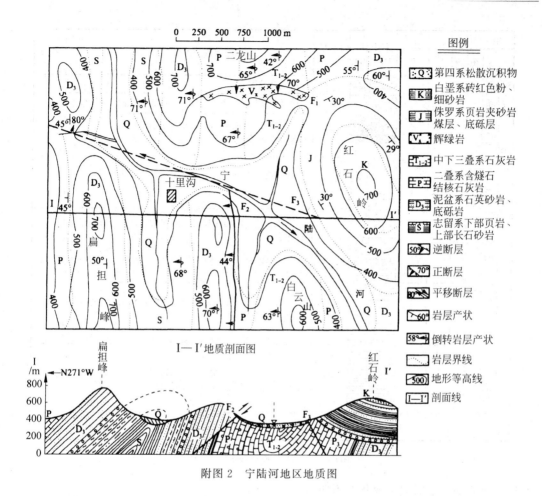

附图 2　宁陆河地区地质图

罗系为沉积接触。所以辉绿岩的形成时代应在中下三叠系之后，侏罗系以前。

宁陆河地区有三个褶曲构造，即十里沟褶曲、白云山褶曲和红石岭褶曲。

十里沟褶曲的轴部在十里沟附近，轴向近南北延伸。轴部地层为志留系页岩，上部有第四纪松散沉积覆盖，两翼对称分布的是泥盆系上统（D_3）、二叠系、下中三叠系地层，但两翼只见到泥盆系上统和部分二叠系地层，三叠系已出图幅。两翼走向大致南北，均向西倾，但两翼倾角较缓，45°～50°，东翼倾角较陡，63°～71°，所以十里沟褶曲为一倒转背斜。十里沟倒转背斜构造因受 F_3 断裂构造的影响，其轴部已向北偏移至宁陆河南北向河谷地段。

白云山褶曲的轴部在白云山至二龙山附近，南北向延伸。褶曲轴部地层为中下三叠系，由轴部向翼部，地层依次为二叠系、泥盆系上统、志留系，其中西翼为十里沟倒转背斜东翼，东翼志留系地层已出图外，而二叠系与泥盆系上统因受上部不整合的侏罗系与白垩系地层的影响，只在图幅的东北角和东南角出露。两翼岩层均向西倾斜，是一个倾角不大的倒转向斜。

红石岭褶曲由白垩系、侏罗系地层组成，褶曲舒缓，两翼岩层相向倾斜，倾角约 30°，为一直立对称褶曲。

区内有三条断层。F_1 断层面向南倾斜约 70°，断层走向与岩层走向基本垂直，北盘岩层分界线有向西移动的现象，是一正断层。由于倾斜向斜轴部紧闭，断层位移幅度小，所以 F_1

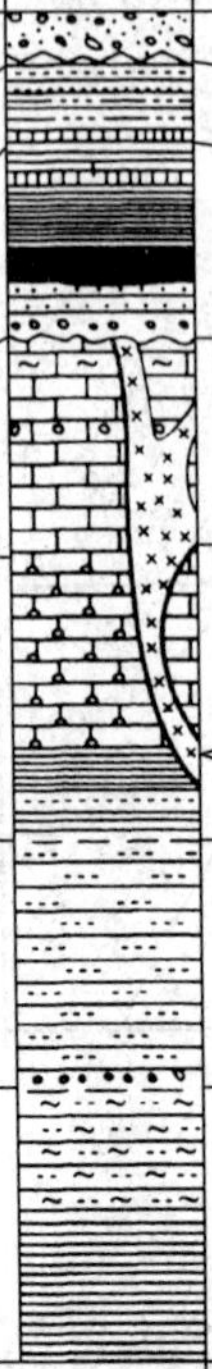

地层单位			代号	层序	柱状图 (1:25 000)	厚度 /m	地质描述及化石	备注
界	系	统 阶						
新生界	第四系		Q	7		0~30	松散沉积层	
							——角度不整合——	
中生界	白垩系		K	6		111	砖红色粉砂岩、细砂岩，钙质和泥质胶结，较疏松	
							——整合——	
	侏罗系		J	5		370	浅黄色页岩夹砂岩，底部有一层砾石，靠下部有一层厚达50cm的煤层	
							——角度不整合——	
	三叠系	中下系	T_{1-2}	4		400	浅灰色纯质石灰岩，夹有泥灰岩及鲕状灰岩	
							——整合——	
古生界	二叠系		P	3		520	黑色含燧石结核石灰岩，底部有页岩、砂岩夹层，有珊瑚化石	
							顺张性断裂辉绿岩呈岩墙侵入，围岩中石灰岩有大理岩化现象	
							——平行不整合——	
	泥盆系	上统	D_3	2		400	底砾岩厚度为2m左右，上部为灰白色、致密坚硬石英岩，有古鳞木化石	
							——平行不整合——	
	志留系		S	1		450	下部为黄绿色及紫红色页岩，可见笔石类化石。上部为长石砂岩，有王冠虫化石	
审核			校核		制图		描图 日期	图号

附图3　宁陆河地区综合柱状图

断层引起的轴部地层宽窄变化并不明显。

F_2断层走与岩层走向平行，倾向一致，但岩层倾角大于断层倾角。西盘为上盘，一侧出露的岩层年代较老，且使二叠系地层出露宽度在东盘明显变窄，故为一压性逆掩断层。

F_3为区内规模最大的一条断层。从十里沟倒转背斜轴部志留系地层分布位置可以明显看出，断层的东北盘相对向西北错动，西南盘相对向东南错动，是扭性平推断层。

参 考 文 献

[1] 石振明,黄雨. 工程地质学[M]. 北京:中国建筑工业出版社,2018.
[2] 邹艳琴. 公路工程地质[M]. 北京:高等教育出版社,2009.
[3] 胡厚田. 土木工程地质[M]. 北京:高等教育出版社,2006.
[4] 臧秀平. 工程地质[M]. 北京:高等教育出版社,2006.
[5] 东南大学,浙江大学,湖南大学,等. 土力学[M]. 北京:中国建筑工业出版社,2005.
[6] 雷华阳. 工程地质[M]. 武汉:武汉理工大学出版社,2015.
[7] 盛海洋. 工程地质[M]. 北京:机械工业出版社,2017.
[8] 水利部水利水电规划设计总院,南京水利科学研究院. 岩土工程基本术语标准:GB/T 50279—2014 [S]. 北京:中国计划出版社,2015.
[9] 常士骠,张苏民. 工程地质手册[M]. 北京:中国建筑工业出版社,2007.
[10] 朱建明,谢谟文,赵俊兰. 工程地质学[M]. 北京:中国建材工业出版社,2006.
[11] 宿文姬. 工程地质学[M]. 广州:华南理工大学出版社,2019.
[12] 张忠苗. 工程地质学[M]. 北京:中国建筑工业出版社,2007.
[13] 陈文昭. 陈振富,胡萍. 土木工程地质[M]. 北京:北京大学出版社,2020.
[14] 胡坤,夏雄. 土木工程地质[M]. 北京:北京理工大学出版社,2019.
[15] 张发明. 地质工程设计[M]. 北京:中国水利水电出版社,2008.
[16] 施斌,阎长虹. 工程地质学[M]. 北京:科学出版社,2017.
[17] 何培玲,张婷. 工程地质[M]. 北京:北京大学出版社,2006.
[18] 王贵荣. 岩土工程勘察[M]. 西安:西北工业大学出版社,2007.
[19] 中华人民共和国建设部. 岩土工程勘察规范(2009年版):GB 50021—2001[S]. 北京:中国建筑工业出版社,2004.
[20] 张咸恭,王思敬,张倬元. 中国工程地质学[M]. 北京:科学出版社,2000.
[21] 交通运输部公路科学研究院. 公路土工试验规程:JTG 3430—2020[S]. 北京:人民交通出版社,2020.
[22] 中国建筑科学研究院. 建筑地基基础设计规范:GB 50007—2011[S]. 北京:中国建筑工业出版社,2011.
[23] 陈洪江. 土木工程地质[M]. 北京:中国建材工业出版社,2006.
[24] 王永焱. 中国黄土的结构特征及物理力学性质[M]. 北京:科学出版社,1990.
[25] 中交公路规划设计院有限公司. 公路桥涵地基与基础设计规范:JTG 3363—2019[S]. 北京:人民交通出版社,2020.
[26] 习近平. 习近平谈治国理政(第一卷)[M]. 北京:外文出版社,2018.
[27] 孙家齐. 工程地质[M]. 武汉:武汉工业大学出版社,2000.
[28] 陈祖煜. 岩质边坡稳定性分析[M]. 北京:中国水利水电出版社,2005.
[29] 郑毅,施鲁莎. 工程地质[M]. 武汉:武汉理工大学出版社,2009.
[30] 宋高嵩,杨正. 工程地质[M]. 北京:清华大学出版社,2016.

参 考 文 献

[1] 陈秀峰，黄平山. PowerPoint 2010 从入门到精通[M]. 北京：电子工业出版社，2010.
[2] 宋翔，等. PowerPoint 2010 从入门到精通[M]. 北京：希望电子出版社，2011.
[3] 张胜. 中文版 PowerPoint 2003 实用教程[M]. 北京：清华大学出版社，2007.
[4] 施博客研究. 中文版 PowerPoint 2003 商务演示文稿设计[M]. 北京：清华大学出版社，2007.
[5] 张胜涛，等. 中文版 PowerPoint 2003 幻灯片制作实用教程[M]. 北京：清华大学出版社，2007.
[6] 左超红. PowerPoint 2007 中文版入门[M]. 北京：机械工业出版社，2011.
[7] 九州书源. PowerPoint 2007 演示文稿制作[M]. 北京：清华大学出版社，2009.
[8] 张键. 中文版 PowerPoint 2007 实用教程[M]. 北京：清华大学出版社，2007.